n

Ein Patrouillenschiff überrascht einen Fischdampfer, der unter dringendem Verdacht steht, illegal Schwarzen Seehecht zu fangen. G. Bruce Knecht schildert nicht nur die atemberaubende Verfolgungsjagd durch ein Labyrinth von turmhohen Brechern und gewaltigen Eisbergen, sondern zeigt, wie der Schwarze Seehecht innerhalb weniger Jahre zum begehrtesten Fisch der Welt wurde. Und er macht auf eindrucksvolle Weise deutlich, dass man Piratenfischern nicht im Gerichtssaal, sondern nur in den Restaurants das Handwerk legen kann: Der Raubzug auf den Meeren ist zu Ende, wenn der Schwarze Seehecht nicht mehr auf den Speisekarten steht.

G. Bruce Knecht, geboren 1958, schreibt für das *Wall Street Journal,* war zweimal für den Pulitzer-Preis nominiert und ist der Autor von ‹Der Orkan. Die Todesregatta von Sydney nach Hobart› (2003), «einer der aufregendsten Seegeschichten der letzten Jahre» *(Publisher's Weekly).* Er lebt in New York.

Unsere Adressen im Internet: www.fischerverlage.de
www.mare.de

G. Bruce Knecht

RAUBZUG

Der teuerste Fisch der Welt und die Jagd nach seinen Jägern

Aus dem Amerikanischen
von Harald A. Stadler

Fischer Taschenbuch Verlag
marebuchverlag

Veröffentlicht im Fischer Taschenbuch Verlag,
einem Unternehmen der S. Fischer Verlag GmbH,
Frankfurt am Main, Mai 2008

Die amerikanische Originalausgabe erschien 2006
unter dem Titel *Hooked. Pirates, Poaching and the Perfect Fish*
bei Rodale, New York

Typografie Farnschläder & Mahlstedt Typografie, Hamburg
Druck und Bindung CPI – Claussen & Bosse, Leck
Printed in Germany
ISBN 978-3-596-17597-0

RAUBZUG

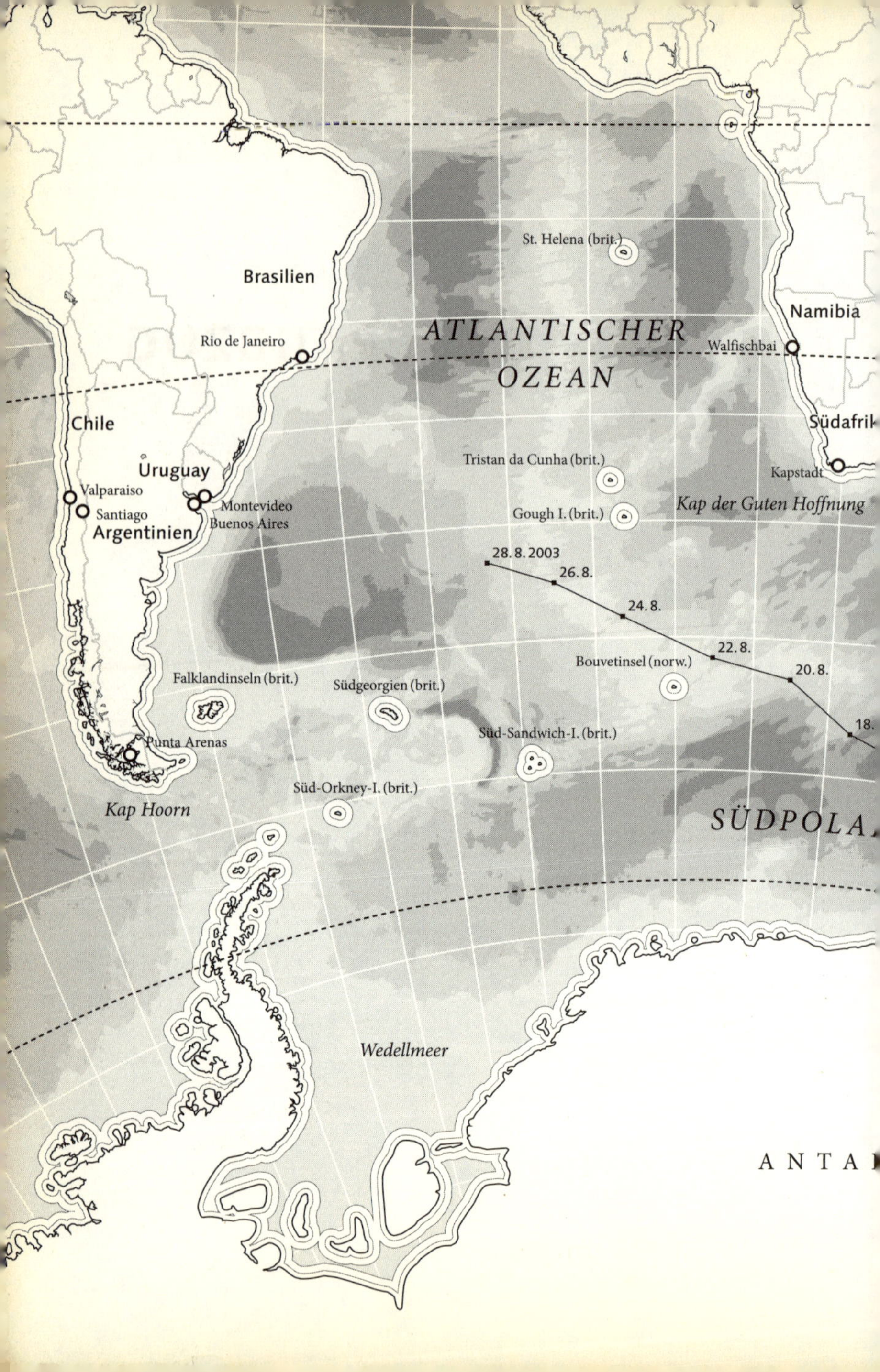

Brasilien
St. Helena (brit.)
Namibia
ATLANTISCHER
OZEAN
Rio de Janeiro
Walfischbai
Chile
Südafri
Uruguay
Tristan da Cunha (brit.)
Kapstadt
Valparaiso
Montevideo
Santiago
Buenos Aires
Argentinien
Gough I. (brit.)
Kap der Guten Hoffnung
28. 8. 2003
26. 8.
24. 8.
22. 8.
Bouvetinsel (norw.)
20. 8.
Falklandinseln (brit.)
Südgeorgien (brit.)
18.
Süd-Sandwich-I. (brit.)
Punta Arenas
Süd-Orkney-I. (brit.)
Kap Hoorn
SÜDPOLA
Wedellmeer
ANTA

Singapur
Äquator
Indonesien
Tansania
10° S
INDISCHER
OZEAN
Moçambique
Madagaskar
Mauritius
Réunion (frz.)
20° S
Südlicher Wendekreis
Australien
30° S
Prc. Edward I. (südafr.)
St. Paul Island (frz.)
Perth
Frenantle
Marion I. (südafr.)
Crozet I. (frz.)
40° S
Kerguélen I. (frz.)
Mc Donald I. (austr.)
Heard I. (austr.)
16. 8.
14. 8.
12. 8.
10. 8.
7. 8. 2003
50° S
MEER
60° S
Prydz
Bay
Südlicher Polarkreis
TIKA

1. KAPITEL Südlicher Indischer Ozean **7. August 2003**

Auf der *Southern Supporter* war «Schleichfahrt» angeordnet, während sie auf ihr Ziel vorrückte. Die Positionslichter waren ausgeschaltet, die Bullaugen verdunkelt, und niemand rührte das Funkgerät an. Das Radar wurde nur zweimal pro Stunde und jeweils nur für eine knappe Minute aktiviert, um nach Eisbergen Ausschau zu halten. Am Tag zuvor hatte ein Sensor des australischen Patrouillenschiffs Radarsignale von drei Schiffen in der Nähe empfangen. Alle drei schienen unweit westlich von Heard Island zu liegen, einem unbewohnten Flecken Land auf halber Strecke zwischen Australien und Südafrika, neunhundert Meilen nördlich von Antarktika. Es war mitten im Winter, und die kahle, fast vollständig von Gletschern bedeckte Insel wurde von Wind umpeitscht, der so kalt war, dass mitgetragenes Salzwasser horizontale Eiszapfen an der Reling des Schiffs bildete.

Der australische Zollbeamte Stephen Duffy, der die Patrouille leitete, wusste genau, was die drei Schiffe taten. In den Gewässern um Heard Island ist eine der weltweit größten Populationen des Schwarzen Seehechts anzutreffen. Die urtümlich anmutenden grauschwarzen Tiere, die bis zu fünfzig Jahre alt und über 1,80 Meter lang werden, hatten sich seit Ewigkeiten ungestört in diesem eisigen Dunkel getummelt. Das änderte sich jedoch, als ein wenig bekannter Geschäftsmann aus Los Angeles einen unzutreffenden, aber recht attraktiven Namen für sie prägte, als Küchenchefs in aller Welt anfingen, sich für das weiße Fleisch zu begeistern, das jedes Gewürz aufzunehmen und jede Art der Zubereitung zu vertragen schien, und als schließlich ganze Flotten von Fangschiffen, die meisten davon illegal, von der wachsenden Nachfrage zu profitieren suchten.

«Vor Tagesanbruch will ich keinen Zugriff», sagte Duffy zu Andrew Codrington, dem Kapitän der *Southern Supporter.* «Vorerst sollten wir langsam auf sie zuhalten, mit höchstens sechs Knoten. Falls sie uns sehen, werden sie vermuten, wir seien ebenfalls Piraten.»

Konfrontationen auf See waren für Duffy nichts Neues. Während seiner Dienstzeit bei der Marine hatte er mehr als einhundert Schiffe gewaltsam geentert. Inzwischen war er für den Zoll tätig und arbeitete am Aufbau einer Einheit für Gewässerpatrouillen. Duffy sah nicht unbedingt aus wie jemand, der sich mit neuzeitlichen Piraten anlegt. Mit dreiundvierzig war sein Gesicht trotz vie-

Das australische Patrouillenschiff *Southern Supporter*, der «Jäger» in einer mehrwöchigen Verfolgungshatz

ler Jahre auf See noch erstaunlich glatt. Er erinnerte an einen zu groß geratenen Pfadfinder.

In seiner Kindheit in Tasmanien liebte er nichts so sehr wie die Fährpassagen mit seiner Familie über die Bass Strait, jenes gefährliche Gewässer, das Tasmanien vom australischen Festland trennt. Bei diesen Überfahrten pflegte Duffy das ganze Schiff zu erkunden – vom Maschinenraum bis zur Brücke, wo ihn ein Offizier einmal sogar ans Ruder ließ. Die Bordroutine, die ungeheure Weite des Meeres und die Möglichkeit, an ferne Orte zu reisen, hatten ihn regelrecht berauscht. Duffy beschloss, selbst Kapitän eines Schiffs zu werden. Mit fünfzehn besuchte er erstmals das Rekrutierungsbüro der Marine, in die er vier Jahre später eintrat.

Duffy war von einem tiefen Pflichtgefühl erfüllt, das er wohl seinem Vater verdankte, einem Stadtplaner, der seinem Sohn vermittelte, wie wichtig es sei, zu Herausforderungen in Umweltfragen

Zollinspektor Stephen Duffy, Leiter des Einsatzes gegen die «Raubfischer»

Stellung zu beziehen, und der von der Erde stets als «Gemeingut» sprach. Manchmal war Duffy jedoch schwer zu verstehen. Er redete schnell, bisweilen undeutlich und abgehackt, und meist in monotonem Tonfall.

Nachdem die drei Schiffe entdeckt worden waren, hatten Duffy und Codrington die ganze Nacht auf der Brücke der *Southern Supporter* verbracht, auf der die beleuchteten Armaturen und die Tensorlampen ein orangefarbenes High-Tech-Glühen verbreiteten. Ohne die ständige Rollbewegung hätte man sich in dem Raum, der sich über die gesamte Breite des Schiffs erstreckte, wie im Kontrollzentrum eines Kraftwerks vorkommen können. Zwei nach vorn ausgerichtete Stühle, die mit abgenutztem Frotteetuch bespannt waren, gehörten zum Fahr- und Kommandostand. Codrington saß auf dem Stuhl an Backbord und konnte von dort aus eine Unzahl von bunten Hebeln, Knöpfen und Schaltern sowie einen 24-Zoll-Radarschirm überblicken. Die sensiblen Kontrollgeräte schienen nicht recht zu passen zu den mächtigen mechanischen Apparaturen des Schiffs; der Kapitän konnte das fünfundsiebzig Meter lange Gefährt mit einem einzigen Finger steuern, entweder indem er die kleine Scheibe auf dem Autopiloten drehte oder einen Joystick anstupste, der zu einem simplen Videospiel hätte gehören können.

Früh am nächsten Morgen war die *Southern Supporter* immer noch dreißig Meilen von dem nächstgelegenen Schiff entfernt, auf das es Duffy abgesehen hatte. Die ganze Nacht über war es kaum vorangekommen, was Duffy vermuten ließ, die Fischer hätten eine Langleine eingeholt, ein Fanggerät, das bis zu zwölf Meilen lang und mit bis zu 15 000 Haken mit Ködern bestückt sein kann. Es dauert mitunter einen ganzen Tag, eine einzige Langleine mit mehr als zwanzig Tonnen Fisch einzuholen.

Um 5.00 Uhr wies Duffy den Kapitän an, mit voller Fahrt, also mit ungefähr zwölf Knoten, auf das Ziel zuzusteuern. Um 6.57 Uhr hatte Codrington, der den Radarschirm beobachtete, eine schlechte Nachricht zu melden. «Der Kontakt ändert den Kurs nach Süden und nimmt rasch Fahrt auf. Die laufen im Augenblick mit sieben Knoten.» Ein paar Minuten später fügte er hinzu: «Jetzt haben sie mindestens zehn Knoten drauf – die geben Vollgas.»

Nachdem das Ziel die Flucht ergriffen hatte, gestaltete sich Duffys Aufgabe wesentlich schwieriger. Er hatte gehofft, die Piraten auf frischer Tat zu ertappen. Sobald der Fang in der Bordfabrik verarbeitet und eingefroren war, ließ sich die Herkunft des Fischs praktisch nicht mehr nachweisen. Die Piraten konnten jederzeit behaupten, der Fisch stamme aus anderen Fanggebieten.

Duffy wusste genau, dass das Schiff in australischen Gewässern gefischt hatte – wieso wäre es sonst bis dorthin vorgedrungen? Aber er brauchte Beweise, und zwar schnell. Die *Southern Supporter* war mit drei riesigen Caterpillar-Dieselmotoren ausgestattet, die mit 3600 PS eine Schraube von mehr als drei Meter Durchmesser antrieben, doch damit war sie nur wenig schneller als die meisten Fischereifahrzeuge. Und anders als andere Schiffe, die von Heard Island geflüchtet waren, nahm dieses Reißaus nach Süden. Es würde nicht lange dauern, bis es die Treibeisgrenze erreichte, die gepunktete Linie auf Atlanten und Seekarten, die anzeigt, wo Gletschereis anzutreffen ist. Vielleicht dachte der Pirat, ein staatliches Patrouillenschiff sei den rauen Verhältnissen des Südpolarmeers nicht gewachsen. Doch aus Duffys Sicht machte diese Strategie ein Eingreifen nur umso dringlicher, denn falls der Pirat einen geeigneten Fluchtweg fand, würden andere zweifellos folgen.

2. KAPITEL

Valparaiso, Chile **1977**

Lee Lantz, ein junger Fischhändler aus Los Angeles, kletterte zwischen den bunt bemalten Fischerbooten herum, die kurz zuvor in den größten Hafen Chiles zurückgekehrt waren. Mehr als fünfzig Boote, allesamt aus Holz und kaum mehr als zehn Meter lang, waren nebeneinander am Kai festgemacht, sodass Lantz direkt von einem Boot auf das nächste steigen konnte, um die Fische in Augenschein zu nehmen, die auf den Decks lagen. Lantz war enttäuscht von der Ausbeute. Der Schlüssel zum Erfolg in seinem Geschäft lag darin – und hatte schon immer darin gelegen –, mit Neuentdeckungen aufzuwarten, doch wieder einmal war nichts dabei als *Congrio*, den er seit Jahren in die Vereinigten Staaten einführte, und ein paar andere vertraute Arten.

Lantz wollte schon gehen, als ihm plötzlich etwas ins Auge stach – ein außergewöhnlich langer, furchterregender grauschwarzer Fisch, der separat von den anderen lag. Er maß an die eineinhalb Meter und sah aus, als müsse er weit über hundert Pfund wiegen. Mit seiner dunklen Haut und den vorquellenden Augen, dem ausgeprägten Unterkiefer, der mit Zähnen besetzt war, so scharf, als seien sie mit einem Bleistiftspitzer traktiert worden, wirkte selbst dieses leblose Exemplar höchst bedrohlich.

«Das ist ja ein kurioses Viech», meinte Lantz. «Was ist das?»

«Die Leute sprechen von *bacalao de profundidad*, das heißt so viel wie ‹Kabeljau der Tiefe›», erklärte Eduardo Neef, ein knallharter Geschäftsmann, dem die Fabrik gehörte, in der Lantz den

Congrio verarbeiten ließ. Neef meinte, die Fischer hätten den Fisch noch nie gesehen, bis sie vor ein paar Jahren erstmals Tiefseelangleinen einsetzten. «Es ist ein Zufallsfang. Niemand weiß etwas damit anzufangen.»

«Kann man ihn essen?»

«Nein, er ist zu fett.»

Lantz war fasziniert. Er vermutete, es handele sich um eine bisher unbekannte Art von Seebarsch. Wenn das stimmte, war das Fleisch des Fischs faserig und weiß und entsprach damit genau dem Geschmack vieler Amerikaner. Von dem grausigen Anblick des Tieres ließ er sich nicht abschrecken. Der *Congrio* sah schließlich noch viel schlimmer aus – sein Schwanz verengte sich zu einem schlauchartigen Ende, das zu einem Aal hätte gehören können, doch Lantz verkaufte davon jeden Monat vierzigtausend Pfund.

Lantz ließ sich nicht durch das mangelnde Interesse der Chilenen an diesem *bacalao de profundidad* beirren. Und auch Neefs Bemerkung über dessen fettes Fleisch schreckte ihn nicht ab. Amerikanische Fischesser bevorzugen fettreichen Fisch, und dass eine Fischart auf einem Markt nicht gefragt ist, hat für andere Märkte wenig zu sagen. Der Schwertfisch, der vor der Küste Chiles reichlich vorkam, war ein gutes Beispiel; in den Vereinigten Staaten war er ungeheuer beliebt, doch in Chile schien ihn niemand zu mögen.

Zwei Tage nachdem Lantz den rätselhaften großen Fisch zum ersten Mal gesehen hatte, stieß er auf ein weiteres Exemplar, als er mit Neef in aller Früh den geschäftigen Zentralmarkt von Santiago besuchte. Weil Lantz seit seiner Entdeckung des ersten Exemplars in Valparaiso von nichts anderem als dem Fisch geredet hatte, bat Neef den Mann hinter dem Marktstand, das Tier aufzuschneiden, damit sie sich dessen Fleisch anschauen konnten. Und da war Lantz endgültig begeistert. Genau wie er gehofft hatte, war es weiß. Und man konnte klar erkennen, wie ölig es war. Es sah fast aus wie mariniert.

Die Farbe verriet Lantz einiges über die Lebensgewohnheit des

Fischs. Es handelte sich nicht um ein Tier, das seiner Beute nachjagte – dies würde eine Ausdauer erfordern, wie sie nur mit einem Kreislaufsystem gegeben ist, das Blut in großer Menge durch den Körper leitet, was das Fleisch zumindest rötlich färbt. Der Stoffwechsel von Fischen mit weißem Fleisch ist auf kurze Energieschübe eingestellt, die durch Sauerstoffspeicher angetrieben werden. Hier handelte es sich eindeutig um einen Fisch, der sich in den Hinterhalt legte und wartete, bis seine Beute in der Nähe war, um dann, sein riesiges Maul mit den scharfen Zähnen weit aufgerissen, aus der Deckung hervorzuschießen. Nach seiner Größe zu schließen – er war so groß wie ein ausgewachsener Mensch –, hatte dieser Fisch offensichtlich ein sehr erfolgreiches Räuberdasein gefristet, bis er selbst einem Köderhaken zum Opfer gefallen war.

Neef kaufte ein paar Pfund von dem Fisch und nahm sie mit nach Hause, um mit Lantz den Geschmack zu testen. Die Probe kostete nur ein paar Dollar, doch Neef dachte bereits an ganz an-

1970: Fischerboote im chilenischen Hafen von Valparaiso

dere Summen. Das *Congrio*-Geschäft hatte sich prächtig entwickelt, aber da dieser Fisch in Chile außerordentlich beliebt war, kam es manchmal zu Lieferengpässen und zu Preisschwankungen. Ein zweites Produkt würde Neefs Geschäftsrisiken verringern und es ihm ermöglichen, seine Fischfabrik effizienter zu nutzen. Und ein Fisch, den niemand anders wollte, müsste leicht zu kaufen und billig zu haben sein – vorausgesetzt, er konnte in großen Mengen gefangen werden.

Von Neefs Wohnung in einem Strandort nördlich von Valparaiso hatte man einen weiten Blick über den Pazifik. Die Küche war allerdings bescheiden und nur mit einem kleinen zweiflammigen Gasherd ausgestattet. Neef nahm den Fisch aus dem Zeitungspapier, in das er gewickelt war, schnitt ihn in etliche kleine Stücke und gab diese seiner Haushälterin, die sie zusammen mit etwas Bratöl in eine Pfanne legte. Lantz sah ihr über die Schulter und staunte, wie viel Wasser der Fisch ausdünstete, während er in der Pfanne schmorte – das könnte, so fürchtete er, negative Auswirkungen auf das Gewebe des Fleisches haben, auf die «Bissfestigkeit», wie man in seiner Branche sagte. Neef hatte inzwischen eine Flasche Rotwein geöffnet. Lantz saß vor seinem Teller und war gespannt auf die Kostprobe.

Der erste Bissen war enttäuschend. Anders als die meisten großen Fische hatte dieser kaum Eigengeschmack. Ebenso überrascht wie enttäuscht sagte Lantz: «Schmeckt fad.»

Ohne seinen eigenen Eindruck zu schildern, erwiderte Neef: «Das macht nichts. Wenn die im Norden ihn kochen, werden sie eine Möglichkeit finden, ihm interessante Geschmacksnoten zu verleihen.»

«Da haben Sie Recht – die Geschmacksarmut könnte sogar ein Vorteil sein.»

Im Grunde war Lantz weit mehr angetan, als seine Äußerungen vermuten ließen. Er fand den Geschmack des Fischs zwar alles andere als beeindruckend, ahnte jedoch, dass seine Eigenschaften genau den Anforderungen des amerikanischen Marktes entsprechen dürften. Seine Textur ähnelte der des atlantischen Kabeljaus, und er war saftig wie ein Thunfisch; der milde, neutrale Geschmack erinnerte an die Flunder, und dank seines Fettgehalts zerlief er fast wie Butter auf der Zunge. Lantz war überzeugt, dass ein Fisch mit weißem Fleisch, der einem quasi im Mund zerging und kein bisschen «fischig» schmeckte, bei seinen Kunden zu Hause sehr gut ankommen würde. Neef gegenüber äußerte er sich allerdings zurückhaltend. Er wollte genug Optimismus zeigen, um den Chilenen zu bewegen, größere Mengen des Fischs zu besorgen, aber er musste verhindern, dass Neefs Erwartungen unrealistisch wurden.

Lantz arbeitete für seinen Vater Alvin, der aus Kentucky stammte und nach dem Zweiten Weltkrieg nach Kalifornien gezogen und Fischhändler geworden war; 1949 hatte Lantz senior eine eigene Firma gegründet, A. R. Lantz Company, die den Import von Meeresfrüchten betrieb – ein ganz neues Geschäftsfeld in einem Land, das bis dahin weitgehend auf heimische Arten zurückgegriffen hatte. Zunächst importierte Lantz senior Garnelen aus Mexiko. Die größten Erfolge erzielte er Anfang der 1960er Jahre, als er sich mit Garnelenfischern in El Salvador zusammentat, die jene «Jumbo shrimps» fingen, die in vielen Restaurants in den Vereinigten Staaten mit Vorliebe serviert wurden. Lantz junior, ein stattlicher Mann, der in seiner Freizeit gern mit dem Motorrad die kalifornische Küste abfuhr, trat 1971 in das Unternehmen ein, kurz nachdem er sein Studium an der Utah State University abgeschlossen hatte. Vier Jahre später reiste er erstmals nach Chile.

Lantz wusste, dass er den Amerikanern nichts verkaufen konnte, das *bacalao de profundidad* hieß. Die anderen geläufigen Namen der Fischart hatte er noch nie gehört – *mero, merluza negra* beziehungsweise *Patagonian toothfish* (Zackenbarsch, Schwarzer Seehecht oder Patagonischer Zahnfisch). Unbekannt war ihm auch der wissenschaftliche Name, *Dissostichus eleginoides*. Aber all diese

Bezeichnungen hätten ihm ohnehin nicht weitergeholfen. Lantz musste einen eigenen Namen erfinden, der auf dem amerikanischen Markt eine Art positiven Wiedererkennungseffekt auszulösen versprach.

«Seebarsch» bot sich an. Das war zwar kein besonders aussagekräftiger Begriff, denn mehr als hundert Fischarten fallen unter die Bezeichnung «Seebarsch», doch er kam bei den amerikanischen Fischkonsumenten sehr gut an. Und in gewisser Hinsicht war der Name nicht ganz falsch; der Schwarze Seehecht ist zwar kein Barsch, doch er weist das faserige weiße Fleisch auf, das den Barsch kennzeichnet. Wie der Barsch hat auch der Schwarze Seehecht einen dreieckigen Schwanz, mit dem er sich rasch bewegen kann. Für den amerikanischen Markt dachte Lantz zunächst an *Pacific Sea Bass* («Pazifischer Seebarsch») und *South American Sea Bass* («Südamerikanischer Seebarsch»), doch dann hatte er das Gefühl, beides klinge zu unspezifisch und sei geographisch nicht exakt genug.

Ein Verweis auf Chile war die perfekte Lösung. Trotz der Unruhen, die den südamerikanischen Staat erschüttert hatten, nachdem Präsident Salvador Allende 1973 ermordet worden war, wussten die meisten Amerikaner kaum etwas über das Land – außer, dass es sehr weit weg lag. Lantz meinte, die Bezugnahme auf Chile könnte einen Hauch von Exotik vermitteln, der bei der Vermarktung dienlich wäre. Also verlegte er sich auf den «Chilenischen Seebarsch».*

Die Hauptkunden von Lantz, Fischgroßhändler in Los Angeles, waren anfangs indes wenig beeindruckt. Ein paar Monate nachdem er aus Chile zurückgekehrt war, ging er mit Proben seines «neuen» Fischs zu jedem einzelnen der Großhändler – mehr als drei-

* Viele Jahre spater, 1994, lehnte es die amerikanische Lebensmittelbehörde FDA *(Food and Drug Administration)* ab, den offiziellen Namen des *Patagonian toothfish* in *Chilean Sea Bass* umzuändern. Inzwischen war «Chilenischer Seebarsch» jedoch so gebräuchlich geworden, dass die Behörde der Verwendung dieses Namens als «alternative Marktbezeichnung» zustimmte.

ßig kleine Firmen, meist Familienbetriebe. Ganze 1,25 Dollar pro Pfund verlangte er, doch keiner gab eine Bestellung auf. «Wieso sollte irgendjemand dieses Zeug essen wollen?», fragte Bill Merry, ein Großhändler, der das damals berühmte Prominentenlokal «Chasen's» und etliche große Country Clubs mit Meeresfrüchten belieferte. «Es schmeckt nach gar nichts – und ich glaube auch nicht, dass es ein Barsch ist.»

Während sich Lantz bemühte, den «Chilenischen Seebarsch» in den Vereinigten Staaten an den Mann zu bringen, drängte Neef die Fischer in seiner Heimat, ihre Fangquoten zu erhöhen, und versprach, ihnen den Fisch für fünfundvierzig Cent pro Pfund abzunehmen. Spannungen zwischen den beiden Geschäftsleuten waren unausweichlich. Neef kaufte alles, was die Fischer einholten, und konnte mit der Ware nichts anderes anfangen, als sie in Filets zu zerlegen, die er einfror und nach Kalifornien schickte. Lantz hatte

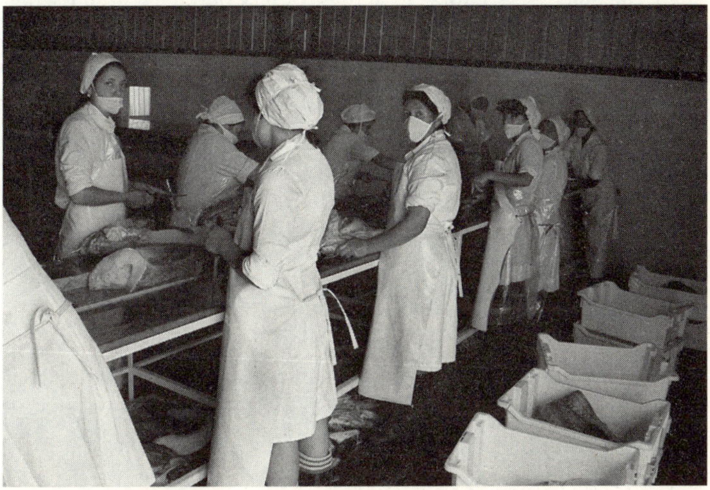

In dieser Fabrik in Chile ließ Eduardo Neef den Schwarzen Seehecht verarbeiten, bevor er ihn an Lee Lantz nach Kalifornien lieferte

den Eindruck, Neef liefere bisweilen mehr Fisch, als sie vereinbart hatten; auch ärgerte er sich darüber, dass er die gesamten Kosten trug. Für jedes Pfund Fisch zahlte er ungefähr neunzig Cent an Neef, siebzehn Cent für den Seetransport nach Long Beach, sechs Cent für den Lkw-Transport in ein Kühlhaus sowie vier Cent für den ersten Monat Lagerung und noch einmal einen Cent für jeden weiteren Monat.

Im Jahre 1980 wusste Lantz nicht mehr weiter. «Der Handel mit Meeresfrüchten ist wie die Entenjagd mit der Schrotflinte», pflegte sein Vater zu sagen. «Schieß einfach weiter; irgendwann fällt etwas vom Himmel.» Obwohl Lantz jedem noch so vagen Interessenten kostenlose Proben gegeben hatte, waren ihm nur ein paar unbedeutende Abschlüsse gelungen. Als ihm nichts mehr einfiel, ging er zu Roger Mooreheart, einem Manager der Young's Market Company, die ein breites Sortiment an Nahrungsmitteln vertrieb, darunter auch Garnelen von Lantz. Er hatte Young's bereits «Chilenischen Seebarsch» angeboten – ohne Erfolg; doch Mooreheart galt als kreativer Vermarkter, und also versuchte Lantz, seine Jugend auszuspielen und den älteren Geschäftsmann um Rat zu fragen.

Kaum hatte Lantz Moorehearts Büro betreten, deutete dieser auf das in Plastik eingepackte Stück Fisch, das der Besucher in Händen hielt, und fragte: «Was ist das?»

«Sie haben es schon einmal gesehen, das ist der ‹Chilenische Seebarsch›.»

«Kann ich welchen haben? Ich könnte ihn gebrauchen.»

«Ich dachte, Sie seien nicht interessiert. Wieso auf einmal?»

«Wir haben ein Problem», gestand Mooreheart. Beim Heilbutt – eine der Hauptzutaten von Young's Fischstäbchen – stiegen die Preise unaufhaltsam. Die beiden Fische schmeckten zwar nicht identisch, doch sie waren beide weiß, und Mooreheart war der Meinung, in panierten Fischstäbchen sei der Geschmacksunterschied kaum zu bemerken. Zum ersten Mal seit Monaten schöpfte Lantz

Hoffnung. Er versuchte, seinen Optimismus zu zügeln, während er in sein Büro zurückfuhr, doch er konnte sich nicht des Gefühls erwehren, dass sich eine erfreuliche Entwicklung abzeichnete.

Wenige Stunden später rief Mooreheart an. «Wie viel haben Sie von Ihrem ‹Chilenischen Seebarsch›?», wollte er wissen.

«Ungefähr vierzigtausend Pfund.»

«Ich nehme sie. Ich nehme alles!»

Von da an wurde Young's Stammkunde und bestellte alle paar Wochen ungefähr 25 000 Pfund des «neuen» Fisches. Für Lantz war dies der entscheidende Durchbruch. Gefrorene Fischstäbchen trugen zwar nicht dazu bei, den Stellenwert des «Chilenischen Seebarschs» auf dem Markt zu heben – auf den Lieferkisten war nicht einmal der Name vermerkt –, doch Lantz hatte endlich einen Abnehmer gefunden, und seine Bemühungen trugen erste Früchte.

In den nächsten paar Jahren freundeten sich die Großhändler langsam mit dem «Chilenischen Seebarsch» an, und besonders während der Wintermonate, in denen die Fänge der Fischer an der nordamerikanischen Westküste spürbar zurückgingen, stieg die Nachfrage. Wie bei Young's standen in der Anfangszeit hinter allen Bestellungen zunächst Lieferengpässe bei bekannteren Fischarten, doch mit jedem Verkauf gelang es Lantz, weitere Großhändler zu überzeugen, indem er ihnen erzählte, einer ihrer Konkurrenten habe eine Nische für das preisgünstige Produkt aufgetan. Schließlich fingen sogar ein paar Restaurants an, den Fisch zu ordern.

Die meisten dieser Speiselokale waren Chinarestaurants mit kantonesischer Küche, die Schwarzen Seehecht als Ersatz für Schwarzen Kabeljau verwendeten, der doppelt so teuer war. Die «Hong Kong Flower Lounge» in San Francisco kreierte mit dem Schwarzen Seehecht ein neues Gericht, «Räucherfilet von Schwarzem Kabeljau». Die Köche des Restaurants legten Schwarzen Kabeljau, und später Schwarzen Seehecht, in einer Marinade ein, die aus Zwiebeln, Zitrone, Sojasoße, Schalotten, Sellerie und etwas Ei bestand und den Fisch beim Backen rötlich braun färbte, sodass er aussah, als sei er geräuchert worden. Der Schwarze Seehecht nahm die Gewürze mindestens ebenso gut auf wie der Schwarze Kabeljau, und er war noch um einiges widerstandsfähiger: Aufgrund seines Fettgehalts war es praktisch unmöglich, ihn zu verkochen. Die Köche schätzten auch die dicken Portionen, die sie vom Schwarzen Seehecht herunterschneiden konnten; all diese Vorteile sollten schließlich dazu führen, dass der Schwarze Seehecht auch dann weiter zum Einsatz kam, als er längst weitaus teurer war als der Schwarze Kabeljau.

Die kantonesischen Restaurants, die überwiegend asiatische Kundschaft bedienten, wiesen auf ihren Speisekarten den «Chilenischen Seebarsch» meist nicht als solchen aus. In der «Hong Kong Flower Lounge» wurde er stets als «Schwarzer Kabeljau» bezeichnet. Andere Chinarestaurants garten den Schwarzen Seehecht mit Gewürzen und Sojasoße und servierten das Ganze als «Gedünsteten Schwarzen Kabeljau mit schwarzen Bohnen und Ingwer». Selbst wenn sie den Fisch als «Chilenischen Seebarsch» ausgewiesen hätten, wäre er von der sonstigen kulinarischen Welt wohl kaum zur Kenntnis genommen worden – es war dies eine Zeit, in der sich asiatische und andere Küchen selten überlappten. Die wachsende Beliebtheit des Schwarzen Seehechts wurde zwar nicht von den üblichen Sensoren der Gourmetszene registriert, bescherte Lantz jedoch vermehrte Bestellungen. Ab 1982 lieferte er tiefgefrorene Filets auch an Großhändler entlang der amerikanischen Ostküste.

Neef hatte keinerlei Schwierigkeiten, mit der wachsenden Nachfrage Schritt zu halten. Er vergrößerte seinen Verarbeitungsbetrieb und charterte bald eigene Fangschiffe. 1982 machte er einen Glückstreffer. Eines seiner Schiffe, die dreizehn Meter lange *Catalina*, fischte nach *Congrio*, doch der Kapitän beging einen Fehler: Er wollte eine Langleine an einer Stelle auslegen, an der das Wasser ungefähr 360 Meter tief war, doch ein Teil der Leine, an dem etwa zweitausend Haken hingen, landete in weitaus tieferem Wasser. Das Ergebnis war überraschend – ein mäßiger *Congrio*-Fang, aber mehr als ein Dutzend Schwarzer Seehechte. Als Neef den Kapitän an die tiefe Stelle zurückschickte, wurde richtig abgeräumt. Mit einer einzigen Langleine holten die Fischer sieben Tonnen Schwarzen Seehecht aus dem Meer. Bei früheren Fangfahrten hatte die *Catalina* mit einer Langleine nie mehr als zwei Tonnen Fisch gefangen.

Schließlich kam man dahinter, dass nur dreißig Meilen vor einem achthundert Meilen langen Abschnitt der ausgedehnten Küste Chiles große Mengen von Schwarzem Seehecht anzutreffen waren. Für die Fischer erwies sich der steil abfallende Festlandssockel, der ihnen leichten Zugang zu Tiefseefischgründen gewährte, als wahrer Segen.

3. KAPITEL Südlicher Indischer Ozean **7. August 2003**

Ich seh da was!»

Es war 7.45 Uhr, ein paar Minuten nach Sonnenaufgang. Scott Webb, einer der beiden Fischereiinspektoren an Bord der *Southern Supporter,* entdeckte im Dunst unter tiefliegenden Wolken einen kleinen roten Fleck. Die *Southern Supporter* lief mit zwölf Knoten auf einem Kurs, bei dem sie in ungefähr zwei Stunden auf ihr Ziel stoßen sollte. Während der Abstand immer kleiner wurde, richtete der 28-jährige Webb ein starkes Fernglas auf das andere Schiff. Was er erblickte, sah wie ein Langleinenfischer japanischer Bauart aus. Er vermutete, dass das Schiff ursprünglich für den Thunfischfang gebaut worden und später für die Seehechtjagd umgerüstet worden war.

Michael O'Dea, der leitende Fischereibeamte, saß im «Kommunikationszentrum», einem Bereich im hinteren Teil der Brücke, der mit drei Sendegeräten, etlichen Handfunkgeräten und zwei Satellitentelefonen ausgestattet war. Er griff nach dem Hörer für das Hauptfunkgerät und verlas über Kanal 16, die UKW-Frequenz für Notrufe und für die Aufnahme von Funkverkehr auf See, folgenden Text: «Hier ist das australische Zoll- und Fischereifahndungsschiff *Southern Supporter.* Wir patrouillieren im Auftrag der australischen Regierung die australische Fischereizone von Heard Island. Bitte antworten Sie auf UKW-Kanal 16. Ich bin autorisierter Beamter.» Da keine Antwort kam, sendete er den Spruch noch einmal. Und ein weiteres Mal.

Etwa zur selben Zeit empfing ein Funkpeiler an Bord der *Southern Supporter* Signale, vermutlich von einer oder mehreren Markierungsbaken, was darauf schließen ließ, dass das verfolgte Schiff geflüchtet war, bevor es seine Langleine hatte einholen können. Für O'Dea waren solche Funkbaken, die dafür sorgen, dass das Fanggerät noch Tage nach dem Auslegen wiederzufinden ist, der allerbeste Beweis; für jede Bake wird eine eigene Frequenz verwendet, die zu dem Schiff zurückverfolgt werden kann, von dem sie stammt.

Es ist unmöglich, eine für den Seehechtfang ausgelegte Langleine in aller Eile einzuholen. Ihr Hauptbestandteil ist die so genannte Mutterleine, die über einem Meeresboden ausgebracht werden muss, der 600 bis 1500 Meter tief unter der Meeresoberfläche liegt. Die beiden Enden dieser Grundleine sind jeweils mit einer «Steigleine»

Fischereiinspektor Scott Webb filmt das verdächtige Schiff – das Beweismaterial soll später vor Gericht Verwendung finden

verbunden, einem dicken Tau, das am Grund mit einem Anker und an der Wasseroberfläche durch eine Boje gehalten wird. An der Mutterleine hängen bis zu zweihundert Nebenleinen, von denen jede einzelne mit Dutzenden von Haken mit Ködern bestückt ist.

Wird eine Langleine eingeholt, so wird an Bord jede der Nebenleinen einzeln durch einen U-förmigen Rahmen aus rostfreiem Stahl geführt, der breit genug ist für die Leine und die Haken, aber zu schmal für den Fang. Während die Leine durch den Rahmen läuft, bleibt der Kopf des Fischs, der an einem Haken festsitzt, hängen, bis der Haken durch weiteres Anziehen der Leine aus dem Maul gerissen wird. Daraufhin fällt der Fisch auf eine Metallrutsche, die in eine große, unbeheizte Sektion im vorderen Teil des Schiffs führt, die so genannte Fabrik, in der die Fische zerlegt werden.

Wenn ein Fisch auf den langen Tisch plumpst, sägt ihm ein Besatzungsmitglied mit einer Kreissäge Kopf und Schwanz ab. Die Risiken dieser Tätigkeit liegen auf der Hand. Der obere Rand des Sägeblatts – Durchmesser fast fünfzig Zentimeter – ist mit einem Schutzblech abgedeckt, doch die Vorderseite ist offen. Somit kann der Arbeiter den Fisch zwar rasch gegen das kreisende Sägeblatt schieben, doch er hat keinen Schutz, falls eine Welle das Schiff unerwartet schlingern lässt oder wenn er so durchgefroren und erschöpft ist, dass seine Hände einen falschen Griff tun. Sobald Kopf und Schwanz abgetrennt sind, werden sie in einen Abfallschacht geschoben, der direkt ins Meer mündet.

Der nächste Arbeiter schlitzt mit einem gebogenen Messer die Unterseite des Fischs auf. Er greift hinein, tastet nach dem Gedärm und zieht zwischen Daumen und Zeigefinger den Magen samt Herz und Leber heraus. Die blutigen Eingeweide landen in einem weiteren Entsorgungsschacht. Der Rumpf wird auf ein schwarzes Förderband gelegt und durch ein Gerät geführt, das in Aussehen und Geräuscherzeugung an eine große Spülmaschine erinnert und in dem der Fisch mit einem starken Salzwasserstrahl gereinigt wird. Die ausgeschlachteten Tiere werden dann nach Größe sortiert und in Kartons gepackt, die mit Plastik ausgeschlagen sind und jeweils drei bis sechs Rümpfe fassen. Die Kisten werden in einer ultrakalten Schnellgefrierkammer gestapelt, in der die Fische so zügig eingefroren werden, dass die Feuchtigkeit in ihrem Gewebe nicht kristallisiert; damit lässt sich verhindern, dass das Fleisch beim Auftauen matschig wird. Sobald die Fische steinhart sind, werden die Kisten in den Laderaum verfrachtet, eine Kühlkammer, die sich im unteren Teil des Rumpfes fast über die gesamte Länge und Breite des Schiffs erstreckt.

Mike O'Dea hatte einen Plan. «Wir müssen zu ihrer ursprünglichen Position fahren», sagte er zu Duffy. «So können wir ihr Gerät bergen und ihnen dann in ihrem Kielwasser folgen und dabei nach Fischgedärm und was da sonst noch über Bord geht, Ausschau halten.»

Duffy hingegen war darauf erpicht, das Ziel so rasch wie möglich einzuholen. «Es hat keinen Sinn, Beweisen hinterherzujagen, wenn wir dadurch das Schiff entwischen lassen, von dem sie stammen.»

«Wenn wir uns nicht in ihr Kielwasser hängen, werden wir gar keine Beweise finden», entgegnete O'Dea.

Duffy wollte auf keinen Fall nachgeben. «Wenn wir uns an ihre ursprüngliche Position begeben und dann ewig in ihrem Kielwasser rumhühnern, verlieren wir etliche Stunden. Dann sehen wir sie nie wieder.»

Das Verhältnis zwischen O'Dea und Duffy war schwierig. O'Dea hatte bereits drei Patrouillen nach Heard Island geleitet, doch diesen Einsatz befehligte aufgrund von Verfahrensänderungen Duffy, für den es die erste Fahrt in dieses Gebiet war. Und so musste O'Dea sich Duffy fügen. Für beide galten freilich unterschiedliche Prioritäten. Beiden ging es zwar darum, illegale Fischereifahrzeuge aufzubringen, doch O'Dea konzentrierte sich wesentlich darauf, Beweise zu sichern, die vor Gericht standhielten.

Auch in ihrem Wesen waren die Männer ganz unterschiedlich.

Duffy war selbstsicher und akkurat und kleidete sich sorgsam. O'Dea, dessen langes Gesicht von einer zerfurchten Stirn und tiefen Falten geprägt war, erschien oft ungepflegt. Er sprach langsam und wirkte abgespannt und schwermütig. Andererseits hatte er etwas Rebellisches an sich. Er freundete sich leicht mit Menschen an und kam mit fast jedem gut aus, doch es gab Ausnahmen, und er zögerte selten, offen zu sagen, was er dachte. Der Fünfzigjährige war seiner Frau zufolge ein typischer Australier, ein «echter Kerl», der sich seine Zigaretten selbst drehte und nichts mehr liebte, als mit seinem Sohn und seinem Hund im Busch zu campieren.

Die Fischereifahndung war nicht gerade das, was sich O'Deas Vater, von Beruf Richter, als Broterwerb für seinen Sohn Michael vorgestellt hatte. O'Dea wuchs in Perth auf und besuchte eine Reihe strenger katholischer Schulen, beschloss jedoch schon sehr früh,

Michael O'Dea hat schon Hunderte von illegalen Fischern samt ihren Schiffen dingfest gemacht

niemals Jurist zu werden. Ihm schwebte ein Beruf vor, bei dem er möglichst viel Zeit im Freien verbringen konnte.

O'Dea wusste nicht genau, was zu tun war. «Es ist anzunehmen, dass es sich um ein Fischereifahrzeug handelt», sagte er zu Duffy, «aber wir haben keine konkreten Beweise dafür, dass die Burschen gefischt haben.»

Duffy erwiderte nichts – unter anderem deswegen, weil er wusste, dass alle Äußerungen für eine mögliche Verwendung vor Gericht aufgenommen wurden und dass etwaige Zweifel oder Meinungsverschiedenheiten der Sache schaden würden, falls die Aufnahmen in einem Gerichtssaal abgespielt wurden. Er hegte keinerlei Zweifel, dass das andere Schiff gefischt hatte – wieso hätte es sonst so lange an einer Stelle verweilen und dann plötzlich flüchten und die wiederholten Funksprüche ignorieren sollen? Seine Optionen waren jedoch begrenzt. Weil er Grund hatte anzunehmen, dass das Schiff illegalem Fischfang nachging, hatte er das Recht, es zu entern und zur Überprüfung in einen australischen Hafen zu verbringen. Doch aufgrund von Budgetkürzungen gehörte der 22-köpfigen Besatzung der *Southern Supporter* kein bewaffnetes Enterkommando an.

Als die Schiffe ungefähr eine Meile voneinander entfernt waren, bemerkte Scott Webb, dass Vögel hinter dem Fischereifahrzeug kreisten. Es ist nicht ungewöhnlich, dass Vögel einem Schiff folgen, doch Webb ging davon aus, diese Vögel begleiteten das Schiff, weil kurz zuvor Fischabfälle über Bord geworfen worden waren. Wenig später, als die *Southern Supporter* im Abstand von ungefähr zweihundert Metern einen parallelen Kurs zu dem anderen Schiff lief, fiel Webb noch etwas auf.

«Seht euch das an», rief er. «Die haben ihren Namen geschwärzt.»

In den fünfzehn Jahren seiner Berufslaufbahn hatte Duffy noch nie ein großes Berufsfahrzeug gesehen, das seine Erkennungszeichen unsichtbar gemacht hatte. Durch das Fernglas erkannte er, dass die Fläche am Bug, an der man den Schiffsnamen erwarten würde, allem Anschein nach mit schwarzer Farbe übermalt worden war. Auch bemerkte er ein großes schwarzes Rechteck an dem weißen Decksaufbau hinter der Brücke, wo sich normalerweise das Rufzeichen des Schiffs befindet. Von den Offizieren des Schiffs keine Spur. Die Fenster an der Brückenseite waren mit Metallblenden verschlossen – vielleicht wegen des schlechten Wetters, vielleicht auch, damit niemand hineinsehen konnte. Ein stämmiger Mann trat kurz auf das Achterschiff hinaus. Er trug eine weiße Küchenschürze.

O'Dea versuchte es erneut mit einem Funkspruch. «Schiff backbord voraus. Sie befinden sich in australischen Gewässern. Ich habe ernste Gründe anzunehmen, dass Sie Ihr Schiff zum Fischfang eingesetzt haben. Gemäß meinen Befugnissen nach dem australischen Fischereigesetz von 1991 fordere ich Sie daher auf, Ihr Fahrzeug zu stoppen und den Anweisungen zu folgen, damit australische Beamte ihre Amtsgewalt gemäß diesem Gesetz ausüben können. Haben Sie mich verstanden?» Gleichzeitig forderten Besatzungsmitglieder der *Southern Supporter* das Schiff mit Signalflaggen und der Morselampe auf, Kanal 16 einzuschalten, doch keinerlei Reaktion erfolgte.

Die einzige Strategie, die Duffy noch einfiel, beruhte auf einem Bluff, der allerdings ein Risiko barg. Wenn der Versuch scheiterte, wurde es umso schwieriger, irgendeine Art von Autorität über die Piraten zu gewinnen. «Was hältst du davon, wenn wir eines unserer Verfolgungsboote zu Wasser lassen?», fragte er Codrington. «Wenn wir nahe genug rankommen, können wir vielleicht den Namen des Schiffs unter der Übermalung entziffern.»

Mit dem für Berufsseeleute typischen Understatement erwiderte Codrington: «Das dürfte ein bisschen holperig werden, aber ich habe nichts dagegen.»

Da Duffy die Fischer glauben lassen wollte, auf dem Verfolgungsboot befinde sich ein bewaffnetes Enterkommando, fügte er hinzu: «Wenn wir das Boot aussetzen, sollen die Leute an Bord ihre Schlechtwetterausrüstung und Helme tragen, damit sie möglichst furchteinflößend aussehen.» Dann ging er in seine Kabine, um sich seine Garnitur anzulegen – lange Thermounterwäsche, wasserdichte Socken, Stiefel und einen Overall, darüber eine Vliesjacke und schließlich einen Trockentauchanzug sowie einen schwarzen Helm mit eingebauter Schutzbrille. Während Duffy unter Deck war, bemerkte Webb einen weiteren Hinweis auf ein mögliches Fehlverhalten: Besatzungsmitglieder des Fischereifahrzeugs warfen zwei grüne Säcke über Bord. Webb hegte einige Vermutungen, was diese wohl enthielten – Logbücher, Fischfangakten, Computerdisketten.

Während eines der Verfolgungsboote mit einem Kran vom Deck über Wasser gehoben wurde, schickte O'Dea einen weiteren Funkspruch. «Fischereifahrzeug, hier ist das australische Schiff *Southern Supporter.* Wir befehlen Ihnen zu stoppen. Wir bereiten derzeit den Einsatz unseres Verfolgungsbootes vor, das sich Ihrem Schiff nähern wird. Sie dürfen dieses Boot nicht behindern.»

Fast unmittelbar danach, um 10.21 Uhr, meldete sich auf Kanal 16 eine barsche Stimme mit einem rauen Akzent: «Sie haben keine Erlaubnis, an Bord zu kommen! Keine Erlaubnis, an Bord zu kommen.»

«Sie müssen Ihr Schiff stoppen!», erwiderte O'Dea.

«Wir werden nicht stoppen. Wir sind in Fahrt», erklärte die Stimme. Dann, fast brüllend: «Sie haben keine Erlaubnis, an Bord zu kommen!»

«Sie sind verpflichtet, uns gewisse Informationen zu geben. Wenn nicht, sind wir gezwungen, unser Boot zu Ihnen zu schicken.»

Nach einer Pause sagte die Stimme: «Okay, wir beantworten Ihre Fragen.»

In den nächsten Minuten erfuhr O'Dea, dass es sich bei dem Fischereifahrzeug um die dreiundfünfzig Meter lange, in Uruguay registrierte *Viarsa-1* handelte. O'Dea wusste, dass dies nicht viel zu bedeuten hatte; ein Schiff, das unter der Flagge Uruguays fuhr, konnte Leuten gehören, die von ganz woanders operierten.

«Bitte nennen Sie mir den Namen des Kapitäns», sagte O'Dea.

«Der Kapitän heißt Ricardo Ribot Cabrera.»

«Danke vielmals. Sind *Sie* der Kapitän?»

«Ja, ich bin der Kapitän.»

«Wie viele Leute sind an Bord Ihres Schiffs?»

«Einundvierzig.»

«Wo stammen sie her?»

«Aus Uruguay, Chile, Portugal und Spanien.»

Cabrera beantwortete zwar alle Fragen, die O'Dea stellte, doch auf die konkretesten Fragen reagierte er zögernd und ausweichend. Sein Tonfall ließ darauf schließen, dass er unter Stress stand. Der Grund dafür lag nahe. Ein Schiff wie die *Viarsa* konnte dreihundert Tonnen Seehecht an Bord haben, die drei Millionen Dollar wert waren – ungefähr doppelt so viel wie das Schiff selbst. Wenn Cabrera gefasst und strafrechtlich verfolgt wurde, drohte das Schiff mitsamt dem Fang beschlagnahmt zu werden, und der Kapitän musste mit einer harten Strafe rechnen – das würde das Ende seiner beruflichen Laufbahn bedeuten.

Doch nicht nur das Risiko, auch der mögliche Gewinn beim illegalen Fischfang ist groß. In einer Zeit, in der die meisten Fanggebiete derart überfischt sind, dass bisweilen kaum noch Erträge zu erzielen sind, bietet der Schwarze Seehecht jene Profite, die vor Jahrhunderten die Walfänger auf ihre gefährlichen Expeditionen lockten. Im Gegensatz zu den früheren Walfängern muss ein Seehechtfänger in der Regel nicht damit rechnen, den Elementen zum Opfer zu fallen; für Seehechtpiraten besteht die größere Gefahr darin, erwischt zu werden. Und für die Schiffseigner ist dieses Risiko überschaubar. Der gelegentliche Verlust eines Schiffs ist nicht mehr als ein durchaus verkraftbares Ärgernis – ein Preis dafür, dass man im Geschäft ist. Die Eigner müssen kaum befürchten, im Gefängnis zu landen, denn sie verbergen sich meist hinter Scheinfirmen und sind somit unsichtbar und ungreifbar. Selbst wenn sie identifiziert werden, können sie nicht strafrechtlich belangt werden, denn sie leben gewöhnlich in Ländern, mit denen keine internationalen Auslieferungsabkommen bestehen. Und es wäre ohnehin ausgesprochen schwierig, ihnen eine persönliche Mittäterschaft nachzuweisen. Der Eigner kann beispielsweise behaupten, er habe keine Ahnung gehabt, dass seine Leute an Orten fischten, für die sie keine Fanggenehmigung hatten – obgleich die meisten Eigner ihren Besatzungen jeden Ansporn geben, die fischreichsten Fanggründe aufzusuchen, indem sie deren Entlohnung vom Wert ihres Fangs abhängig machen.

Der wichtigste Akteur ist indes nicht der Kapitän des Schiffs, sondern der «Fischmeister», der bestimmt, wohin die Reise geht und wo Langleinen ausgelegt werden. Während die meisten Besatzungsmitglieder ungefähr achthundert Dollar im Monat verdienen, streichen die Fischmeister in der Regel fünf Prozent vom Wert ihres Fangs ein – bis zu 150 000 Dollar für eine einzige Expedition auf einem Schiff wie der *Viarsa.* Da O'Dea dies wusste, vermutete er, dass Cabrera einer anderen Person unterstand, die sich aber nicht über Funk melden und zu erkennen geben wollte.

An Bord des Fischereifahrzeugs bemühte sich Antonio García Pérez, einer der erfolgreichsten Seehechtfänger der Welt, seine Wut zu bändigen. Er stand auf der Brücke der *Viarsa,* einem engen Raum voller Zigarettenqualm, beobachtete die *Southern Supporter* und sprach über ein Satellitentelefon mit seinem Boss, dem Eigner der *Viarsa,* der in dem Fischerort Ribeira an der Nordwestspitze Spaniens lebte, wo sie beide aufgewachsen waren. Der 58-jährige Cabrera hatte in seinem Leben eineinhalb Millionen Meilen auf See zurückgelegt, doch die Befehle gab auf dieser Fahrt Pérez. Er hatte dem Kapitän genaue Anweisungen erteilt: «Rede mit ihnen, aber sag ihnen, sie haben keine Erlaubnis, an Bord zu kommen.»

Pérez war aufgebracht, denn seiner Meinung nach waren es die

Australier, die sich im Unrecht befanden. Der 39-jährige Spanier meinte, er werde verfolgt, weil Australien nicht Fische schützen wolle, sondern heimische Fischer, die nicht tüchtig genug waren, um mit Konkurrenz von Weltklasse mitzuhalten. Er hielt die Zweihundert-Meilen-Fangzonen, die viele Nationen in den 1970er Jahren proklamiert hatten, für unnatürlich und ungerecht, denn diese Ansprüche schlossen die Spanier per Gesetz von neunzig Prozent aller bekannten Fanggebiete der Welt aus. Und ganz besonders unnatürlich und unbegründet war solcher nationaler Fischereischutz dort, wo es sich um völlig abgelegenes und unbewohntes Territorium handelte. Abgesehen von den Fischen, die sich innerhalb eines schmalen Sektors entlang der bewohnten Küsten eines Landes tummelten, sollte die Meeresfauna, ging es nach Pérez, dem gehören, der ihrer als Erster habhaft wurde. «Das ist verrückt», sollte er später sagen. «Kein Mensch lebt auf Heard Island. Die Australier haben dort nichts – kein Krankenhaus, nichts.»

Es hatte nie außer Zweifel gestanden, dass Pérez Fischer werden würde. Als er vierzehn war, sagte sein Vater zu ihm: «Wenn du nichts lernen willst, gehst du fischen.» Und es stimmte; in der Schule war Pérez nie recht bei der Sache. Da es so gut wie feststand, dass er, wie die meisten seiner Vorfahren, vom Fischfang leben würde, schien es unwichtig, zu lernen. Diesen Teufelskreis hatte die Regierung durchbrechen wollen, indem sie Firmen ansporne, Fabriken zu bauen, in denen etwas anderes als Fische verarbeitet oder Fischerboote gebaut wurden. Doch selbst die ehrgeizigsten Söhne Ribeiras tun nach wie vor, was sie immer getan haben: Sie gehen zur See und fahren so weit wie nötig – und das ist weiter denn je –, um die Fische zu finden, die den größten Profit abwerfen.

Spanische Schiffe überquerten den Atlantik bereits im fünfzehnten Jahrhundert – lange bevor man Christoph Kolumbus die Entdeckung Amerikas zuschrieb –, um vor Kanada Kabeljau zu fangen. Es war dies der Beginn einer Industrie, von der die spanischen Fischer und ihre Familien noch lebten, als Pérez' Großvater in den 1950er Jahren vor den kanadischen Great Banks auf einem Trawler arbeitete. Doch als Pérez 1983 zum ersten Mal dorthin fuhr, hatte sich das Blatt gegen die größte Fischfangnation gewendet. Aufgrund immer weiter entwickelter Fangtechniken waren die Spanier zu erfolgreich gewesen. Die meisten Kabeljaubestände waren verschwunden, und Kanada proklamierte in dem Bestreben, den kleinen Rest für die eigenen Fischer zu sichern, die Zweihundertmeilenzone. Später lebte Pérez drei Jahre lang, von 1989 bis 1993, in New Bedford in Massachusetts, um auf Schiffen arbeiten zu können, die innerhalb der Zweihundertmeilenzone der Vereinigten Staaten fischten, doch die Bestände an Kabeljau und anderen Arten im Atlantik gingen weiter zurück. Es war kaum noch möglich, sich mit dieser Art der Fischerei den Lebensunterhalt zu sichern, sodass Pérez zwischen den Ausfahrten gezwungen war, in New Bedford Taxi zu fahren, bis er 1993 wieder nach Ribeira zurückkehrte.

Pérez war damals erst neunundzwanzig und steckte arg in der Klemme. Ein paar Jahre zuvor hatte er geheiratet, und seine Töchter, ein Zwillingspaar, waren gerade drei Jahre alt geworden, derweil ihm sein Beruf, den er für ein Geburtsrecht hielt, förmlich zwischen den Fingern zerbröselte. Das zeigte sich auch im Hafen von Ribeira; die dort registrierte Trawlerflotte, die in Pérez' Kindheit mehr als dreihundert Schiffe gezählt hatte, war auf weniger als vierzig geschrumpft.

Pérez erkannte bald, dass die einzige vernünftige Lösung darin bestand, das Augenmerk auf die weniger stark befischten Gewässer der südlichen Hemisphäre zu richten. Ende 1993 flog er nach Punta Arenas, einem chilenischen Hafen nahe der Südspitze Südamerikas, und begab sich auf seine erste Seehechtexpedition. In den folgenden zehn Jahren unternahm er dreißig Fahrten und fing ungefähr dreißig Millionen Pfund Seehecht – mehr als eine Million Fische. Seine letzte Fahrt hatte 96 Tonnen eingebracht, die ungefähr eine Million Dollar wert waren, und so ließ Pérez gegenüber Cabrera keinen Zweifel, dass er den Fang unter keinen Umständen den Australiern überlassen werde.

Der Kapitän war genau derselben Meinung. Er hatte fast sein ganzes Leben lang auf Bulkern und Tankern gearbeitet, bis er 1993 das Kapitänspatent erwarb, doch 1998 ersetzte sein Arbeitgeber die südamerikanischen Besatzungen durch Ukrainer, die eine deutlich niedrigere Heuer verlangten. Cabrera fand erst zwei Jahre später eine neue Anstellung bei der Vidal Company, die ihn als Kapitän eines Seehechtfangschiffs anheuerte. Die Arbeit auf einem Fischereifahrzeug war zwar anspruchsvoller und schwieriger als auf einem Frachter, und Cabrera hasste die zermürbenden Bedingungen im Südpolarmeer, doch der Lohn, den die Seehechtjagd abwarf, war zufriedenstellend. Cabrera hatte sieben erfolgreiche Fangfahrten hinter sich und verdiente 5500 Dollar im Monat plus Prämien. Er war kurz davor, die Hypothek auf das Haus abzubezahlen, das er mit seiner zweiten Frau und seinem Sohn in einem Ferienort außerhalb von Montevideo bewohnte, und er hoffte, weiterarbeiten zu können, bis er fünfundsechzig war.

«Die können mich verfolgen», sagte er zu Pérez. «Die können mich um die ganze Welt verfolgen, wenn sie wollen, aber sie werden nicht das Schiff betreten.»

«Ist Ihnen bewusst, dass Sie sich in der australischen Fischereizone befinden?», fragte O'Dea Cabrera.

«Ja.»

«Haben Sie in dem Gebiet gefischt?»

«Nein, Sir, haben wir nicht.»

«Können Sie mir dann erklären, wieso Sie ungefähr fünfundzwanzig Meilen von Heard Island entfernt stoppten und wieso Sie mit voller Fahrt davonfuhren, als unser Schiff sich Ihnen näherte?»

«Wir hatten ein technisches Problem. Wir sind nur etwa fünfzig Minuten lang mit kleiner Kraft gelaufen. Als die Maschinen wieder in Ordnung waren, haben wir wieder Fahrt aufgenommen.»

Das widersprach natürlich den Beobachtungen der *Southern Supporter.* Der Radarortung zufolge hatte sich die *Viarsa* mindestens zehneinhalb Stunden im selben Gebiet aufgehalten.

«Wir haben Funkbaken in dem Gebiet entdeckt, in dem Sie gewesen sind», erklärte O'Dea. «Können Sie irgendeinen Grund nennen, weshalb in dem Gebiet Fanggerät eingesetzt worden sein sollte?»

«Bedaure, Sir, wir haben kein Fanggerät in dem Gebiet gesehen. Nichts.»

Da sich O'Dea sicher war, dass der Kapitän log, sah er keinen Grund, weshalb nicht auch er die Wahrheit ein wenig strapazieren sollte. «Wir können bestätigen, dass wir genau in jenem Gebiet Fanggerät entdeckt haben», behauptete er. «Es wurde Fanggerät ausgesetzt, und es befand sich kein anderes Fischereifahrzeug in der Nähe; deswegen gehe ich davon aus, dass jenes Fanggerät von Ihrem Schiff stammt.»

«Ich habe gerade nicht verstanden, was Sie gesagt haben. Was haben Sie gesagt? Ich habe Sie nicht verstanden. Bitte wiederholen Sie noch einmal langsam, mein Englisch ist nicht sehr gut.»

«Wann sind Sie in die australische Fischereizone gelangt?»

«Am Mittwoch, den 6. August, um vier Uhr früh.»

Duffy trat an den Kartentisch, um zu überprüfen, ob die *Viarsa* zum angegebenen Zeitpunkt in die Zone gelangt sein und es dann bis zu jener Stelle geschafft haben konnte, an der sie in der Nacht zuvor entdeckt worden war. Es war, wie Duffy rasch feststellte, theoretisch möglich, aber höchst unwahrscheinlich. Die *Viarsa* hätte in den 27 Stunden zwischen dem angeblichen Erreichen der Zone und dem Beginn der Flucht mit durchschnittlich 9,2 Knoten in einer schnurgeraden Linie fahren müssen. Da Duffy glaubte, dass das Schiff mindestens zehneinhalb Stunden mehr oder weniger an derselben Stelle gelegen hatte, war er ziemlich sicher, dass Cabrera ihnen ein Märchen auftischte.

O'Dea setzte seine Befragung fort. «Für welche Gebiete haben Sie Fanglizenzen?»

«Für Gebiete auf der ganzen Welt – kein spezielles Gebiet.»

Als O'Dea keine Fragen mehr einfielen, wiederholte er seine anfängliche Aufforderung: «Sie verstoßen gegen die Bestimmungen des australischen Fischereigesetzes. Sie müssen Ihr Schiff stoppen, nach Norden drehen und uns folgen, zurück zu der Stelle, an der wir Sie erstmals gesichtet haben.»

«Ich muss Ihnen sagen, dass wir nicht stoppen. Wir werden unsere Fahrt fortsetzen.»

«Sie befinden sich in australischen Gewässern, und wir haben Grund zu glauben, dass eine Straftat begangen wurde. Wir müssen darauf bestehen, dass Sie stoppen und uns erlauben, Ihr Schiff zu untersuchen.»

«Ich sage es Ihnen noch einmal – zum letzten Mal –, wir werden nicht stoppen. Wir werden das Schiff nicht stoppen.»

Auf der Brücke der *Southern Supporter*

4. KAPITEL

Los Angeles **Oktober 1984**

Lee Lantz erkannte, dass er das Monopol über das Geschäft zu verlieren drohte, das er als Pionier aufgebaut hatte. Während der «Chilenische Seebarsch» immer beliebter wurde, sprangen auch andere Importeure auf, und Eduardo Neef fing an, einige dieser Konkurrenten zu beliefern. Lantz wusste, dass der Wettbewerb seine Profitmarge schmälern würde. Er war empört über das illoyale Verhalten Neefs, doch er konnte nicht viel dagegen tun.

Doch aus anderer Richtung wehte Lantz ein noch weit kräftigerer Wind ins Gesicht. Zu Beginn der 1980er Jahre entwickelten die Amerikaner eine zunehmend anspruchsvolle Esskultur, was unter anderem zu der weit verbreiteten Annahme führte, tiefgefrorener Fisch sei zweitklassig. Lantz' «Chilenischer Seebarsch» war durchweg gefroren, und Lantz wollte nicht mit frischem Fisch handeln, denn dies erforderte Vorverkäufe und eine strenge Logistik. Stattdessen suchte er im Oktober 1984 Doug Harbison auf, einen Manager der Firma R. M. Sloan, die sich auf Frischfisch spezialisierte. Der Eigentümer war ein alter Freund von Lantz' Vater – die beiden hatten sich im Laufe der Jahre auf verschiedene Weise geschäftlich unter die Arme gegriffen. Lantz verfolgte zwei Ziele: Er wollte einen Verbündeten mit einem vielversprechenden Geschäftsfeld vertraut machen, und er wollte dafür sorgen, dass Neef einen größeren Anteil des «Chilenischen Seebarschs» frisch in die Vereinigten Staaten schickte, damit dieser Anteil nicht an seine Konkurrenten im Tiefkühlgeschäft fiel.

Lantz fuhr zur Zentrale von Sloan, die in San Pedro südlich von Los Angeles lag, unweit jener Thunfischkonservenfabriken, die die Gegend seit Jahren mit ihren charakteristischen Düften überzogen. Dort traf sich Lantz mit Harbison und mit Wayne Deardon, einem altgedienten Manager von Sloan. Das Gespräch war ein Debakel. Kaum hob Lantz an, die Vorzüge des Fischs zu würdigen, schüttelte Deardon den Kopf und fiel ihm ins Wort. «Der Scheiß wird sich nie verkaufen!» Bevor Lantz etwas erwidern konnte, fügte Deardon hinzu: «Wir haben bereits einen weißen Fisch mit dunkler Haut – das Vieh heißt Heilbutt – schon mal gehört?»

Lantz war außer sich. Angesichts der langen und harmonischen Beziehung zwischen den beiden Firmen konnte er nicht glauben, dass er auf diese Weise abgefertigt wurde. Harbison war ebenfalls verärgert, aber anstatt sich mit dem älteren Kollegen anzulegen, brach er das Meeting ab und begleitete Lantz zu dessen Wagen. Harbison war der Meinung, Deardon habe, vielleicht aufgrund seines Alters, die Lage völlig verkannt. Da die Bestände der meisten beliebten Fischarten zurückgingen, war Harbison überzeugt, die Branche müsse genau das tun, was Lantz versuchte – neue Arten auftun. Harbison glaubte auch, dass das verstärkte Interesse der Amerikaner an Ernährungsfragen und eine neue Generation von Restaurants es leichter machen müssten, bislang unbekannte Fischsorten auf dem Markt einzuführen.

Seit Amerika im Frankreich-Pavillon der New Yorker Weltausstellung von 1939 mit der «French Cuisine» vertraut gemacht wurde, war von den besten amerikanischen Restaurants ein Großteil auf die französische Küche abonniert. Viele Kunden fanden zwar die Etikette einschüchternd und die Preise zu hoch, doch sie hatten keine große Wahl; French Cuisine war zum Inbegriff feiner Esskultur geworden. Die meisten Küchenchefs legten keinen Wert darauf, innovativ zu sein – vielmehr versuchten sie, sich durch die Art, wie sie ihre relativ begrenzte Zahl von Gerichten zubereiteten, ein unverwechselbares Profil zu geben. In vielen Restaurants beschränkte sich das Angebot an Meeresfrüchten auf Krustentiere und ein paar Fische, die nach immergleichen und wohlbekannten Methoden zubereitet wurden. In den meisten Fällen gab es *«Dover sole meunière»* und *«saumon vert»*.

Anfang der 1980er Jahre ließen sich jedoch einige Köche durch die florierende Wirtschaft und das wachsende Interesse an Fragen der Gesundheit und der Ernährung dazu ermutigen, aus dem alten Muster auszubrechen. Viele drehten die kulinarische Grundgleichung um, indem sie das Gewicht von der Zubereitung wieder auf die Zutaten verlagerten.

Dies war besonders in Kalifornien der Fall, wo eine Chefköchin namens Alice Waters, die in Chatham in New Jersey aufgewachsen und in den sechziger Jahren nach Berkeley gezogen war, ein Restaurant eröffnet hatte, in dem das Augenmerk fast vollkommen auf der Qualität der Zutaten lag. Im «Chez Panisse» tat man alles, um die bestmöglichen «Rohstoffe» zu beschaffen; man engagierte sogar einen «Lebensmittelscout», der nach erstklassigen Erzeugnissen suchte, und ließ den ehemaligen Chefkoch Paul Johnson die Fischmärkte auskundschaften. Waters zelebrierte ihre Zutaten regelrecht, indem sie auf der Speisekarte deren Provenienz genau angab, und sie beschränkte sich auf ganz einfache Kochmethoden. Einmal entdeckte sie irgendwo Pfirsiche, die von solcher Perfektion waren, dass sie sie ohne jegliche Zubereitung servierte; die Früchte wurden einfach in die Mitte eines Tellers gelegt, ungeschält und unaufgeschnitten.

Dank der unbeirrbaren Grundsätze und der Leidenschaft Waters' kürte die Zeitschrift *Gourmet* das «Chez Panisse» zum besten Restaurant Amerikas – dies war der Auslöser eines landesweiten Trends. Überall wurde auf den Speisekarten in bisweilen erschöpfender Ausführlichkeit erklärt, woher die Dinge stammten, die der Gast auf seinem Teller vorfand; und die Köche versuchten, sich einen Namen zu machen, indem sie immer neue Zutaten entdeckten.

Traditionelle französische Restaurants mit ihren üppigen Soßen und vertrauten Gerichten kamen rasch aus der Mode.

«Exotisches» und «Neuartiges» wurden zu Wertbegriffen. Und Doug Harbison war der Meinung, diese Entwicklung würde auch auf das Geschäft mit Meeresfrüchten beträchtliche Auswirkungen haben.

5. KAPITEL Südlicher Indischer Ozean **7. August 2003**

Gegen Mittag, ungefähr fünf Stunden nachdem die *Viarsa* nach Süden gedreht und Reißaus genommen hatte, wurde das Wetter plötzlich schlechter. Das erste Anzeichen war eine drastische Winddrehung von Nordwest auf Südwest, ein sicheres Indiz dafür, dass ein neues Tiefdrucksystem heranzog. In diesem Teil der Erde sind radikale Wetterumschwünge und generell miserable Bedingungen - es schneit an 250 Tagen im Jahr - die einzigen verlässlichen Konstanten. Die jüngsten Prognosen waren jedoch übler als gewöhnlich; Stürme mit annähernd Orkanstärke und hoher Seegang wurden vorhergesagt. Deshalb verlangsamte Codrington die Fahrt, bis er ungefähr tausend Meter Abstand zur *Viarsa* hatte.

Im Laufe der nächsten Stunden nahm der Wind erbarmungslos zu, bis er am späten Nachmittag mit fünfzig Knoten heulte und in Böen sogar fünfundsechzig Knoten erreichte. Der Wind wiederum peitschte das Meer zu mächtigen Sturzseen auf. Wie der Wind kamen auch die Wellen aus Südwesten und rollten somit fast frontal auf die Schiffe zu. Jeder Brecher bedeutete eine heftige Konfrontation zwischen Schiff und Meer. Die Wellen, die durchschnittlich fünfzehn und in Ausnahmefällen sogar mehr als zwanzig Meter hoch waren, sahen aus wie flüssige Berge. Es schien unmöglich, dass Wassermassen dermaßen hoch aufragen konnten.

Oft waren die Seen, während sie heranrollten, gar nicht klar auszumachen. Der Wind war so stark, dass er das Wasser von den Wellenkämmen abriss und gegen die Fenster der Brücke schleuderte, sodass die Sicht stark eingeschränkt war. Sogar die Scheibenwischer an den Brückenfenstern wurden weggerissen. Und die schweren Metallroste, die den schmalen Laufgang vor der Brücke bildeten, waren fortgespült worden.

Die größten Brecher, die alle vier bis fünf Minuten anrollten, lösten eine besonders heftige Dynamik aus. Codrington, der den ganzen Tag auf der Brücke geblieben war, wusste immer, wann der Zyklus einsetzte: Das Schiff blieb fast auf der Stelle stehen, während der Gigant es anhob. Dann torkelte es auf dem Kamm und stürzte auf der Rückseite des Berges wieder in die Tiefe. Der Fallwinkel betrug manchmal über dreißig Grad – so steil, dass man sich auf dem Zweitausendtonner bisweilen vorkam wie auf einem riesigen Surfbrett. Es war schwer zu begreifen, dass Wellen mächtig genug sein konnten, um ein ganzes Schiff so spielerisch herumzuwerfen. Am schlimmsten war jedoch, wenn der Bug in das Wellental tauchte.

Orkan: Die Wellen erreichen eine Höhe von 15, in Einzelfällen bis zu 20 Metern

Es fühlte sich an, als pralle man gegen eine Mauer. Erdbebenartige Stöße ließen den gesamten Rumpf erschauern; die Kabinenwände wackelten und bogen sich, sodass der Eindruck entstand, das Schiff werde wie der Balg einer Ziehharmonika zusammengepresst. Jeder Aufprall verursachte darüber hinaus einen donnernden Knall. So etwas hatte Duffy an Bord eines Schiffs noch nie gehört. Zunächst meinte er, es klinge, wie wenn ein schweres Bücherbord zu Boden krache; später kam es ihm vor, als knallten Autos aufeinander.

Wie weit die *Southern Supporter* in die anrollenden Wasserwände eintauchte, hing davon ab, wie nah und wie steil die jeweils nächste Welle war, doch in jedem Fall schlugen die Brecher über das Schiff, bevor der Bug wieder vollständig aufgetaucht war. Einige dieser Wellen, die bei untergetauchtem Bug völlig ungebremst heranrollten, waren so gewaltig, dass sie direkt gegen die Brückenfenster krachten, die knapp zehn Meter über der Wasserlinie des Schiffs lagen. Die Scheiben sahen dann für einen Moment so aus wie die Wände eines trüben Aquariums. Erst wenn das Wasser wieder abgeflossen war und bevor die nächste Gischt heranflog, gab es einen kurzen Moment, in dem man einen schauerlichen Anblick dessen, was als Nächstes kam, erhaschen konnte.

Mindestens genauso schlimm war es für jene, die gar nichts zu sehen bekamen. Alan McCarthy, der Zweite Offizier des Schiffs, hatte dienstfrei, doch er musste fürchten, aus seiner Koje geschleudert zu werden, und legte sicherheitshalber seine Matratze auf den Boden. Einige Besatzungsmitglieder waren in der Messe versammelt und saßen an vier langen Esstischen auf Stühlen, die an den Boden gekettet waren. Andere hockten in einer Ecke auf Sofas vor einem Fernseher. Die Messe befand sich in der Schiffsmitte, wo die Bewegungen theoretisch am geringsten sind, was sich allerdings unter den herrschenden Bedingungen kaum auswirkte. Auf der Heizplatte stand das Mittagessen, Suppe und Spaghetti Bolognese, doch es war fast unmöglich, etwas zu essen oder zu trinken.

Obwohl die Maschinen der *Southern Supporter* auf voller Kraft liefen, hatte sich die durchschnittliche Fahrt des Schiffs auf knapp sechs Knoten verlangsamt. Unter normalen Umständen hätte Codrington das Tempo noch weiter gedrosselt, auf vier Knoten oder weniger, sodass er gerade genug Schub gehabt hätte, um über die Wellen zu klettern, aber nicht so viel, dass die Gefahr bestand, über die Kämme hinauszuschießen. «Das ist Wahnsinn», sagte er. «Der Kerl will bloß sehen, ob wir dranbleiben können.»

Die *Viarsa,* die von der Brücke der *Southern Supporter* fast den ganzen Nachmittag zu sehen war, behielt ihr Tempo bei. Duffy vermutete, sie könne nicht schneller, aber andere waren dessen nicht so sicher. Ein paar Monate zuvor hatte der spanische Kapitän eines illegalen Seehechtfängers in einem Fernsehinterview erzählt, er sei von seinem Eigner angewiesen worden, vor einem australischen Patrouillenschiff mit knapper Höchstgeschwindigkeit zu flüchten, um seine Verfolger abzulenken, damit in der Zwischenzeit etliche andere illegale Fischereischiffe in aller Ruhe ihr Fanggerät einholen und aus dem Gebiet verschwinden konnten. «Vielleicht wurden sie angewiesen, uns ein paar hundert Meilen weit wegzulocken, damit die anderen Piraten Zeit haben, sich zu verkrümeln», sagte Arthur Staron, der Erste Wachoffizier der *Southern Supporter.* «Und dann werden sie auf ein Tempo beschleunigen, bei dem wir nicht mithalten können.» Duffy war nicht zuletzt deswegen anderer Meinung, weil der dicke Rauch, den er aus dem Schornstein der *Viarsa* quellen sah, darauf hindeutete, dass deren Maschinen auf voller Kraft liefen.

Am späten Nachmittag schien es jedoch, als habe die *Viarsa* tatsächlich einen Tempovorteil. Der zunehmend hohe Seegang und die ohnehin rabiaten Bedingungen schienen das relativ schmale Fischereifahrzeug zu begünstigen. Das offensichtlich mit Fisch beladene Schiff tauchte ziemlich tief ein, und manchmal sah es aus, als schwimme es mehr unter als über Wasser, als treibe es nicht auf den Wellen, sondern bohre sich durch sie hindurch.

«Sieht aus wie ein U-Boot!», meinte O'Dea.

«Eher wie ein Achterbahnwagen», erwiderte Duffy. «Die müssen Schlimmes durchmachen.»

Da die *Viarsa* kleiner war als die *Southern Supporter*, hatte Duffy anfangs gehofft, das andere Schiff würde so dramatisch krängen, dass der Kapitän es für nötig hielte umzudrehen. Doch weil die *Viarsa* die Wassergebirge regelrecht durchbohren konnte, war es ganz anders gekommen: Am späten Nachmittag lag sie drei Meilen vor der *Southern Supporter* – weit mehr als die tausend Meter, die Codrington beizubehalten gehofft hatte. Bei Sonnenuntergang war die Distanz auf sechs Meilen angewachsen.

«Sie entkommen uns», erklärte Codrington. «Wir fahren mit voller Kraft, halten aber trotzdem nicht mit.»

«Wir können nichts weiter tun», entgegnete Duffy. «Bleib dran, so gut du kannst.»

Die *Viarsa* bei Windstärke 10–11 im südlichen Indischen Ozean

Niemand hatte auf der *Southern Supporter* so viel Strecke gemacht wie Codrington. Er war der erste Kapitän, als das Schiff 1993 von der australischen Regierung in Dienst gestellt wurde, und seither hatte er jedes Jahr ungefähr sechs Monate an Bord verbracht. Später wurde das Schiff zwar vom Staat an P&O Nedlloyd verkauft, eine der größten Reedereien der Welt, doch dadurch änderte sich nicht viel; die australische Regierung charterte es oft von den neuen Eignern zurück, und Codrington blieb auf dem Schiff. Trotz der rauen Fahrt hatte er ungeheures Vertrauen in sein Gefährt. Mit einem Rumpf aus einem Zoll dickem Stahl war es laut Klassifizierungszertifikat in «nahezu festem Eis» einsetzbar.

Die größte Sorge bereitete dem Kapitän die Wucht des Wassers, das gegen die Fenster wenige Meter vor seinem Stuhl donnerte. «Wenn nur eine Scheibe bricht», sagte er zu Duffy, «müssen wir sofort langsamer laufen oder den Kurs ändern, damit wir nicht mehr gegen die See anboxen – und das wäre das Ende der Verfolgung.»

Codrington fürchtete auch, der Pirat könnte tollkühne Risiken eingehen, sodass aus dem Einsatz möglicherweise eine Such- und Rettungsaktion wurde – und das in Gewässern, die so tückisch waren, dass jede derartige Operation fast zwangsläufig scheitern musste. Die Sicht war immer noch katastrophal. Der Scheinwerfer leuchtete voraus, doch die meisten Fenster waren inzwischen eisverkrustet. Die einzigen Fenster, durch die man die *Viarsa* gelegentlich sehen konnte, waren die zwei «Klarsichtfenster», achtzehn Zoll breite runde Glasplatten, die nicht einfroren, weil sich zwischen der inneren und der äußeren Schicht Heizelemente befanden und weil ein kleiner Motor die Scheiben drehte.

Duffy starrte auf die blinden Fenster und ließ den Blick über die Instrumente wandern. Wie Codrington dachte er an alles Mögliche, das schief gehen konnte. Das einzige Mal, dass er ähnliche Bedingungen erlebt hatte, war in der Nordsee gewesen, doch damals befand er sich auf einem Zerstörer der Kriegsmarine, einem viel größeren Schiff. Zusätzliche Sorge bereiteten ihm die kleinen Rinnsale von Wasser, die seit einiger Zeit durch die Fensterrahmen strömten und auf Konsolen tröpfelten, die gespickt waren mit elektronischen Geräten.

Duffy und Codrington hatten längst eine enge Beziehung geknüpft. Duffy war vom ersten Moment an beeindruckt von der ruhigen und zuversichtlichen Art des 55-jährigen Kapitäns. Codrington wirkte wie jemand, der viel Zeit in der Bibliothek eines exklusiven Herrenclubs verbrachte. Er entstammte einer alten und berühmten Seefahrerfamilie, zu der auch Sir Edward Codrington gehörte, der legendäre britische Admiral, der in der Schlacht von Trafalgar die *Orion* befehligt hatte. Codrington fuhr zur See, seit er mit achtzehn Jahren in die britische Kriegsmarine eingetreten war; dann ging er zur Handelsmarine, und später wanderte er zunächst auf die Seychellen und schließlich nach Australien aus. Bei einem Gespräch stellten Duffy und Codrington fest, dass sie auf ganz entfernte Weise verwandt waren; Codringtons Frau war eine Cousine zweiten Grades von Duffys Schwager.

Nachdem etliche besonders heftige Wellen das Schiff herumgeworfen hatten, lehnte sich Duffy zu Codrington hinüber und sagte leise, damit niemand sonst es hörte: «Hör zu. Ich denke, es ist unsere Pflicht, die Verfolgung fortzusetzen. Aber du bist der Kapitän des Schiffs, und du bist für jeden Einzelnen an Bord verantwortlich, also liegt die Entscheidung letztlich bei dir. Falls du das Gefühl hast, unsere Sicherheit sei gefährdet, müssen wir eben die bittere Pille schlucken und die Kerle entwischen lassen.»

«Es ist absurd, was die tun, und wir müssen einiges einstecken, aber ich habe nicht das Gefühl, ich gefährde irgendjemandes Sicherheit», erwiderte Codrington. Kurz darauf fügte er hinzu: «Aber ich sollte dir sagen, dass wir einige Schäden davontragen werden. Keine Schäden an der tragenden Konstruktion, aber ein paar Reparaturkosten werden schon anfallen.»

«Okay, das nehme ich in Kauf. Wenn Schäden entstehen, wird der Staat dafür aufkommen müssen.»

Nach den Bestimmungen ihres Chartervertrags mit P&O war die Regierung tatsächlich verpflichtet, die Kosten für etwaige Schäden zu tragen. Also hätte Codrington das Thema gar nicht anschneiden müssen – er versuchte lediglich, Duffy eine bessere Einschätzung der Gefahr zu vermitteln. Auch Duffy wusste, dass die Regierung vertraglich für die Schäden verantwortlich war, und auch er reagierte in einer Weise, die seine Absicht signalisieren sollte, die Jagd fortzusetzen. Codrington verstand ihn durchaus. Vermutlich will die Regierung diese Typen wirklich zu fassen kriegen, sagte er sich. Eine Zeit lang saßen die beiden Männer schweigend da, starrten aus den Fenstern und fragten sich unter anderem, was wohl passieren würde, falls eine der Scheiben zu Bruch ging.

Kurz darauf sagte Codrington: «Meinst du, es lohnt sich, ihn aufzufordern, langsamer zu fahren?»

Duffy griff zum Hörer des Funkgeräts und sprach: «*Viarsa*, hier ist *Southern Supporter*. Die Wetterverhältnisse werden immer schlimmer, und Sie fahren unvernünftig schnell. Wir sind besorgt um die Sicherheit Ihres Schiffs und Ihrer Besatzung. Wir fordern Sie auf, das Tempo auf ein vernünftiges Maß zu drosseln.»

Cabrera antwortete umgehend. «Danke vielmals, aber wir haben es ganz komfortabel.»

Ohne noch einmal zu antworten, murrte Duffy: «Ja, klar!»

Bald darauf zog sich Duffy endlich in seine Kabine zurück. Es war 22.00 Uhr. Er hatte sich seit mehr als einem Tag nicht mehr ausgeruht, doch die See war so rau, dass er nicht schlafen konnte. Erst versuchte er, den rechten Arm unter die Matratze zu stecken, in der Hoffnung, der Arm würde gleichsam als Anker dienen und verhindern, dass er aus dem Bett geschleudert wurde. Dann versuchte er, sich mit etlichen Schwimmwesten in der Koje zu verkeilen. Was er auch tat, er konnte einfach nicht einschlafen und hielt sich fast unablässig an einem Griff über der Koje fest.

Mike O'Dea war im «Kontrollzentrum», einem Raum eine Ebene unter der Brücke, wo drei Spezialisten für elektronische Kriegführung des australischen Militärs die Geräte für die Radarortung bedienten. O'Dea setzte sich an einen kleinen Tisch und baute eine Verbindung zu John Davis auf, dem Leiter der Fahndungsabteilung der australischen Fischereiverwaltung. O'Dea wollte Davis fragen, ob die *Southern Supporter* die Verfolgung der *Viarsa* auch außerhalb der australischen Hoheitsgewässer fortsetzen solle. O'Dea ging davon aus, dass seine Vorgesetzten ihn anweisen würden aufzugeben. Die *Southern Supporter* verfügte schließlich nicht über die nötige Bewaffnung für einen gewaltsamen Zugriff, und selbst wenn ein Zugriff gelingen sollte, war keineswegs sicher, dass genügend Beweismaterial für eine erfolgreiche Strafverfolgung vorlag. Die Piraten würden alles versuchen, um Beweise auf See zu vernichten, und ihre Verteidiger würden vor Gericht die Indizienbeweise anzweifeln und behaupten, es läge kein einziges konkretes Beweisstück vor, das gemäß den geltenden rechtlichen Bestimmungen sichergestellt worden sei.

O'Dea hielt die Gesetzeslage für höchst einseitig. Während er die Vorschriften mit unfehlbarer Genauigkeit befolgen musste, konnten sich die Piraten jederzeit auf Bestimmungen berufen, die einen unbegrenzten internationalen Seehandel förderten. Sie konnten unter «Billigflaggen» von Ländern fahren, die so gut wie nichts unternahmen, um ihre Schifffahrt zu regulieren. Sie konnten den Namen und die Nationalität ihres Schiffs auf See ändern. Sie konnten sogar ihren Fang auf hoher See auf «legale» Schiffe umladen – eine Form der «Wäsche», die Vollzugsbeamte kaum unterbinden konnten, selbst wenn sie das Glück hatten, als Zeugen zugegen zu sein, denn es war nun einmal unmöglich, den genauen Ursprung einer bestimmten Fischart zweifelsfrei nachzuweisen.

«Was meinen Sie?», fragte Davis, als O'Dea ihn über Satellitentelefon erreichte. «Sollen wir die Jagd fortsetzen?»

«Ich bin mir nicht sicher», erwiderte O'Dea.

«Die Entscheidung liegt bei Ihnen. Wenn Sie meinen, wir sollten es lassen, dann lassen wir es. Aber wenn Sie plausible Gründe dafür haben, dieses Schiff aufzubringen, werden wir alles bereitstellen, damit Sie die Verfolgung fortsetzen können.»

Im Grunde war Davis – ein dynamischer Typ von zweiundvierzig, der eher wie ein risikofreudiger Unternehmer als wie ein risikoscheuer Bürokrat dachte und handelte – in keiner Weise angetan von der Vorstellung, die *Viarsa* entkommen zu lassen. Seine Kollegen hatten Schätzungen angestellt, wonach Piraten aus den Gewässern um Heard Island seit 1997 mindestens 15 000 Tonnen Seehecht gestohlen hatten – Fisch im Wert von mehr als hundert Millionen Australischer Dollar. «Das ist so», erzählte er manchmal Freunden, «wie wenn jemand in deinem Land auftaucht und anfängt, einen deiner Regenwälder zu roden, das ganze Holz auf ein Schiff lädt und abtransportiert – und du nichts dagegen unternimmst.» Er hatte Grund zu vermuten, dass die *Viarsa* einer der maßgeblichen Schuldigen war – ein Pirat, der systematisch Seehechte in etlichen ihrer wichtigsten geschützten Habitate gewildert hatte.

Auch die Tatsache, dass Uruguay in die Sache verstrickt zu sein schien, war für Davis ein Grund zum Handeln. Uruguay hatte einem Dutzend Schiffe die Genehmigung erteilt, auf Hochsee nach Seehechten zu jagen, und zwar in Gebieten, in denen der Fischfang keinerlei Regeln unterliegt. Da Fischkundler aber davon ausgehen, dass auf hoher See keine großen Seehechtbestände existieren, mutmaßte Davis, dass alle zwölf von Uruguay lizenzierten Schiffe in den Gewässern jener Länder wilderten, in denen immer noch größere Seehechtbestände anzutreffen waren. Er glaubte sogar, dass *alle* der in Uruguay registrierten Seehechtfangschiffe Fische aus der australischen Fischereizone gestohlen hatten. Gewöhnlich brachten sie ihre Beute nicht nach Uruguay. Vielmehr bezahlten die Schiffseigner uruguayische Beamte dafür, dass sie in jene fremden Häfen reisten, in denen die Beute ausgeladen wurde, und dort «bescheinigten», die Fische seien auf hoher See, also außerhalb von Hoheitsgewässern, gefangen worden. Damit bot Uruguay den Piraten ein fast todsicheres Prozedere, aus illegal gefangenem Fisch eine Ware zu machen, die ganz legal in die Vereinigten Staaten, nach Japan und auf andere große Märkte exportiert werden konnte.

Empört war Davis auch über das Verhalten des uruguayischen Botschafters in Australien, Pedro Mó Amaro, der im Laufe jenes Tages über die Verfolgung der *Viarsa* unterrichtet worden und zu einem dringlichen Gespräch mit Bernard Wonder, dem Staatssekretär im australischen Ministerium für Landwirtschaft, Fischerei- und Forstwesen, einbestellt worden war. «Das muss ein Irrtum sein», hatte Mó Amaro behauptet. «Ich glaube nicht, dass das Schiff, das Sie verfolgen, unter uruguayischer Flagge fährt, denn die *Viarsa* befindet sich nicht einmal in der Nähe Ihrer Wirtschaftszone. Nach unseren Informationen hält sich das Schiff derzeit im Atlantischen Ozean auf, mehrere tausend Meilen von Heard Island entfernt.»

In dem Gespräch mit O'Dea erklärte Davis: «Falls wir eine begründete Aussicht auf eine erfolgreiche Strafverfolgung haben, sollten wir weitermachen.»

«Das Einzige, was wir in der Hand haben, sind Indizienbeweise», erwiderte O'Dea. «Die waren ganz offensichtlich in unserer Zone, aber sie werden behaupten, sie seien nur durchgefahren. Sie waren unterwegs in unserer Zone, als wir sie entdeckten, aber sie werden behaupten, sie hätten Maschinenprobleme gehabt, oder eine andere Ausrede vorbringen.»

«Die waren mit anderen Worten keine dreißig Meilen von Heard Island entfernt, als sie entdeckt wurden», meinte Davis. «Und als Sie ihnen befahlen zu stoppen, sind sie geflüchtet. Was sagt uns das?»

«Aber welche Beweise haben wir? Es hängt alles davon ab, was wir auf dem Schiff finden, und die haben jede Menge Zeit, alles Mögliche zu vertuschen. Vielleicht verschwenden wir einen Haufen Geld und scheitern am Ende mit der Anklage, weil uns die Beweise fehlen.»

«Es liegt bei Ihnen. *Sie* müssen sagen, ob Sie berechtigte Gründe sehen.»

O'Dea hatte gewusst, dass es darauf hinauslaufen würde – dass er die Entscheidung fällen musste. Und als leitender Fischereibeamter an Bord der *Southern Supporter* hatte er, mehr als jeder andere, die Konsequenzen der Entscheidung zu tragen. Er musste den Prozess vorbereiten und als Zeuge aussagen, und er trug die Hauptverantwortung, falls die Piraten nicht verurteilt wurden. Davis, einer der ranghöchsten Beamten in seinem Ministerium, wollte zweifellos, dass O'Dea für eine Fortsetzung der Jagd plädierte, doch leicht fiel ihm die Entscheidung trotzdem nicht. Alles deutete darauf hin, dass das Schiff in australischen Gewässern gefischt hatte. Andererseits würde es schwer werden, ohne konkrete Beweise eine Verurteilung zu erwirken – und O'Dea hatte keine konkreten Beweise.

«Ausgehend von dem, was wir im Augenblick in der Hand haben, reicht es vielleicht für eine Verurteilung, vielleicht aber auch nicht», erklärte er. «Im Moment haben wir keine wirklich handfesten Beweise.»

«Die befanden sich 180 Meilen innerhalb unserer Zone, Sie haben in ihrer Nähe Fanggerät entdeckt, und die Burschen weigerten sich, das Schiff zu stoppen. Was meinen Sie? Wurde eine Straftat begangen?»

«Ja.»

«Und, würden Sie für einen Zugriff plädieren?»

«Okay, ich bin bereit zu sagen, wir sollten weitermachen, aber ich habe ein komisches Gefühl, denn es ist eine grenzwertige Entscheidung.»

«Seien Sie unbesorgt. Niemand wird Ihnen einen Vorwurf machen.»

O'Dea fand das wenig beruhigend. Obwohl er großen Respekt vor Davis hatte, schien es ihm, als sei er zu einem Einverständnis gedrängt worden. Und trotz Davis' Versicherungen wusste er, dass letztlich er allein die Verantwortung trug, falls etwas schief ging.

6. KAPITEL

Los Angeles **Oktober 1984**

Während Doug Harbison mit Lantz auf dem Parkplatz stand und zuhörte, wie der Fischimporteur die Eigenschaften des «Chilenischen Seebarschs» beschrieb, war er ähnlich begeistert wie seinerzeit Lantz, als der den ersten Schwarzen Seehecht entdeckt hatte. Harbisons Ambitionen gingen indes noch viel weiter als die von Lantz. Der hatte seine Entdeckung stets als nützlichen «Allzweckfisch» angesehen, als billigen Ersatz für andere, bekanntere Fischarten, doch Harbison war überzeugt, dass der «Chilenische Seebarsch» selbst zu einem der großen Stars der Fischküche avancieren könne.

Harbison stellte Lantz jede Frage, die ihm nur einfiel, doch im Grunde war ihm längst klar, dass er selbst nach Chile würde reisen müssen. Er wollte sehen, wie der Fisch verarbeitet wurde und wie sich «Chilenischer Seebarsch» in nicht gefrorenem Zustand verhielt. Verschiedene Fischarten haben ganz unterschiedliche Haltbarkeiten und vertragen Transport und Temperaturschwankungen auf ganz unterschiedliche Weise. Einige zerfallen buchstäblich, wenn sie im Flugzeug durchgerüttelt werden; andere fangen schnell zu riechen an.

Also reisten Lantz und Harbison im Januar 1985 nach Chile. Harbison verbrachte viel Zeit mit Neef, dem er erklärte, wie man feststellen könne, ob der Fisch frisch gefangen oder schon älter sei. Wenn man einen Daumen in den Fisch drücke, erläuterte Harbison, würde die Oberfläche, wenn das Tier frisch war, schnell in die ursprüngliche Form zurückquellen. Die Augen mussten klar und glänzend sein, das Fleisch leicht durchsichtig, und es durfte keinen Geruch verströmen. «Wenn man überhaupt etwas riecht, dann das Aroma des Meeres», sagte Harbison. Er demonstrierte auch, wie er den Fisch filetiert haben wollte, und betonte dabei, wie wichtig es sei, scharfe Messer zu verwenden und einen einzigen sauberen Schnitt zu führen, damit das Fleisch nicht zerfetzte – und wie die Filets in Folien gewickelt und in Container verpackt werden sollten, die per Luftfracht nach Los Angeles transportiert wurden.

Die Fische kamen, fünf bis zehn Tage nachdem sie gefangen worden waren, in Kalifornien an. Die frischen Produkte kosteten mehr als die Tiefkühlware – Harbison verlangte anfangs 2,75 Dollar pro Pfund, doch die Fische landeten schon bald überwiegend in gehobenen Restaurants, die sich höhere Einkaufspreise leisten konnten. Dies waren auch genau jene Lokale, die in überregionalen Zeitschriften porträtiert und deren Speisepläne imitiert wurden. Ungefähr ein Jahr nach seiner ersten Chilereise verkaufte Harbison jeden Monat 20 000 Pfund frischen «Chilenischen Seebarsch». Lantz setzte mehr als doppelt so viel ab, ungefähr 500 000 Pfund im Jahr. Und im Laufe der nächsten Jahre expandierte das Geschäft mit dem «Seebarsch» in zunehmendem Tempo – besonders gegen Ende des Jahrzehnts, als der Fisch auch auf dem japanischen Markt eingeführt und zugleich an der amerikanischen Ostküste populärer wurde.

Wie in Kalifornien wurde der «Seebarsch» auch an der Ostküste zunächst vorwiegend von Chinarestaurants angeboten, die die gefrorene Variante als Ersatz für Schwarzen Kabeljau verwendeten. Das erste Nobelrestaurant, das «Seebarsch» servierte, dürfte das «Four Seasons» in Manhattan gewesen sein, wo Titanen der Finanzwelt und der Unterhaltungsindustrie täglich zu Mittag schlemmten und schwadronierten, sofern sie nicht gerade heimlich miteinander um den besten Tisch konkurrierten. Im Jahre 1990 begann einer der

Küchenchefs, Fred Mero, den «Seebarsch» in verschiedenen asiatischen Gewürzen zu marinieren, bevor er ihn anbriet, um ihn dann mit einer Soße aus schwarzen Bohnen zu servieren. Wie schon die Chinarestaurants verwendete auch das «Four Seasons» nicht den Namen, den Lantz dem Fisch gegeben hatte. Nachdem sich Mero mit einigen Kollegen in der Küche beraten hatte, erfand er einen eigenen Namen – *«corvina bass»*. Da *corvina* und *bass* zwei verschiedene Fischarten sind und der Seehecht mit keiner der beiden verwandt ist, war dies eine höchst seltsame Namenswahl, doch das machte nichts. *«Corvina bass»* klang gut, und die Kreation wurde rasch zu einem der beliebtesten Gerichte des Restaurants.

Ein Jahr später erlebte der «Chilenische Seebarsch» unter seinem «eigentlichen» Namen seine Premiere in Downtown Manhattan, und zwar im «Tribeca Grill», einem schicken Speiselokal, das der Schauspieler Robert De Niro und der Restaurantbetreiber Drew Nierporent kurz zuvor mit einer Gruppe prominenter Investoren eröffnet hatten, zu denen auch Bill Murray, Michail Baryschnikow und Sean Penn gehörten. Der dortige Küchenchef, Don Pintabona, servierte den Fisch in einem Mantel aus Krabbenfleisch und mit einer Portwein-Glasur. Ab 1992 kredenzte das «Solera», ein nicht minder beliebtes Restaurant, ein Gericht mit «Chilenischem Seebarsch» in einem Rotweinjus; als Beilage gab es Kartoffelpüree und frische Schalotten. «Zunächst schlug er gar nicht groß ein. Es war ein Fisch wie jeder andere», berichtete Dominick Cerrone, der damalige Küchenchef des «Solera». «Aber alle mochten ihn, und nach und nach kam er richtig gut an.»

Chile erteilte ausländischen Fischern von August 1991 bis Juli 1992 das Recht, Seehecht in chilenischen Gewässern zu fangen – zu «Sondierungszwecken». Die Militärregierung verfolgte damit drei Ziele: Sie wollte sich einen Eindruck verschaffen, wie groß die Seehechtbestände waren, sie wollte die wirtschaftliche Aktivität in der größtenteils unbewohnten Südhälfte des Landes ausweiten, und sie wollte Chiles Hoheitsansprüche auf Gebiete untermauern, die zeitweise von Argentinien streitig gemacht worden waren. Das Ganze schien eine fabelhafte Idee zu sein: Chiles eigene Fischereifahrzeuge waren zu klein, um in den unwirtlichen Gewässern vor der Südküste zu operieren, weshalb niemand wusste, wie viel Seehecht in jener Gegend lebte. Und die Regierung konnte die Wirtschaft in abgelegenen Gebieten ankurbeln, ohne Straßen und Siedlungen bauen zu müssen. Sie musste lediglich Lizenzen erteilen.

Die Bürokraten machten jedoch einen gravierenden Fehler. Sie vergaben die Lizenzen an elf verschiedene Firmen und begrenzten jede Lizenz theoretisch auf ein einziges Schiff. Damit gewannen einige der größten Akteure der Fischindustrie einen verlockenden Einblick in eine, wie sich herausstellte, ungeheuer große Ressource – und das zu einer Zeit, als Chile nicht über die Mittel verfügte, das Fischereiwesen zu regulieren, geschweige denn zu kontrollieren. Für Unternehmen, die sich nicht genötigt fühlten, sich an die Regeln zu halten, wurde der Fisch damit praktisch zum Freiwild.

Die Schiffe, die sich fortan nach Chile aufmachten, waren nicht mit jenen vergleichbar, die Lantz vierzehn Jahre zuvor in Valparaiso gesehen hatte. Es waren große Industrieschiffe wie die *Viarsa*, mit Fabriken und riesigen Kühlräumen an Bord; sie konnten Fische in Quantitäten aus dem Meer holen, von denen die einheimischen Fischer nicht einmal geträumt hätten. Chiles offiziell registrierter Seehechtfang stieg von 10 969 Tonnen im Jahre 1992 auf 30 828 Tonnen im Folgejahr. Da nicht davon auszugehen ist, dass illegal gefangener Fisch überhaupt gemeldet wurde, war der tatsächliche Anstieg vermutlich noch weitaus größer. Aber schon bald zeigte sich, dass die Regierung eine unhaltbare Hysterie und Futtergier ausgelöst hatte; 1994 ging der Seehechtfang jäh zurück. Strengere Beschränkungen wurden eingeführt – allerdings viel zu spät. Die meisten Fische waren bereits verschwunden, und die illegalen Akteure waren in argentinische Gewässer ausgewichen, wo es noch Seehechte zu erbeuten gab und keine Quoten galten.

Und so bildete sich ein Muster heraus: Wie ein Rudel gieriger Wölfe fielen Flotten hochtechnisierter Fangschiffe, die meist von Piraten betrieben wurden, in ein Seehechthabitat nach dem anderen ein und räuberten ganze Populationen aus, bevor die Behörden überhaupt wussten, was da vor sich ging. Der «Chilenische Seebarsch» war noch immer kein Renner im Speisefisch-Geschäft, doch das Grundmuster hatte sich bereits herausgebildet: Die Nachfrage der Konsumenten gewann eine unaufhaltsame Dynamik, und die Fischindustrie war nur allzu gern bereit, sie zu befriedigen. Lee Lantz hatte, ohne es zu wissen, einen Goldrausch ausgelöst. In einer Zeit, in der die Fischindustrie kaum noch Zuwächse verzeichnete, galt der Schwarze Seehecht als «weißes Gold».

Viele Fischer der ersten Stunde, die damals nach Südamerika gingen, waren Spanier. Einer von ihnen war Antonio García Pérez.

7. KAPITEL Südpolarmeer **8. August 2003**

Die Jagd geht weiter!»

Keith Johnson, Steve Duffys Vorgesetzter, hatte Duffy am frühen Freitagmorgen angerufen, nachdem mehrere Minister, darunter der Außen- und der Verteidigungsminister, zugestimmt hatten, dass die heiße Jagd der *Southern Supporter* fortgesetzt werden solle, auch wenn die *Viarsa* die australische Wirtschaftszone verließ. «Wir werden uns diesen Kerl schnappen», sagte Johnson. «Berücksichtigen Sie auf jeden Fall alle Eventualitäten. Und Sie sollten sich auch eine Strategie überlegen, wie Sie das Schiff entern, sofern Ihnen die nötigen Mittel zur Verfügung stünden.»

«Wo sollten diese Mittel herkommen?»

«Keine Ahnung, aber Sie sollten darüber nachdenken, was getan werden müsste, um an Bord zu gelangen.»

Wie Duffy hatte auch Johnson lange bei der Kriegsmarine gedient, bevor er zum Zoll ging und dort die Leitung der neuen Gewässerschutzeinheit übernahm. Der Fünfzigjährige sprach gerne über Golf und äußerte häufig den Wunsch, sich früh zur Ruhe zu setzen, doch er verhielt sich immer noch wie ein typischer Soldat. Er trug kurzes Haar und gab nur das Nötigste an Informationen weiter, und das mit knappen, deutlichen Worten. So überrascht es nicht, dass er Duffy in diesem Augenblick kaum etwas von jenen Diskussionen anvertraute, die er und andere mit etlichen ausländischen Regierungen führten.

Duffy hatte bereits damit begonnen, sich den Rumpf und den

Aufbau der *Viarsa* genauer anzusehen, um zu entscheiden, wie er das Schiff entern wollte – unter anderem ging es ihm um die Frage, wo Männer von einem Hubschrauber aus auf dem Schiff abgesetzt werden konnten. «Auf dem Vordeck steht ein etwa zweieinhalb Meter hoher Mast, womit dieser Bereich für ein Abseilen vom Helikopter untauglich ist», schrieb er in sein Notizbuch. «Auf dem Achterdeck steht an der Backbordseite ein Klappkran, und vom Mast verlaufen zwei Drähte zum Steuerhaus und dann weiter zu einem Mast am Heck. Ich fürchte, damit scheidet auch dieser Teil des Oberdecks für ein Abseilen aus. Das Dach des Ruderhauses ist mit etlichen Geräten bestückt, hinzu kommen diverse Antennendrähte. Zum Abseilen gänzlich ungeeignet.» Und dies waren nur die *sichtbaren* Hindernisse. Duffy wusste so gut wie nichts über die Aufteilung des Schiffs unter Deck, und es war darüber hinaus völlig ungewiss, wie die Besatzung beziehungsweise der Kapitän der *Viarsa* auf eine gewaltsame Aktion reagieren würden.

«Wir wissen, dass der Kapitän stur ist», teilte Duffy Johnson mit, «aber es lässt sich unmöglich sagen, wie widerspenstig er sich im Endeffekt verhalten beziehungsweise wie weit ihn seine Mannschaft unterstützen würde. Wir haben bisher keine feindseligen Reaktionen beobachtet – sie haben uns nicht mit der Faust gedroht –, aber im Grunde wissen wir kaum etwas über sie.»

Kurz nach seinem Gespräch mit Johnson kehrte Duffy auf die Brücke zurück und stellte fest, dass die *Southern Supporter* die *Viarsa* wieder eingeholt hatte. Die See war immer noch gewaltig, doch die einzelnen Wellen waren selten über sechs Meter hoch, und sie waren nicht mehr so steil wie am Vortag. Es ließ sich daher unmöglich sagen, ob Cabrera das Tempo gedrosselt hatte oder ob sein Schiff den Vorsprung aufgrund der weniger dramatischen Wetterverhältnisse eingebüßt hatte. Aber es war kaum damit zu rechnen, dass die relative Ruhe anhielt. In den vergangenen Stunden hatte der Wind abermals gedreht – er kam nun von Westen. Und innerhalb weniger Stunden drohte ein weiterer Sturm. Im frühen Morgenlicht konnte Duffy außerdem erkennen, dass die Wasseroberfläche gleichsam ölig schimmerte – das erste Anzeichen dafür, dass das Meerwasser zu gefrieren begann.

«Wir werden die Verfolgung fortsetzen», teilte Duffy O'Dea und Codrington mit, bevor er sein Gespräch mit Johnson resümierte. «Wir müssen uns überlegen, wie wir eine Enteraktion durchziehen würden. Ich kümmere mich um die Frage, wie wir unsere Leute rüberkriegen, und du, Mike, solltest dir überlegen, wie du vorgehen willst, um Beweise sicherzustellen und die Besatzung zu befragen.»

«Aber wir wissen immer noch nicht, welche Art von Unterstützung wir bekommen werden», warf O'Dea ein.

«Bei der *South Tomi* hatten wir jede Menge Beistand», meinte Codrington; er spielte an auf einen Vorfall im Jahr 2001, bei dem die *Southern Supporter* vierzehn Tage lang einen Seehechtfischer gejagt hatte, der in Togo registriert war; schließlich wurde das Schiff von australischen Soldaten aufgebracht und geentert, die von einem südafrikanischen Marineschiff transportiert worden waren. «Die Südafrikaner kamen damals mit einem eigenen Truppenkontingent zu Hilfe. Vielleicht sind sie diesmal wieder dabei.»

Johnson hatte Duffy angewiesen, eine ganz spezielle zweiteilige Nachricht an die *Viarsa* zu senden, bevor das Schiff voraussichtlich gegen 8.30 Uhr die australischen Gewässer verließ. Nachdem Duffy den Text der Durchsage noch einmal überflogen hatte, zeigte er ihn O'Dea und sagte: «Wir müssen eine bestimmte Haltung einnehmen, wenn wir mit dem Typ über Funk sprechen. Du hast schon einen gewissen Draht zu ihm, also sollte ich den Bösen mimen. Du gibst den guten Bullen und versuchst, weitere Informationen aus ihm rauszukitzeln.»

Ein paar Minuten später verlas O'Dea über Kanal 16 den ersten Teil der Nachricht: «In den letzten vierundzwanzig Stunden wurde auf diplomatischer Ebene einiges unternommen bezüglich Ihrer Aktionen und Ihrer Weigerung, meinen Instruktionen zu folgen. Die internationalen Gespräche zwischen der australischen und der uruguayischen Regierung finden mittlerweile auf höchster Ebene statt. Ich kann Ihnen mitteilen, dass unser Vorgehen auf breite Zustimmung stößt. Es besteht weiterhin die Möglichkeit, diesen Sachverhalt zu klären – ohne harte Konsequenzen für Sie persönlich. Ich fordere Sie auf, zu stoppen und meinen Weisungen zu folgen.» Duffy wartete auf eine Antwort, die nicht kam. Dann nahm er das Mikrophon und übermittelte den zweiten, in deutlich schärferem Ton abgefassten Teil der Nachricht. «Sie verweigern nach wie vor jede Zusammenarbeit. Daher mache ich jetzt Rückmeldung an meine Regierung, man solle die angebotene internationale Unterstützung in Anspruch nehmen. Und Sie müssen die Konsequenzen Ihres Handelns tragen. Auf Wiederhören.»

Als sich O'Dea am späteren Vormittag erneut an das Funkgerät setzte und die *Viarsa* abermals aufforderte zu stoppen, ließ Cabrera endlich von sich hören. «Ich kann das Schiff nicht ohne Anweisung des Eigners stoppen», erklärte er. «Ich muss ein paar Minuten warten, nur ein paar Minuten. Wenn das Hauptbüro sagt, stoppen, dann werde ich stoppen. Wenn das Hauptbüro sagt, weiterfahren, werde ich weiterfahren. Verstehen Sie?»

«Roger. Aber während Sie warten, rate ich Ihnen, Ihr Schiff zu stoppen.»

«Ob ich jetzt stoppe oder in fünf Minuten, das macht keinen Unterschied, also lassen Sie mich nachfragen, und danach bekommen Sie Antwort. Nur noch vier oder fünf Minuten.»

«Wir werden in Ihrem Kielwasser auf Position bleiben, und ich bin auf Kanal 16 auf Stand-by.»

Als O'Dea eine Stunde später wieder mit Cabrera sprach, sagte der Kapitän, er habe noch immer nichts vom Eigner gehört. «Ich verstehe Ihr Problem», räumte O'Dea ein, «aber ich muss Ihnen klar sagen, dass Sie als Kapitän des Schiffs die Verantwortung tragen. Sie sind für Ihre Handlungen verantwortlich.» Kurz nach diesem Gespräch änderte die *Viarsa* ihren Kurs und fuhr direkt nach Westen, direkt in Richtung Uruguay.

«Verfolgen Sie irgendeine Absicht oder irgendein Ziel?», wollte O'Dea wissen.

«Wir haben kein spezielles Ziel. Wir wissen nicht. Wir warten auf Anweisungen.»

Gegen Mittag hatte sich der Himmel zugezogen, und die Temperatur lag knapp unter dem Gefrierpunkt, aber der Wind flaute plötzlich ab auf weniger als zwanzig Knoten. Wie es schien, wollte Cabrera ein bisschen Hausputz erledigen. «*Southern Supporter,* hier ist *Viarsa*», meldete er sich über Funk. «Bitte halten Sie Abstand. Ich verlangsame die Fahrt, damit meine Männer an Deck kommen und loses Gerät festzurren können.»

O'Dea fragte: «Haben Sie das Kommuniqué empfangen, das wir Ihnen vorhin vorgelesen haben?»

«Jawohl.»

«Ist Ihnen klar, dass man Sie persönlich für alle Aktionen Ihres Schiffs zur Rechenschaft ziehen wird?»

«Ja, das ist mir klar. Ich befinde mich auf legaler Passage durch Ihre Gewässer. Ich werde meinen derzeitigen Kurs beibehalten. Ich werde nicht stoppen.»

Ungeachtet Cabreras Aufforderung, Abstand zu halten, wies Duffy Kapitän Codrington an, näher an das andere Schiff heranzufahren. Er wollte sich den Cutaway genauer ansehen, jenen tief ausgeschnittenen Teil des Rumpfs an der Steuerbordseite, wo die Langleinen eingeholt wurden. Während das Hauptdeck mindestens dreieinhalb Meter über der Wasserlinie lag, reichte der Cutaway bis auf etwa einen Meter hinunter zur Wasserlinie. Es sah aus, als könne man problemlos von einem kleinen Boot aus über den Cutaway an Bord klettern und von dort zum Hauptdeck hinaufsteigen. Als die *Southern Supporter* etwa hundert Meter neben der *Viarsa* fuhr, konnte Duffy sehen, dass etliche Besatzungsmitglieder an Deck herumliefen und diverses Gerät mit Leinen festzurrten. Codrington beschloss, dem Beispiel der Crew auf dem anderen Schiff zu folgen, und befahl einigen seiner Männer, mit Schaufeln und Brecheisen den Schnee und das Eis vom Deck der *Southern Supporter* wegzuhacken. Auf dem Vorschiff hatte sich das gefrierende Spritzwasser stellenweise zu Eisgebilden getürmt, die wie Schneeverwehungen aussahen und zum Teil bis zu eineinhalb Meter hoch aufragten. Es war schwer, sie zu entfernen; der Schnee war von dicken Eisschichten bedeckt und steinhart.

Scott Webb sah durchs Fernglas, dass die Tür zur Brücke der *Viarsa* offen stand. Drinnen entdeckte er einen bärtigen Mann mit gespenstisch blasser Haut. Das weißgraue Haar auf seinem Kopf und in seinem Gesicht hob sich deutlich ab gegen die dunkle Kleidung, die an einen Trainingsanzug erinnerte. Der Mann schien eher klein und verhutzelt.

«Ich glaube, ich seh den Kapitän», sagte Webb.

Duffy hatte sich den Gegner breitschultrig, groß und muskulös vorgestellt. Was er nun durch das Fernglas sah, stimmte so gar nicht überein mit jenem geistigen Bild. Doch das Alter des grauhaarigen Mannes und die Tatsache, dass er sich auf der Brücke aufhielt, ließen kaum Zweifel daran, dass es sich um Cabrera handelte. «Das muss er sein», sagte Duffy. «Er sieht ziemlich abgefahren aus.»

Cabrera reagierte verärgert auf die Beobachter. «Sie sind zu nah!», meldete er über Funk. «Bitte wahren Sie sicheren Abstand. Ich verlangsame meine Fahrt.»

«Roger», erwiderte Duffy. «Wir haben Ihre Absicht vernommen.» Er war betont unfreundlich. Wäre dies eine normale Unterhaltung zwischen zwei Schiffen gewesen, hätte er sein Vorhaben bekundet und den anderen Kapitän gefragt, ob der damit einverstanden sei. Doch Duffy wollte jede Gelegenheit nutzen, um zu zeigen, wer in dieser Situation das Sagen hatte, weshalb er sich bewusst eines autoritären Tonfalls bediente. «Wir manövrieren mit gebotener Vorsicht in Ihrer unmittelbaren Nähe», fügte er hinzu. «Sofern Sie Kurs und Geschwindigkeit beibehalten, können wir für Ihre Sicherheit garantieren.»

Auf dem Patrouillenschiff wurde laufend darüber spekuliert, was

Cabrera wohl als Nächstes tun werde. Er war, daran bestand kein Zweifel, eigensinnig und risikofreudig – aber wie weit würde er gehen? War er ein Typ, der vor nichts zurückschreckte, der Reißaus nahm, falls die *Southern Supporter* in ernste Schwierigkeiten geriet und Hilfe benötigte? Oder war er nur ein eifriger Fischer, der seiner Arbeit nachging, die er als sein gottgegebenes Recht betrachtete, um seinen Lebensunterhalt zu bestreiten? Außerdem war keineswegs klar, ob Cabrera überhaupt das Sagen hatte oder ob er lediglich die Befehle des Schiffseigners oder des Fischmeisters ausführte.

«Wenn wir bloß wüssten, was in seinem Kopf vorgeht», meinte Duffy, «dann könnten wir uns überlegen, was sonst noch zu tun wäre.»

«Ich weiß, was er vorhat», erwiderte O'Dea. «Er hat ein Schiff, das eine Million Dollar wert ist, und eine Fracht, die wahrscheinlich viel, viel mehr wert ist – also wird er flüchten. Was soll er sonst tun? Selbst Einbrecher mit ein paar tausend Dollar Beute flüchten vor der Polizei. Hier geht es um Millionen. Wenn er davonkommt, kann er sich ins Fäustchen lachen.»

Doch auch O'Dea räumte ein, dass man es mit etlichen Unbekannten zu tun hatte. Vor allem wusste keiner der beiden Kapitäne, über wie viel Treibstoff das andere Schiff verfügte. «Vielleicht denken die, uns geht der Saft früher aus als ihnen», sagte der Fischereiinspektor.

«Da könntest du Recht haben», gestand Duffy. «Schließlich sind sie mit Treibstoffvorräten aufgebrochen, um monatelang fischen zu können. Mag sein, dass die Sache auf einen Zermürbungskampf hinausläuft.» Duffy wusste, dass viele Langleinenfischer sämtliche Ladekapazitäten an Bord als Dieseltanks nutzten, bevor sie ausliefen; im Laufe ihrer Reise wurden dann anstelle des verbrauchten Treibstoffs Fische in den entsprechenden Laderäumen eingelagert. Die Tatsache, dass die Ölreste mit Meerwasser ausgespült wurden, bevor sich an selber Stelle gefrorene Fischleiber stapelten, war – selbstredend – ökologisch höchst bedenklich; und auch betuchte

Restaurantbesucher wären gewiss nicht sonderlich erfreut zu hören, dass ihr Fisch wochenlang in einem Laderaum lag, der zuvor als Dieseltank gedient hatte – doch der zusätzliche Treibstoffvorrat sicherte den Langleinenfischern eine erheblich ausgedehnte Reise.

Duffy trat an den Kartentisch und studierte die Übersichtskarte, die ein Gebiet von Afrika bis Australien und von der Antarktis bis Moçambique abdeckte. In den meisten Regionen der Welt hätte man Dutzende von Karten benötigt, um ein derart riesiges Territorium abzudecken, doch in diesen Breiten genügte eine einzige. Abgesehen von Gewässern rund um den Festlandssockel der Antarktis und um einige wenige Inseln – allesamt bevorzugte Habitate des Schwarzen Seehechts –, war das Wasser mehrere hundert Meter tief und daher frei von Navigationsrisiken. Codrington stand ebenfalls am Kartentisch und gab die neuesten Zahlen zum Treibstoffverbrauch in einen Rechner ein. Die zugrundeliegende Ausgangsrechnung war einfach, verzwickter hingegen waren die Hypothesen, auf die sie sich stützte. Die *Southern Supporter* hatte 380 Tonnen Kraftstoff an Bord und verbrannte in der Regel sieben Tonnen pro Tag. Die Distanz, die sie in dieser Zeit zurücklegen konnte, variierte erheblich. Bei idealen Bedingungen machte sie an die zwölf Knoten Fahrt, was auf ein 24-Stunden-Etmal von 288 Meilen hinauslief. Kämpfte sie gegen Wind und Wellen an, fuhr sie vielleicht nur halb so schnell.

«Es sieht aus, als könnten wir es bis Australien zurück schaffen, solange wir vor dem 24. August umkehren», erläuterte Codrington. «Danach müssten wir eine andere Küste ansteuern, vielleicht Südafrika.»

8. KAPITEL

Ribeira, Spanien

In Ribeira hat sich im Grunde seit Jahrhunderten nichts geändert. Der Ort ist Heimathafen einer Flotte vergammelter Fischerboote, und die krummen Straßen, die vom Hafen wegführen, sind von zahllosen kleinen Tapaslokalen gesäumt, in denen jedem, der etwas trinkt, kleine Teller mit würzigen Speisen gereicht werden. An erster Stelle stehen Meeresfrüchte; Muscheln und Kalmare sind besonders beliebt. Der Fisch bildet auch das Hauptgesprächsthema in Ribeira, denn die meisten der 28 000 Einwohner bestreiten ihren Lebensunterhalt mit Fischfang.

Antonio Pérez lebt mit seiner Frau Angeles und den Zwillingstöchtern in der Nähe des Stadtzentrums – nicht weit von dort, wo er aufwuchs – in einer Wohnung im dritten Stock mit einem weiten Blick über den Hafen. Als die Jagd auf die *Viarsa* begann, waren die Mädchen vierzehn Jahre alt. Die eine wollte später einmal Biologin werden; die andere äußerte noch keinen Berufswunsch. Als Pérez in ihrem Alter war, arbeitete er bereits auf dem Schleppnetzfischer seines Vaters. Laut Gesetz durfte man dieser Arbeit erst ab achtzehn nachgehen, aber sein Vater wollte nicht so lange warten; er hielt es für wichtiger, seinem Sohn zu einem frühen Start ins Leben zu verhelfen. Die nächsten paar Jahre verbrachte Pérez jedes Wochenende auf dem Schiff und half mit, das Netz auszulegen und einzuholen und die Fische auszunehmen. Er hasste die Arbeit, vor allem weil er leicht seekrank wurde. Er litt so sehr, dass er sich einen anderen Beruf suchen wollte, doch ihm fiel nichts Besseres ein – und als er mit achtzehn offiziell den Beruf des Fischers ergriff, hatte sich die Seekrankheit gelegt.

«Für mich kommt nichts anderes infrage», sagte er viele Jahre später. «Ich habe Freunde, die auf dem Bau arbeiten, aber ich verdiene viermal so viel wie sie.»

Pérez sieht nicht wie ein Fischer aus. Er ist schlank und kein bisschen muskulös, und sein bleiches, ernstes Gesicht erinnert eher an das eines Akademikers. Der erste Eindruck, den er bei anderen hinterlässt, ist häufig unvorteilhaft, denn er kann mürrisch und arrogant wirken, weil er dazu neigt, erhobenen Hauptes scheinbar auf sein Gegenüber herabzublicken. Dieser Eindruck verstärkt sich durch die Art, wie er seine Brille trägt – die Bügel sitzen weit über seinen Ohren und neigen sich über seinem dunklen Haar im schrägen Winkel zu den Augengläsern. Zumindest in einer Hinsicht ist Pérez tatsächlich arrogant – er hält sich für außergewöhnlich gut bei dem, was er tut. In Gegenwart von Kollegen oder Freunden ist er jedoch locker und dynamisch. Dies zeigt sich in seiner Art, sich zu bewegen; er geht schneller, als andere laufen, und er versucht oft, Leute anzutreiben, indem er in die Hände klatscht und ruft, «Los geht's, los geht's!», manchmal auch auf Englisch, *«Let's go, let's go!»*

Der Gedanke, dass in einem Ozean die Fische knapp werden könnten, war Pérez bei seiner Berufswahl nie gekommen. Schon 1983, als er mit neunzehn Jahren erstmals den Atlantik überquerte, um vor Neufundland nach Kabeljau zu fischen, redeten einige der Veteranen davon, um wie viel besser früher alles gewesen sei, doch er glaubte ihnen nie so recht. Das Prahlen mit Heldentaten der Vergangenheit – das sprichwörtliche Spinnen von Seemannsgarn – ist unter Fischern nichts Ungewöhnliches. Und es schien undenkbar, dass der Ozean, der seit zahllosen Generationen seine Familie ernährt hatte, als Quell des Lebensunterhalts versiegen könnte. Doch bei vielen Fischarten gingen die Bestände bereits bedrohlich zur Neige. Das galt in besonderem Maße für den Kabeljau. In den Jahren, als Pérez an der Jagd nach dem Tier beteiligt war, wurde pro Saison mehr als die Hälfte der jeweils verbliebenen Population gefangen. Es war eine apokalyptische Spirale, die erst endete, als Kanada 1992 die Kabeljaugründe vor Neufundland sperrte und die Vereinigten Staaten ein Jahr später die Fanggebiete bei George Bank abriegelten.

Pérez ging 1993 nach Ribeira zurück, doch der Fischfang auf der europäischen Seite des Atlantiks war nie so lukrativ gewesen wie auf der amerikanischen, und er hatte weiter an Attraktivität verloren, als Spanien 1986 der Europäischen Wirtschaftsgemeinschaft beitrat, was eine stetige Verringerung der Fangquoten nach sich zog. Pérez, der während seiner Zeit auf dem Nordatlantik vom einfachen Matrosen zum Offizier aufgestiegen war, hatte jedoch keine Zweifel, dass woanders vielversprechende Fanggebiete zu finden sein müssten – und dass er in Ribeira etwas darüber erfahren würde. Die Tapasbars waren von jeher der richtige Ort, um Informationen über Jobs und Fischgründe auszutauschen; mit ihrem geballten Know-how und der Fülle an Kontakten waren sie für die Fischer im Grunde das, was Silicon Valley für die Software-Entwickler und Wall Street für die Finanzstrategen war.

«In Ribeira kennen wir die ganze Welt», sagte Pérez. «Wenn mich jemand beauftragt, mit einem Schiff nach Alaska zu fahren, fällt mir sofort jemand ein, der dort gearbeitet hat, und der kann mir dann sagen, wo die Fische sind und welches Gerät ich verwenden muss, um sie zu fangen. Falls ich also nach Alaska fahre, fange ich bereits am ersten Tag Fische.»

Den ehemaligen spanischen Kabeljaufischern war längst klar geworden, wie die Lösung ihres Dilemmas aussehen müsste – sie würden sich in Zukunft auf die Gewässer der südlichen Hemisphäre konzentrieren, die noch relativ unberührt waren. Genau dies hatte auch Pérez' Familie getan. Sein Vater, der inzwischen zwei eigene Schiffe besaß, fischte zwar noch immer mit dem Schleppnetz, allerdings von Namibia aus. Pérez' Bruder fing vor der afrikanischen

Westküste Seehechte, und einer seiner Onkel hatte sich auf Schalentiere vor Senegal spezialisiert. Antonio Pérez ging noch weiter nach Süden. Er flog nach Punta Arenas.

Pérez war zwar auf einem Garnelenfänger angeheuert worden, doch als er in dem chilenischen Hafen ankam, erfuhr er, dass die Reederei vier weitere Schiffe besaß, die hinter einem sehr viel lukrativeren Fisch her waren – dem Patagonischen Schwarzen Seehecht. Die Matrosen auf den Seehechtfängern verdienten genauso viel Geld wie die Offiziere der Garnelenfischer. Pérez erklärte sich bereit, als einfache Deckhand zu arbeiten, bestand jedoch auf einem Job an Bord eines Schiffs, das vor der Küste Argentiniens Seehecht fangen sollte.

Eine großartige Chance: Waren die meisten chilenischen Seehechte in den vergangenen Jahren abgefischt worden, so waren die argentinischen Bestände noch weitgehend unberührt, und die Regierung hatte bislang keine Quoten festgelegt. Da Argentiniens Festlandssockel sehr viel breiter ist als der Chiles, lagen die Tiefseegründe des Seehechts weit vom Land entfernt und waren für die herkömmliche Fangflotte kaum zu erreichen. Das Schiff, auf dem Pérez anheuerte, galt als einer der ersten großen Langleinenfischer, die auf den Fang von argentinischem Seehecht spezialisiert waren.

Während jener Expedition gewann Pérez vor allem zwei Erkenntnisse: Erstens glaubte er, die Crew des Schiffs unter einem argentinischen Kapitän, der rein überhaupt nichts zu tun schien, sei furchtbar faul. «Die laufen für fünfundvierzig Tage aus und fahren dann wieder heim, egal ob der Laderaum voll ist oder nicht», erklärte Pérez kopfschüttelnd. Und er war überzeugt, dass der Schwarze Seehecht ungeheuer zahlreich vorhanden war. Er kam sich vor, als habe er ein riesiges neues Ölfeld entdeckt, eine ähnlich üppige Ressource, wie es der atlantische Kabeljau Jahre zuvor gewesen war.

Für die zweite Fahrt bot ihm die Reederei einen Offiziersposten und eine kräftige Gehaltserhöhung an – von tausend auf zweieinhalbtausend Dollar im Monat, plus Prämie. In den folgenden drei

Jahren unternahm er sieben weitere Fahrten, die allesamt erfolgreich waren. Doch wie in Chile konnten auch in Argentinien die Seehechtgründe dem unkontrollierten Ansturm eines industriemäßigen Fischfangs nicht standhalten. Im Jahre 1995 wurden Fangquoten eingeführt, die jedoch kaum überwacht wurden. Während die Quote für jenes Jahr auf 11000 Tonnen festgesetzt wurde, lag die offiziell registrierte Ausbeute bei mehr als 20000 Tonnen. Danach gingen die Fangmengen drastisch zurück. Man hatte ganze Jahrhunderte gebraucht, um die atlantischen Kabeljaugründe zu zerstören, aber nur wenige Jahre genügten, um den argentinischen Seehecht dramatisch zu dezimieren.

Inzwischen hatten die Wissenschaftler erkannt, dass die Spezies besonders durch groß angelegten Fischfang gefährdet ist, weil der Seehecht als Tiefseefisch mehrere Jahre braucht, bis er die Geschlechtsreife erreicht, und weil er – von Ausnahmen abgesehen – sich meist ein Leben lang in ein und demselben Habitat aufhält. Im Jahr 2001 wurde ein einzelner Seehecht bei Grönland gefunden, der eine unerklärliche Odyssee von Pol zu Pol unternommen haben musste. Er war – wegen seiner Vorliebe für eiskaltes Wasser – vermutlich in großen Tiefen geschwommen. Forscher stellten auch fest, dass sich einige Seehechte von Heard Island zu einer anderen Insel aufgemacht hatten, die mehr als tausend Meilen entfernt liegt. Doch abgesehen von solch gelegentlichem Wandertrieb ist der Seehecht äußerst sesshaft. Dies macht es seinen Feinden, und das sind überwiegend die Menschen, um einiges leichter, ihn zu fangen; manchmal werden Seehechte zwar von Robben und Walen gefressen, aber ausgewachsene Exemplare sind in der Regel nicht von Raubfischen und anderen Meeresräubern bedroht.

Nachdem die Fischer den größten Teil der argentinischen Seehechtbestände geplündert hatten, waren es in diesem Fall die Jäger, die sich auf die Wanderung machten – und zwar über den Atlantik. Von Häfen in Südafrika und Namibia aus durchstreiften sie südafrikanische Gewässer und Gegenden weiter östlich. Einer dieser

Jäger war Pérez. Seine Tätigkeit liegt zwar ebenso im Dunkeln wie die von Lee Lantz, doch auch er war einer der Pioniere der Seehechtindustrie, denn er trug – zeitgleich mit Lantz' Vermarktungsbestrebungen – maßgeblich dazu bei, etliche wichtige Habitate des Fisches auszubeuten.

Es überrascht kaum, dass irgendwann auch Antonio Vidal Pego, ein äußerst geschäftstüchtiger junger Fischkutterreeder aus Ribeira, auf Antonio Pérez und den Schwarzen Seehecht aufmerksam wurde. Die Firma Vidal Amadores S.A., die Vidal und sein Vater gemeinsam betreiben, sitzt in einem kleinen Büro am Hafen, von wo aus man die Sirene hört, die dreimal am Tag die Fischauktionen ankündigt. Seit der Gründung hatte das Unternehmen überwiegend Schleppnetzfischer in der Region bereedert, doch die Fänge und Profite waren stetig zurückgegangen. Als Pérez mit dem Seehechtfang begann, wusste der damals erst zwanzigjährige Vidal, dass das Familienunternehmen nicht weiterbestehen würde, wenn es nicht gelänge, lohnendere Fischgründe zu erschließen.

Was Vidal damals über den Seehecht hörte, klang erstaunlich – der Fisch erfreue sich wachsender Beliebtheit und sei in riesigen Mengen zu fangen. Vidal wusste von etlichen Firmen, die ein paar Jahre zuvor Schiffe nach Chile geschickt hatten, und ihm war bekannt, dass die meisten seither mit dem Seehechtfang beträchtliche Gewinne erzielten. Da Vidal unbedingt ein Stück von diesem Kuchen abbekommen wollte, heuerte er Pérez an, als der 1996 auf Weihnachtsurlaub nach Hause kam – ein naheliegender Schritt. Die beiden hatten dieselbe draufgängerische Art, und Pérez galt inzwischen als Experte im Aufspüren und Fangen des Fischs. Obwohl die beiden sich bis dahin nicht persönlich kannten, kamen sie dank ihrer gemeinsamen Herkunft von Anfang an gut miteinander aus. Sie waren beide in Ribeira aufgewachsen, und ihre Väter, beide Eigner von Fischkuttern, waren Freunde.

Vidal hatte bereits ein Schiff gekauft – einen in Japan gebauten

Fischdampfer, der ursprünglich für den Langleinenfang von Thunfisch eingesetzt worden war –, und er betraute Pérez mit der Bauüberwachung bei der Umrüstung des Fahrzeugs für den Seehechtfang. Der Umbau dauerte sieben Monate, und anschließend wurde das Schiff auf den Namen *Merced* getauft und in Panama registriert. Im Juni 1997 lief es mit Pérez als Fischmeister zu seiner ersten Seehechtfangfahrt aus. Die Reise erwies sich als voller Erfolg, ebenso wie die beiden folgenden. Jedes Mal füllte Pérez die Laderäume bis an den Rand mit verarbeitetem Seehecht, der in Walfischbai, einem Hafen im westafrikanischen Namibia, gelöscht wurde.

Es gab nur ein Problem: Die besten Seehechtgründe lagen allesamt in Gewässern, die nicht zu Spanien gehörten. Andererseits wusste Vidal, dass in den Ländern, denen die Fanggebiete gehörten, nicht viel bekannt war über Langleinenfischerei im großen Stil. Ein gutes Beispiel waren die Gewässer um Kerguélen, eine französische Inselgruppe ein paar hundert Meilen nordwestlich von Heard Island. Lange bevor Lee Lantz in Chile auf seinen ersten Schwarzen Seehecht gestoßen war, hatte Frankreich sowjetischen (und später russischen und ukrainischen) Reedern erlaubt, den Fisch mit riesigen Fabrikschiffen aus seinen Gewässern zu holen. Da der Seehecht damals nur in Russland und in der Ukraine konsumiert wurde, blieb dieses Übereinkommen, das für Frankreich keine große Bedeutung hatte, weitgehend unbemerkt. Aber als der Seehecht in anderen Teilen der Welt immer beliebter wurde, beschloss die französische Regierung, die Lizenzen ausländischer Unternehmen nicht zu verlängern. Sie wollte französischen Fischern die Gelegenheit geben, den mittlerweile ausgesprochen wertvollen Fisch selbst zu fangen. Damit eröffnete sich Vidal eine Möglichkeit: Indem er mit einem französischen Unternehmen, das eine Lizenz erwerben konnte, aber nicht viel Erfahrung mit der Langleinenfischerei hatte, eine Partnerschaft einging, erhielt er legalen Zugang zum Seehechtgeschäft. Gegen einen Anteil am Gewinn übernahm Vidal den Fang und stellte eine Crew, die die Fahrten durchführte.

Pérez, der für Vidal in den Kerguélen-Archipel fuhr, wusste, dass die Gegend ein ideales Seehechthabitat war. Die Fische leben in 300 bis 450 Meter Tiefe, bis sie ungefähr zwei Jahre alt sind, und ziehen dann in Gewässer, die bisweilen mehr als 1500 Meter tief sind. Der Kerguélen-Rücken – ein Unterwasserplateau, auf dem sowohl Kerguélen als auch Heard Island liegen – weist beide Tiefen auf. Das Wasser unmittelbar um die Inseln ist ungefähr 360 Meter tief; und am Rand des Plateaus fällt der Meeresboden zu Canyons und Guyots ab, die erwachsenen Seehechten ein ideales Habitat bieten.

Wie Vidal war auch Pérez begeistert von der Gelegenheit, auf legale Weise Seehechte zu fangen. Nur eines hatte er zu beanstanden: Er konnte nicht so hart arbeiten, wie er gerne gewollt hätte. Grund dafür waren die französischen Arbeitsbestimmungen. «Die Franzosen arbeiten nur zwölf Stunden am Tag, und am Sonntag gar nicht», erklärte er. «Selbst wenn man gerade eine großartige Fangmöglichkeit am Wickel hat, hören sie einfach auf zu arbeiten und ruhen sich aus. Das geht doch nicht! Wenn die Fische da sind, muss man sie rausholen. Morgen sind sie vielleicht nicht mehr da!»

Es kam aber noch schlimmer. Nach dem ersten Jahr des Joint Ventures befand die französische Firma, sie benötige die Unterstützung durch Vidal und Pérez nicht mehr. Dank der Partnerschaft hatten die Franzosen genug über Langleinenfischerei gelernt, um das Geschäft alleine zu machen und die Profite nicht mehr mit einem spanischen Unternehmen zu teilen. Vidal war wütend. Er war der Meinung, die Franzosen hätten ihm sein Know-how gestohlen. Nun konnte er nur noch in fischarmen Hochseegebieten, das heißt außerhalb von Hoheitsgewässern, Seehechte fangen – oder eben an Orten, die ihm vom Gesetz her versperrt waren. Er war aber nicht bereit, den Seehechtfang aufzugeben. Im Gegenteil, er weitete sein Engagement sogar noch aus, indem er ein weiteres in Japan gebautes Schiff kaufte, es für den Seehechtfang umrüsten ließ und auf den Namen *Viarsa-1* taufte.

Mal mühten sich Vidals Leute ab und fischten auf hoher See –

mal wagten sie sich in Gewässer, für die sie keine Lizenzen besaßen. Aber da Vidal und sein Vater die Gesetze für unrechtmäßig hielten, sahen sie sich nicht als Gesetzesbrecher.

«Ich bin kein Pirat!», erklärte Vater Antonio Vidal Suárez einmal gegenüber einer galicischen Zeitung. Während eines Interviews gab er zu, dass seine Fischer auf illegalem Fang in französischen Gewässern gewesen waren – denselben, in denen er in der Vergangenheit rechtmäßig gefischt hatte. Er behauptete jedoch, die Gesetze seien eine unhaltbare Form des Protektionismus und jeder Vorwurf der Piraterie sei daher unbegründet. «Hinter diesen Beschuldigungen stehen die zementierten Interessen von Gesellschaften, die das Recht haben, in Gebieten fischen zu dürfen, die ausländischen Unternehmen versperrt sind», sagte er. «Lizenzierte Fischer können sagen, was sie wollen, und beschuldigen, wen sie wollen. Warum? Weil sie nicht wollen, dass jemand anders diese Fische fängt. Wer ist hier der Pirat – ich oder die? Es gibt auch eine legale Mafia – Organisationen, die systematisch die gesamten Quoten an sich reißen und jeden anderen ausschließen.»

Keiner von Vidals Seehechtfängern war so erfolgreich wie Antonio Pérez, der auf jeder Fahrt seine Verfahrensweise vervollkommnete. An die so entwickelte Methodik hält er sich bis heute. Der erste Schritt ist leicht. Da der Seehecht nur in Gewässern nahe der Antarktis lebt, die weniger als 4000 Meter tief sind, genügt ein kurzer Blick auf die Seekarten, um all seine möglichen Habitate aufzuspüren. Die meisten Hochseegebiete sind mehrere tausend Meter tief, also eignen sich für den Seehecht nur die tiefsten Abschnitte der Festlandssockel, die sich von Südamerika und Antarktika ausdehnen, sowie Gegenden um die wenigen Inseln, die im südlichen Indischen Ozean und im Südpolarmeer verstreut sind.

Sobald Pérez ein möglicherweise aussichtsreiches Gebiet erreicht, grenzt er seine Suche ein, indem er mit Hilfe des Sonars die großen Vorsprünge und Einbuchtungen des Meeresbodens ausfindig macht, die den Seehecht anziehen. Da die Fische in der Regel in ihrem einmal gewählten Habitat bleiben, legt Pérez in unterschiedlichen Gebieten und Tiefen vier oder fünf «kurze» Langleinen aus, die jeweils weniger als 2000 Meter lang sind. «Wenn man die Leinen einen Tag später einholt», erklärt er, «hängt an dreien vielleicht weniger als eine halbe Tonne Fisch. An einer hängt möglicherweise gar nichts. Wenn eine zwei Tonnen abwirft, ist es die richtige!»

Sobald Pérez die richtige Stelle ausfindig gemacht hat, lässt er eine volle Langleine auslegen, die bis zu zweihundert Nebenleinen mit jeweils 76 Haken aufweist. Da die Haken im Abstand von 1,20 Metern angebracht sind, kann sich eine einzige Langleine zu einer Gesamtleinenlänge von bis zu 26 000 Metern aufaddieren. Es erfordert überraschend wenig Zeit, solch eine Leine zu präparieren und auszubringen – die Besatzung der *Viarsa* schaffte es in weniger als zwei Stunden –, doch die Leine stellt eine beträchtliche Investition dar, denn jeder Haken wird mit einer Sardine als Köder bestückt. (Zu ihrer Fahrt nach Heard Island, auf der sie von der *Southern Supporter* gesichtet und verfolgt wurde, war die *Viarsa* mit 96 Tonnen gefrorener Sardinen ausgelaufen, die von Lieferanten in Spanien, Venezuela und Südafrika stammten und auf Containerschiffen nach Mauritius transportiert worden waren.)

Langleinen können zu jeder Tages- oder Nachtzeit ausgelegt werden. Pérez setzt in der Regel zwei oder drei Leinen gleichzeitig ein, wobei drei eher die Ausnahme sind, da es einen ganzen Tag dauern kann, eine Leine einzuholen, wenn der Fang groß ist. Während die Fische in die Fabrik wandern, sammelt Pérez weitere Informationen; er schätzt den verbleibenden Bestand ab, indem er sowohl die Zahl der gefangenen Fische als auch deren durchschnittliche Größe analysiert. Er glaubt, größere Fische bleiben eher an derselben Stelle als kleine. «Wenn man nicht sehr viele fängt und wenn nicht alle mehr als fünfunddreißig Kilogramm wiegen, ist da nichts mehr zu holen», erklärt er. «Dann sollte man weiterziehen!»

Es ist nicht ungewöhnlich, dass Pérez' Leute an einem einzigen

Tag zehn oder sogar zwanzig Tonnen Seehecht aus dem Meer holen. Einmal, an einem ganz außergewöhnlichen Tag, rollte er sogar vierzig Tonnen herauf. Er sagt, er sei noch nie mit einem von Vidals Schiffen in den Hafen zurückgekehrt, ohne dass der Frachtraum randvoll war. Selbst wenn seine Crew unbedingt nach Hause will, zögert er die Heimfahrt manchmal hinaus, um Informationen für künftige Fangfahrten zu sammeln, indem er mit dem Sonar den Meeresboden sondiert und kartiert.

Das Einzige, was Pérez an der Seehechtjagd nicht gefällt, ist der Fisch selbst. Er mag zwar den Geschmack der Bäckchen, doch den übrigen Fisch findet er fad, nicht annähernd so gut wie Seezunge, seinen Lieblingsfisch, oder die Calmari, die er gerne zubereitet, wenn er zu Hause ist. Ausschlaggebend ist für Pérez jedoch das Geld, das er verdient. In den zwölf Monaten, bevor er von Stephen Duffy aufgespürt wurde, hatte Pérez drei Fahrten unternommen, von denen er jeweils dreihundert Tonnen geköpfte, ausgenommene und eingefrorene Seehechte mit nach Hause gebracht hatte. Er verdiente viel mehr Geld, als der Kabeljaufang je abgeworfen hätte, und es war kein Ende in Sicht. Das Leben war nicht vollkommen; lieber wäre es ihm gewesen, nicht so oft von zu Hause weg zu sein und in Gegenden zu arbeiten, die weniger kalt und gottverlassen waren. Er wusste auch, dass seine Gesundheit irgendwann unter diesem Raubbau leiden würde – nonstop arbeiten und rauchen, das konnte auf die Dauer nicht gut gehen.

«Ich werde auf keinen Fall älter als fünfzig», vertraute er Freunden an. Alles in allem war er jedoch zufrieden. Er hatte sich einst entschieden, Fischer zu werden, und war einer der besten der Welt geworden.

Auch Vidal konnte nicht klagen. Mit dem Seehecht hatte sich alles geändert; es war ihm gelungen, aus einem relativ kleinen regionalen Unternehmen mit mäßigen Perspektiven eine große internationale Gesellschaft mit ausgezeichneten Profiten zu machen. «Er hat ungeheuer viel Geld verdient», sagte Lawrence Lasarow, ein kalifornischer Fischhändler, der von Vidal Seehechte kaufte und in die Vereinigten Staaten importierte. Lasarow war ebenso erfreut, im boomenden Seehechtgeschäft mitzumischen. «Es ist einfach genial», erklärte er. «Man kann mit diesem Fisch so viel verdienen, dass man ein wenig das Gefühl hat, den Kunden über den Tisch zu ziehen. Es ist der perfekte Fisch!»

9. KAPITEL

Südpolarmeer **14. August 2003**

Southern Supporter und *Viarsa* steuerten auf ein Meer von Hindernissen und Gefahren zu: Am 14. August, kurz nach 15.00 Uhr, sichtete Alan McCarthy, der Zweite Offizier der *Southern Supporter,* den ersten Eisberg und machte Duffy darauf aufmerksam. Jetzt müssen wir noch ein zusätzliches Problem berücksichtigen, dachte sich Duffy, während er sich vorstellte, wie Cabrera das Eis

Die ersten Eisberge – und trotz der Gefahren geht die Jagd weiter nach Süden

möglicherweise zu seinem Vorteil nutzte und was eine Kollision bedeuten würde. Zugleich war es ein erhebender Anblick. Duffy hatte noch nie einen Eisberg gesehen. Während sich das Schiff dem weißen Giganten näherte, bemerkte er – wie jeder, der zum ersten Mal in die Antarktis kommt –, dass Fotos die Schönheit und Größe von Eisbergen nicht annähernd wiederzugeben vermögen. McCarthy schätzte, dass dieses Exemplar knapp fünfundzwanzig Meter hoch und fast einen Kilometer lang war.

«Werden wir noch mehr davon sehen?», wollte Duffy wissen.

Der 46-jährige McCarthy – einer von ganz wenigen australischen Seeleuten, die qualifiziert sind, im antarktischen Eis zu navigieren – fährt häufig auf einem Eisbrecher, der Passagiere und Versorgungsgüter nach Antarktika befördert. «Wir dürften schon sehr bald mehr sehen und dann noch mehr, wenn wir auf diesem Kurs

Auf solchen Tafeleisbergen finden mehrere Fußballfelder Platz

bleiben», erwiderte er und bemerkte, das Schiff fahre im Augenblick auf einem Kurs von 255 Grad, etwas südlicher als West.

In jener Nacht erfolgte eine Kursänderung, aber nicht in die Richtung, die sich McCarthy wünschte. Um 23.05 Uhr weckte der wachhabende Offizier der *Southern Supporter*, Arthur Staron, Duffy über die Bordsprechanlage und teilte ihm mit: «Ich glaube, Sie sollten wissen, dass die *Viarsa* gerade nach Süden gedreht hat.» Mit dem neuen Kurs drohte sich die Fahrt ins Eis zu beschleunigen. Staron wandte sich an den 47-jährigen Matrosen Bruce Noble und sagte: «Der Kerl mag ein ziemlich tüchtiger Seemann sein, aber er benimmt sich wie ein Wahnsinniger.»

Als Duffy in Trainingsanzug und Mokassins auf die Brücke kam, griff er zum Funkgerät. «*Viarsa*, hier ist die *Southern Supporter*. Ich möchte mit dem Kapitän sprechen.» Als keine Antwort kam, fügte er hinzu: «Hier spricht Zollinspektor Duffy. Ich ersuche um Information, weshalb Sie nach Süden drehen.» Wieder keine Reaktion. Um 0.05 Uhr drehte die *Viarsa* jedoch scharf nach Steuerbord und fuhr wieder Kurs West. Duffy ging zurück ins Bett, wurde aber drei Stunden später erneut geweckt, diesmal von Alan McCarthy, der meldete: «*Viarsa* hat wieder nach Süden gedreht.» Duffy ging auf die Brücke und versuchte, abermals erfolglos, mit jemandem auf der *Viarsa* zu sprechen.

«Vielleicht versucht der Kerl bloß, von Südafrika wegzusteuern», sagte er zu McCarthy, der den Kurs der *Viarsa* verfolgte. «Aber wieso schlägt er diese riesigen Haken?» Duffy fragte sich, ob die Kursänderungen auf Unstimmigkeiten unter den Offizieren der *Viarsa* zurückzuführen seien.

Kurz nach 4.00 Uhr ging die *Viarsa* wieder auf westlichen Kurs, allerdings stand sie jetzt wesentlich weiter südlich als noch vor fünf Stunden.

Am frühen Morgen des 15. August, es war ein Freitag, flog ein wunderschöner, schneeweißer Vogel wenige Meter vor der Brücke über das Vordeck der *Southern Supporter.* Stephen Duffy staunte, dass ein so zartes Geschöpf in einem derart rauen Umfeld existieren konnte. Die Außentemperatur, die während der letzten beiden Tage noch minus sechs Grad Celsius betragen hatte, war auf minus neun Grad gesunken.

«Das ist ein Schnee-Sturmvogel», erklärte McCarthy. «Das heißt, wir können nicht mehr weit vom Eis entfernt sein.»

Als McCarthy ein paar Jahre zuvor einen kleinen Friedhof auf Antarktika besucht hatte, war er von einem Schneesturm überrascht worden, der ihn regelrecht blind machte. Während er auf einem Fels saß und wartete, dass das Unwetter aufhörte, bemerkte er zwei winzige pechschwarze Augen, die ihn durch das Weiß anstarrten. Später erfuhr er, dass sie zu einem Schnee-Sturmvogel gehörten. Der Vogel blieb die ganze Zeit über in der Nähe sitzen, und

Die *Viarsa* sucht Schutz vor ihrem Verfolger im Eisberg-Labyrinth

McCarthy hatte den Eindruck, das gefiederte Tier wache über ihn. Nachdem sie den Schneesturm gemeinsam überstanden hatten, erkor er den Genossen zu seinem Lieblingsvogel.

«Wie überlebt der hier?», fragte Duffy.

«Er frisst die kleinen Fische und Krill, die kleinen Krustentiere, die am Rand des Eisschelfs anzutreffen sind, und dem nähern wir uns zurzeit. Die *Viarsa* hat uns letzte Nacht fünfundzwanzig Meilen weiter nach Süden gelockt, also müssen wir ab jetzt gut aufpassen. Auch sollten wir Canberra bitten, uns die Eiskarten zu schicken.»

«Die was?!»

«Das Wetteramt gibt Karten heraus, die auf Satellitenbildern beruhen und ziemlich gut anzeigen, wo und wie dick das Eis ist.»

McCarthy wusste, dass das Eis mit jeder Stunde massiver werden würde. Bald war die matschige Masse so dicht, dass sie die Wellen glättete. Auch die Farbe des Meeres hatte sich geändert. Das Kielwasser der *Viarsa* war fast schwarz, die übrige Meeresoberfläche mattgrau. «Erst in den letzten paar Minuten sind wir in ziemlich ernstzunehmendes Eis geraten», fügte McCarthy hinzu. «Die Dichte beträgt ungefähr fünfzig Prozent.»

«Was heißt das?»

«Das heißt, das Meer ist halb Wasser, halb Eis.»

In all seinen Jahren auf See war Duffy noch nie in Gewässern gewesen, in denen er es mit Eis zu tun hatte. In der Regel meiden Marineschiffe das Eis. Trotz ihrer imposanten Erscheinung sind die meisten von ihrer Bauart auf Geschwindigkeit angelegt und daher zu empfindlich für solche Konfrontationen.

Duffy sah auf die Geschwindigkeitsanzeige und sagte: «Wir haben gar nichts an Fahrt verloren.»

«Nein, fünfzig Prozent dürften uns eigentlich nicht groß bremsen. Wenn der Prozentwert steigt, reicht das Eis allerdings auch tiefer und wirkt somit stärker auf den Rumpf. Das beeinträchtigt dann die Fahrt.»

Wenn sich Eis bildet, entstehen zuerst winzige Eiskristalle, so genannte Eisnadeln, die dem Meer jenes ölige Aussehen verleihen, das Duffy bemerkt hatte. Die Nadeln verbinden sich dann zu matschigen Klumpen und später zu Brocken mit einem Durchmesser von fünf bis sieben Zentimetern, die als *shuga* oder «Matscheis» bezeichnet werden. Selbst dann ist das Eis noch weich und behindert ein durchfahrendes Schiff kaum. Doch McCarthy meinte, das werde sich bald ändern. «Irgendwann werden die matschigen Eisklumpen größer und beginnen gegeneinander zu stoßen», erklärte er Duffy. «Wenn sie aneinander haften bleiben, bilden sich gleichsam Fladen – man spricht auch von ‹Pfannkucheneis› –, runde Eisplatten mit einem Durchmesser von einem halben bis einem Meter. Früher oder später frieren die Pfannkuchen zusammen und werden zu Eisschollen.»

«Pfannkucheneis», kurz bevor es sich zu einer festen Eisfläche verbindet

Am Samstag, den 16. August, drehte die *Viarsa* kurz vor 8.00 Uhr nach Norden. «Die werden wohl nervös», meinte McCarthy.

«Ich hoffe es», erwiderte Duffy.

Im Laufe des Vormittags sprach Duffy erneut mit Johnson. «Wir sind nicht weit von festem Eis entfernt», meldete er und erwähnte, dass die Temperatur auf minus zwanzig Grad Celsius gesunken sei. Und er bat Johnson, Eiskarten zu schicken.

Johnson hatte ebenfalls ein Anliegen. Er sagte, der uruguayische Botschafter habe auf Spanisch eine Mitteilung aufgezeichnet, die per E-Mail an die *Southern Supporter* geschickt und Cabrera über Funk vorgespielt werden solle. Die Mitteilung war aufgezeichnet worden, nachdem uruguayische Beamte verspätet hatten einsehen müssen, dass das unter uruguayischer Flagge fahrende Schiff nicht im Atlantik unterwegs war. Die Beamten sagten, sie könnten das Schiff nicht direkt kontaktieren und also bäten sie darum, die *Southern Supporter* möge eine Nachricht übermitteln, die Botschafter Mó Amaro aufgezeichnet hatte. «Es gab eine Menge diplomatisches Hin und Her», berichtete Johnson. «In der Nachricht wird der *Viarsa* erklärt, dass die *Southern Supporter* in offiziellem Regierungsauftrag handelt und dass ihren Anweisungen Folge zu leisten ist.»

Am frühen Nachmittag meldete sich O'Dea über Funk bei der *Viarsa*. «Wir haben eine wichtige Mitteilung vom uruguayischen Botschafter in Australien für Sie», sagte er. Es kam keine Antwort, und so fuhr O'Dea fort: «Ich werde diese Mitteilung jetzt für Sie abspielen.» Auf dem Band erklärte Botschafter Mó Amaro auf Spanisch: «Dies ist eine Mitteilung der Regierung Uruguays an den Kapitän des Schiffs, das unter dem Namen *Viarsa* fährt. Sie werden ersucht, uneingeschränkt mit den australischen Beamten an Bord des australischen Patrouillenschiffs *Southern Supporter* zusammenzuarbeiten, das sie derzeit verfolgt, und umgehend alle Anweisungen auszuführen, die Sie von diesen Beamten erhalten.» O'Dea spielte die Nachricht zweimal ab, löste aber keine Reaktion aus, bis ein dunkelhaariger Mann auf die Brückennock der *Viarsa* trat und eine obszöne Geste machte.

«Ich schätze, die haben die Nachricht erhalten», sagte Duffy mit einem leisen Lachen. «Jetzt sind sie sicher ein bisschen frustriert.»

Das Eis wurde im Laufe des Nachmittags allmählich dichter, sodass die *Viarsa* ihr Tempo auf ungefähr sieben Knoten verringerte. Das Eis brachte der *Southern Supporter* einen wesentlichen Vorteil: sie musste sich keinen eigenen Weg bahnen, sondern konnte im Kielwasser der *Viarsa* folgen. Aufgrund dieses Umstands und der verringerten Geschwindigkeit konnten die Maschinisten der *Southern Supporter* eines der drei Aggregate des Schiffs abschalten, um den Kraftstoffverbrauch zu reduzieren. Duffy glaubte zwar, die *Viarsa* verfüge über größere Reserven als die *Southern Supporter*, doch er fragte sich besorgt, was passieren würde, falls dies nicht so war; falls der *Viarsa* der Treibstoff ausging, wäre die *Southern Supporter* für das andere Schiff verantwortlich, und damit wäre er mit ganz neuen Schwierigkeiten konfrontiert. Es wäre unmöglich, Kraftstoff von einem auf das andere Schiff umzupumpen, sofern das Meer nicht spiegelglatt bliebe, und zwar für etliche Stunden. Die *Viarsa* abzuschleppen war eine andere Option, aber die Schlepptrosse würde wahrscheinlich beim ersten Sturm brechen.

Später an jenem Abend studierte Duffy die Eiskarten, die kurz zuvor das Faxgerät ausgespuckt hatte. Die Verhältnisse waren in einem bunten Farbspektrum abgestuft. Die Einteilung ging von «eisfreien Meeresgebieten» – weiß dargestellt – bis zu Gegenden, in denen neun Zehntel des Wassers zu massivem Eis gefroren waren – rot dargestellt. *Viarsa* und *Southern Supporter* befanden sich zu dem Zeitpunkt ungefähr vierhundert Meilen nördlich der Antarktis und bewegten sich mit Kurs direkt nach Westen auf ein Gebiet zu, das durchweg rot markiert war. Die Temperatur betrug nach wie vor minus zwanzig Grad, und der Eismatsch verband sich bereits zu «Pfannkuchen».

Duffy versuchte erneut, mit Cabrera Kontakt aufzunehmen.

«Ich bin besorgt um Ihr Schiff und Ihre Besatzung, weil wir uns auf ziemlich gefährliche Eisgebiete zubewegen», erklärte er über Funk. «Es könnte sein, dass unsere Schiffe den Herausforderungen des Eises nicht gewachsen sind. Unsere Eiskarten des australischen Wetteramts zeigen an, dass wir auf dickes Packeis zulaufen. Ich rate dringend dazu, den Kurs nach Norden zu ändern. Es geht dabei allein um die Sicherheit Ihrer Besatzung und Ihres Schiffs.» Von der *Viarsa* war keine Reaktion zu hören, doch sechs Minuten später änderte sie den Kurs etwas nach Norden, von 270 auf 295 Grad. Nachdem Duffy die Karten erneut studiert und festgestellt hatte, dass auch der neue Kurs in dichtes Packeis führen würde, griff er abermals zum Funkmikrophon: «Ich habe registriert, dass Sie den Kurs leicht nach Norden geändert haben. Das ist gut, reicht aber nicht, um dem dichten Packeis auszuweichen, also rate ich Ihnen dringend, den Kurs weiter nach Norden zu ändern. Haben Sie verstanden? Over.»

Die *Southern Supporter* nutzt das eisfreie Kielwasser der *Viarsa*, um dem Fischereischiff zu folgen

Auch diesmal verweigerte die *Viarsa* jede Antwort, aber um 23.41 Uhr drehte sie erneut weiter nach Norden, auf einen Kurs von 330 Grad. Mit diesem Kurs, etwas nördlicher als Nordwest, ließ sich das dichteste Eis umgehen. Die Kursänderung war für Duffy aber auch deswegen wichtig, weil die Crew der *Viarsa* damit zum ersten Mal seine Anweisungen befolgt hatte. Allerdings fuhr das andere Schiff mit seinen sieben Knoten nach wie vor viel zu schnell. Die Eispfannkuchen wurden mit jeder Stunde größer und waren teil-

Mit dem Kühlwasser wird mehr und mehr Eis angesaugt, bis die Filter verstopfen und die Maschinen heißlaufen

weise mehr als dreißig Zentimeter dick. Als Duffy in jener Nacht in seiner Koje lag, hörte er ein schreckliches metallisches Geräusch, das von den am Rumpf entlangschrammenden Eisplatten verursacht wurde. Er konnte nicht einschlafen und dachte daran, was seine Familie zu Hause in Canberra wohl gerade tat. Er rechnete aus, dass es dort kurz nach sieben Uhr früh sein musste und dass seine Frau, Wendy, die ebenfalls Offizier bei der Marine war, seine 15-jährige Tochter Caitlin und der 13-jährige Sohn Regan wahrscheinlich gerade beim Frühstück saßen.

Etwa eine Stunde später hörte das Schaben plötzlich auf. Kurz danach schwenkte die *Viarsa* wieder nach Westen, und die *Southern Supporter* folgte ihr. Bald darauf wurde die relative Stille von zwei laut hallenden Schlägen durchbrochen. Scott Webb und Brett Lenz, ein Sanitäter, saßen im Fernsehraum und sahen gerade einen Film an.

«Verdammt, was war das?!», schrie Webb.

«Was weiß ich, so was habe ich noch nie gehört», erwiderte Lenz.

Webb war überzeugt, das Schiff habe einen Eisberg gerammt. Es kam ihm so vor, als bewege sich das Schiff gar nicht mehr vorwärts, weshalb er vermutete, die Maschinen seien ausgefallen.

Die Lichter im Schiff brannten noch, und der Film lief noch, aber das beruhigte ihn kaum. Bilder wie von der *Titanic* schossen ihm durch den Kopf. Er fürchtete, jeden Moment werde Wasser durch ein riesiges Loch hereinströmen. Er stand auf und horchte nach Anzeichen von Schäden. Zunächst vernahm er gar nichts. Dann ertönte ein schrilles Alarmsignal.

Als Webb auf die Brücke geeilt war, verstärkte sich seine Sorge. «Es ist eiskalt hier unten», schrie einer der Maschinisten über die Bordsprechanlage aus dem normalerweise überheizten Maschinenraum. «Wenn wir das Ding nicht in zwanzig Minuten wieder zum Laufen kriegen, stecken wir bös in der Klemme. Dann wird alles vereisen.»

McCarthy, der stets von Mitternacht bis vier Uhr früh das Kommando führte, rief Codrington, der bereits wach war. «Wir haben Probleme mit den Hauptmaschinen», meldete McCarthy. «Sie sind heißgelaufen.» Der Kapitän wusste genau, was als Nächstes passieren würde. Wenn die Temperatur stieg, verloren die drei Maschinen automatisch an Leistung, bis sie vollständig stehen blieben; dieser automatische Prozess sollte dafür sorgen, dass die Kolben sich nicht festfraßen. Innerhalb weniger Minuten konnten alle drei Aggregate den Dienst verweigern. In diesem Fall würde automatisch ein Notstromgenerator anspringen, der aber nur genügend Energie für Lampen und Navigationsgeräte lieferte, jedoch nicht annähernd genug, um das Schiff weiter anzutreiben und zu beheizen.

Codrington stürmte auf die Brücke und prüfte die Warnanzeigen. Die Fahrt des Schiffs hatte sich auf weniger als zwei Knoten verlangsamt. Der Abstand zur *Viarsa,* die weiterhin sieben Knoten machte, vergrößerte sich rapide. Kapitäne scheuen sich instinktiv, während einer Krise ihren Kommandostand auf der Brücke zu verlassen, doch Codrington überwand seinen inneren Widerstand und eilte in den Maschinenraum.

Als Webb die Aufregung mitbekam und sah, dass der Kapitän, den normalerweise nichts erschütterte, offensichtlich sehr besorgt war, malte er sich aus, was wohl passieren würde. Seit das Schiff 26 Tage zuvor in Fremantle ausgelaufen war, hatte er die Möglichkeit eines Maschinenschadens gefürchtet. Er wusste, dass dies extrem unwahrscheinlich war, doch nun war es geschehen; die Turbinen erzeugten nicht einmal mehr genug Hitze, um allein den Maschinenraum warm zu halten. Er fragte sich, wie lange es wohl dauern würde, bis der Rest des Schiffs einfror, und wie viele Tage verstreichen würden, bis Hilfe kam. Auch die Rettungsinseln gingen ihm durch den Kopf. Sie waren in fassgroßen Kanistern zusammengepresst, die eigentlich von allein aufspringen sollten, sobald eine entsprechende Reißleine gezogen wurde, doch sie waren so dick mit Eis verkrustet, dass er fürchtete, sie würden sich nicht öffnen. Und selbst wenn alles funktionierte, bezweifelte er, dass irgendjemand in der Kälte lange überlebte.

Als Codrington in den Maschinenraum kam, hatten sich zwei der Antriebsaggregate vollständig abgestellt. Das Schiff machte nur noch einen Knoten. Mehr als ein Dutzend der 240 Lampen an der Schalttafel leuchteten rot auf, darunter auch Lampen mit der Bezeichnung «Meerwasserdruck», «Kaltwassertemperatur» und «Überlastung». Die Maschinisten glaubten zu wissen, was die Störung verursacht hatte: Die vierzehn Zoll dicken Rohre, über die angesaugtes Seewasser durch ein Kühlsystem zirkulierte, damit sich die Motoren nicht überhitzten, waren wahrscheinlich verstopft. Auf jeder Seite des Schiffs befand sich je eine Ansaugöffnung, und das Wasser strömte durch zwei Filter. Codrington vermutete, dass Krustentiere, die nachts an die Oberfläche kommen, und Eis die Siebe verstopft hatten.

«Wie ist Ihre Einschätzung?», fragte der Kapitän den Ersten Maschinisten, Julian Grant.

«Beide Ansaugstutzen müssen dicht sein. Zwei Aggregate sind komplett ausgefallen; das dritte kann jeden Moment folgen.»

Vier Männer mühten sich bereits ab, die vierzehn Schrauben zu lösen, mit denen eine Stahlplatte über einem der Filter befestigt war. Zwischen dem Wirrwarr von Rohren hatten sie nur wenig Platz, um mit ihren Werkzeugen zu hantieren. Der Schraubenschlüssel wurde abwechselnd gedrückt und gezogen, bis die Hände der Männer taub und wund waren. Als sie schließlich die letzte Schraube gelöst und die Platte entfernt hatten, stießen sie auf eine Masse, die wie festes Eis aussah. Mit dem Schraubenschlüssel und einem Hammer schlugen sie das Eis in Stücke, damit sie es herausschaufeln konnten. Nachdem sie die Schrauben wieder festgezogen hatten, wiederholten sie das Ganze auf der anderen Seite. Als sie fertig waren, ließ sich einer der Motoren wieder starten. Doch wenige Minuten später fiel plötzlich das dritte Aggregat aus, das einzige, das während der Störung weitergelaufen war.

Duffy, der auf die Brücke geeilt war, erstarrte vor Schreck, als er auf den Radarbildschirm blickte und sah, dass die *Viarsa* ihren Vorsprung stetig vergrößerte. Das war's also, dachte er sich; das ist der Anfang vom Ende.

Nach dem Seerecht ist es bei einer heißen Jagd erforderlich, dass der Verfolger ständig Kontakt mit dem Verfolgten hält. Diese Regelung stützt sich auf eine uralte Tradition: Wenn in römischer Zeit ein Jäger ein Jagdwild verwundete, gehörte es dem Jäger, auch wenn es auf das Grundstück eines anderen flüchtete, solange der Jäger seine Verfolgung aufrechterhielt. In England übernahm man dieses Prinzip auf dem Gebiet des Eigentumsrechts. Wenn ein Bauer seine Pacht nicht bezahlte, hatte der Grundbesitzer das Recht, das Grundstück zu betreten. Und wenn der Pächter floh und beispielsweise eine Kuh mitnahm, konnte der Grundbesitzer ihn verfolgen und die Kuh pfänden, selbst wenn der Bauer den Grundbesitz des Pachtherrn verlassen hatte – solange die Verfolgung nicht unterbrochen wurde. Nach dem Seerecht wie auch nach australischem Recht musste sich die *Southern Supporter* exakt gemäß dieser Devise verhalten – der Kontakt durfte nicht abreißen. Kontakt halten ließ sich mittels Radar oder Radarortung, doch sobald die Reichweiten der Geräte an Bord überschritten waren, erloschen sämtliche Rechte des Patrouillenschiffs. Die Jagd, die bereits ein kleines Vermögen gekostet hatte, endete in dem Fall mit einer Blamage für den Staat.

Die *Viarsa* hatte nun zwei Meilen Vorsprung und machte keinerlei Anstalten, ihr Tempo zu drosseln. Wenn sie weiterhin mit sieben Knoten fuhr, drohte die *Southern Supporter* in drei bis vier Stunden den Radarkontakt zu ihr zu verlieren. Zwei bis drei Stunden danach wäre dann auch die Reichweite der Radarortung überschritten.

Am Montag, den 18. August, um zwei Uhr früh war die *Viarsa* acht Meilen voraus. Dies war der größte Abstand zwischen den beiden Schiffen seit Beginn der Jagd, und die Distanz zwischen den Fischern und ihren Verfolgern vergrößerte sich mit jeder Minute.

10. KAPITEL New York City **Frühjahr 1998**

Für die Restaurants in Midtown Manhattan ist die Mittagspause Stoßzeit. «Man mutiert zu einer Art Fluglotsen», erklärt Rick Moonen, ein Spitzenkoch und Spezialist für Meeresfrüchte. «Alle strömen zur selben Zeit herein und wollen eine Stunde später wieder draußen sein. Wenn man um 12.30 Uhr nicht parat steht und alles servierfertig hat, ist man erledigt. Da machen schon zehn Minuten verdammt viel aus.» Deswegen war Moonen alles andere als begeistert, als eines Tages im Frühjahr 1998 der Chilene Patricio Osses, der in New York als Fischimporteur tätig war, kurz vor zwölf Uhr mittags in der Küche des «Oceana» auftauchte, wo Moonen geschäftsführender Küchenchef war.

«Sie kommen *jetzt?*», tobte der Chef. «Ich mache gleich auf! Was haben Sie sich gedacht?»

Osses, ein kleiner Mann mit welligem schwarzem Haar und unrasiertem Gesicht, war fast ebenso ruhig, wie Moonen aufbrausend war. «Tut mir leid», erwiderte er. «Ich komme gerade vom Flughafen. Ich habe es nicht früher geschafft.»

Osses, der erst dreiunddreißig Jahre alt war, verkaufte anfangs frischen Fisch, den sein Vater aus Chile schickte, an Großhändler – also an jene Art von Kunden, die auch Lee Lantz belieferte –, doch er erkannte bald, dass die sich kein Bein ausrissen, um seinen Fisch an den Mann zu bringen. Zu viel der Ware verdarb und wurde unbrauchbar. So beschloss er, den Fisch direkt an Restaurants zu verkaufen, und zwar ausschließlich an erstklassige Häuser.

Zwei Tage bevor er jetzt im «Oceana» auftauchte, hatte er sich bei Moonen vorgestellt. Der Küchenchef zeigte sich sofort interessiert. Wie die meisten führenden Chefs war er in seinem Kochstil stark von Alice Waters geprägt und legte den Schwerpunkt auf die Zutaten. Er hielt stets Ausschau nach neuen Arten von Meeresfrüchten, die er auf seiner Speisekarte ausführlich beschrieb. Damals stand auf der Karte des «Oceana» ein Gericht namens *«Wild Alaskan Sockeye Salmon Gravlax»* (wilder Alaska-Rotlachs, mariniert); in den Erläuterungen hieß es ferner, der Heilbutt stamme aus dem Atlantik, die Pilze seien «in freier Natur gesammelt» und die Kammmuscheln von einem Taucher Stück für Stück aus dem Meer heraufgeholt worden. Osses hatte Moonen zwar versprochen, Meeresfrüchte zu bringen, die jener noch nie gesehen hatte, doch in diesem Augenblick hatte der Koch überhaupt keine Zeit für derlei Dinge.

«Kann nicht! Keine Zeit!», zischte er. «Es sei denn, Sie bringen das Zeug in die Küche.»

«Geht nicht – ist zu viel. Kommen Sie, mein Lieferwagen steht gleich draußen vor der Tür.»

Der Chef blickte auf die Uhr und sah sich in der Küche um, um sich zu vergewissern, dass alle auf ihrem Posten waren und keiner unnötig in Panik geriet, und willigte widerstrebend ein. «Na gut – aber es muss schnell gehen», murrte er, während er Osses zu einem Lieferanteneingang schob, der hinaus auf die East 54th Street führte.

Eine Minute später hob Osses aus einem klapprigen weißen Lieferwagen, der offensichtlich schon etliche Unfälle miterlebt hatte, diverse Styroporkisten. Er stellte sie auf den Gehweg, öffnete die Deckel und nannte eine Reihe sonderbarer Namen – *«Congrio»*, *«elephant fish»* («Seekatze»), *«grenadiers»* («Langschwanz»), *«sea squirts»* («Seescheide»), *«shoe mussels»* («Schuhmuschel») und *«Picoroco»*. Noch seltsamer als die Namen waren die Tiere. Die Seekatze ähnelte einem Sandhai, hatte aber übermäßig viele Flossen und einen riesigen, hässlichen elefantenartigen Kopf. Der Langschwanz hatte Stacheln auf der Haut, die wie Dornen aussahen, Augen halb so groß wie der gesamte Kopf und einen Schwanz nicht viel dicker als eine Stricknadel. «Manche nennen ihn ‹Rattenfisch›», erklärte Osses. Die Schuhmuscheln waren buchstäblich so groß wie ein Schuh. Und die Seescheide sah aus wie ein graues Ei, aus dem dichtes schwarzes Haar spross. Vom *Congrio* hatte Moonen schon gehört, und die *Picorocos* erkannte er als Entenmuscheln, die allerdings mit fünfzehn bis zwanzig Zentimeter Durchmesser ungeheuer groß waren. Moonen bemerkte gar nicht, dass sich um die Gehsteig-Ausstellung eine Menschenmenge angesammelt hatte, und rief mit kindlicher Begeisterung: «Das ist wie in *20 000 Meilen unter dem Meer*!» Anfangs hatte sich Osses darüber geärgert, wie Moonen ihn abzuwimmeln versuchte, doch nun weidete er sich an der Begeisterung des Küchenchefs.

Die einzige halbwegs normal aussehende Kreatur in der ganzen Sammlung war der Schwarze Seehecht, der einzige Fisch, den Moonen schon einmal gesehen hatte. Er wusste, dass der «Chilenische Seebarsch» in Restaurants überall im Land populär geworden war, hatte aber noch nie Gelegenheit gehabt, einen zu kaufen oder auch nur zu kosten. Diesem Exemplar konnte er unmöglich widerstehen. Es gab offensichtlich jene dicken Filets her, die Moonen gern servierte. Und da der Kopf bereits abgetrennt war, konnte er sehen, dass das Fleisch weiß war.

Trotz der wachsenden Beliebtheit, der sich Fisch aller Art auf New Yorker Speisekarten erfreute, hatten sich nicht einmal Moonens Gäste, von denen viele höchst anspruchsvolle Gourmets waren, mit Fischarten angefreundet, die kein weißes Fleisch besaßen. Das Fleisch des Schwarzen Seehechts war nicht nur weiß, sondern es sah auch saftig aus. Indem Moonen mit der Fingerspitze über die Oberfläche fuhr, stellte er fest, dass es eine Menge jener Öle und Fette enthielt, die viele der teuersten und wertvollsten Fische aufwiesen. Rasch willigte er ein, den Seehecht zu kaufen, bat um eine Probe von allen anderen Sorten und stürmte um 12.20 Uhr in die Küche zurück. Inzwischen war der Speisesaal, ein eleganter Raum, in dem Mahagonibalken und messingne Bullaugen an die Kajüte einer Luxusyacht erinnerten, fast gefüllt und die allmittägliche Schlacht in vollem Gang. Moonen eilte durch die geschäftige Küche, tauchte einen Probierlöffel in die würzige Tomatensoße, die über den Lachs gegossen wurde, und kostete den Kartoffelsalat, der mit Hummer garniert war. Dann griff er zu einem Mikrophon und fragte sein Personal: «Ist alles bereit? Haben wir Krabbenküchlein?» Obwohl in der nächsten Stunde Hochbetrieb herrschte, dachte der Küchenchef bereits darüber nach, was er mit seinem Seehecht anfangen würde.

Den ganzen Nachmittag über experimentierte Moonen mit den Filets, in die einer seiner Assistenten den Seehecht zerlegt hatte. Zunächst würzte er drei mit lediglich Salz und Pfeffer und garte jedes auf eine andere Weise – eines wurde gegrillt, eines sautiert und eines gedünstet. Moonen, der von manchen seiner Kollegen als «Der Gaumen» tituliert wurde, war von dem Ergebnis regelrecht bezaubert. «Er schmeckt süß und hat eine großartige Textur, ein bisschen wie Kabeljau, allerdings sehr viel mehr Fettgehalt», sagte er zu Andrew Engle, einem *sous-chef*. «Wir müssen etwas Komplizierteres probieren.»*

Moonen dachte etliche Wochen lang über den Seehecht nach. Da fast alles zu funktionieren schien, eröffneten sich schier unbe-

* «Komplizierte» Fischzubereitungen verdankt die amerikanische Cuisine vor allem einem Mann. Bis Mitte der 1980er Jahre waren Ausdrücke wie *medium rare* (mittel- bis halbgar) und *seared* (durchgebraten) völlig ungebräuchlich, wenn es um Fisch ging. Das änderte sich, als ein Franzose namens Gilbert Le Coze und dessen Schwester Maguy 1986 nach New York kamen und das Restaurant «Le Bernardin» aufmachten. Von der *New York Times* bekam das Lokal bereits drei Monate nach Eröffnung vier Sterne, die Spitzenbewertung des Blatts. Andere Köche sprechen von Le Coze, der 1994 starb, wie von einem Gott. «Er kam hierher und sagte, ‹Ich werde euch zeigen, wie man

grenzte Möglichkeiten. «Er ist wie ein Diamant – egal was man damit macht, es kommt immer etwas Großartiges heraus», sagte er eines Nachmittags zu Engle.

Die erste Version, die Moonen auf die Karte setzte, ähnelte den Seehechtgerichten, die in kantonesischen Restaurants serviert wurden. Er dämpfte die Filets in einer Mischung aus Sojasoße, gehacktem Ingwer und Knoblauch; wenn der Fisch gar war, garnierte er ihn mit Koriander und Schnittlauch und goss etwas heißes Öl darüber, damit die Haut knusprig wurde und die Kräuter ihren Geschmack entfalteten. Der Teller wurde mit einem Deckel serviert, der am Tisch abgenommen wurde, damit vor dem Gast ein feiner aromatischer Dampf aufstieg.

Drei Wochen später kam Moonen auf eine Zubereitungsmethode, die ihm noch besser gefiel. Angeregt wurde er dazu durch einen japanischen Kochstil, den man als *miso zuke yaki* bezeichnete, und durch ein Gericht, das er in dem schicken Japanrestaurant «Nobu» probiert hatte. Zur Vorbereitung legte er das Filet über Nacht in Salz ein, was die Feuchtigkeit herauszog und das Fleisch fester und faseriger machte, den Eigengeschmack des Fischs unterstrich und ihm ein salziges Aroma verlieh. Am nächsten Tag spülte Moonen das Salz mit Wasser ab und tauchte das Filet in eine Mischung aus Miso (eine fermentierte Paste aus Sojabohnen und Reis oder Gerste), Orangen und einem Süßstoff auf Reisweingrundlage. Zwei Tage später garte er den Fisch auf einem Bratrost unter starker Hitze,

Fisch kocht, wie ihr es noch nie gesehen habt›», erzählte Ed Brown, der Chef des «Sea Grill», eines angesehenen Restaurants über der Eis- und Rollschuhbahn im New Yorker Rockefeller Center. «Und er tat es. Er zeigte uns, dass Fisch nicht ganz durchgekocht werden muss, und er führte Zubereitungen à la Carpaccio und Tatar ein. Ich kannte einige dieser Dinge aus Europa, konnte mir aber nicht vorstellen, wie man sie dem amerikanischen Publikum schmackhaft machen sollte. Le Coze tat es auf unerschütterliche und unverfälschte Weise – und veränderte so die amerikanische Küche ein für alle Mal.»

wodurch der Zucker in dem Misoüberzug karamellierte. Dabei entstand ein kräftiger Geschmack – in idealer Mischung aus salzig und süß. Auch die Textur war ausgewogen; das Äußere war knusprig, doch die dicken Fleischschichten im Inneren waren feucht-zart wie Gänseleberpastete. Moonen legte das Filet auf ein Bett von Wokgemüse und garnierte den Tellerrand mit Mangostücken in streichholzgroßen Streifen. Die Süße der Mango entsprach fast genau der des Fischs. Als Moonen das Gericht beschreiben sollte, sagte er: «Stellen Sie sich vor, Sie essen eine vollkommen ausgereifte Mango – genau so ist es, wenn man diesen Fisch isst.»

Auch die Gäste des «Oceana» schätzten den Fisch. Sieben Wochen nachdem «Chilenischer Seebarsch mit Misoglasur» sein Debüt gegeben hatte, wurde er zum meistbestellten Gericht des Restaurants und bald darauf zu dessen Markenzeichen. Moonen wusste, dass der Seehecht auch in anderen Spitzenrestaurants gut lief und dass inzwischen gar Restaurantketten sowie Kantinenservices für große Firmen und Fluggesellschaften dessen zahlreiche Vorzüge entdeckt hatten. Hotelküchen und Cateringfirmen waren besonders scharf auf den Fisch, weil er Stunden vor dem Servieren zubereitet werden konnte.

«Man kann nichts falsch machen», erklärte Moonen. «Man kann ihn kochen, lange bevor man ihn braucht, und wieder aufwärmen, ohne seinem Geschmack oder der Textur zu schaden. Alle rissen sich um das Zeug, wie in einem Goldrausch.»

11. KAPITEL

Südpolarmeer **18. August 2003**

«Wartet noch, wartet noch!» Einer der Maschinisten gab am Montag, den 18. August, um 2.30 Uhr über die Bordsprechanlage aus dem Maschinenraum durch, dass er gerade das dritte Aggregat wieder in Betrieb nehme, das nach der Reinigung der Filter ausgefallen war. Kurz darauf meldete er: «Wir sind so weit, wir können die Geschwindigkeit wieder hochfahren.»

Auf der Brücke sagte McCarthy: «Wir legen noch einen halben Knoten zu, dann müssten wir sie bis zum Morgen eingeholt haben.»

Duffy, der in den vergangenen vierundzwanzig Stunden nicht mehr als ein paar Minuten geschlafen hatte, ging zu Bett. Als er um 7.30 Uhr auf die Brücke zurückkehrte, war die *Viarsa* klar zu sehen. Sie war nur zweihundert Meter entfernt. Dann bemerkte Duffy noch etwas: Die Schiffe waren fast vollständig von «Pfannkucheneis» umgeben. Die meisten der Gebilde maßen einen halben bis einen Meter im Durchmesser und bedeckten ungefähr die Hälfte der sichtbaren Wasseroberfläche.

Im Laufe des Vormittags wurden die «Pfannkuchen» noch um einiges größer – eineinhalb bis zwei Meter im Durchmesser – und zeigten, weil sie ununterbrochen aneinander stießen, aufgeworfene Ränder. Bis zum Mittag waren einige miteinander verschmolzen und bildeten Stücke, die wie festes Eis aussahen. McCarthy steuerte in die ungefrorenen Zonen, die wie gewundene Flüsse aussahen und in der Ferne immer enger wurden, bis sie ganz verschwanden.

Und jenseits davon war das Meer nur noch eine endlose weiße Ebene. Beunruhigend fand McCarthy vor allem die gezackten Kammlinien, die ungefähr zweihundert Meter links vom Schiff aufragten. Er wusste, wie sie entstanden waren: Eispfannkuchen waren mit solcher Gewalt gegeneinander gepresst worden, dass sie sich verzogen und aufgeworfen hatten. Er wusste auch, dass sich die Eishügel, die er sehen konnte, unter Wasser in entsprechenden Formationen fortsetzten, die wahrscheinlich so dick waren, dass sie sie nicht würden durchdringen können. Er blickte nach rechts – auch dort nichts als eine geschlossene Eisfläche. Es sah so aus, als fahre die *Viarsa,* und mit ihr die *Southern Supporter,* in eine vereiste Rinne, die höchstwahrscheinlich in einer Sackgasse endete.

«Die Dichte beträgt vermutlich neunzig Prozent, und es wird mit jeder Stunde schlimmer», teilte McCarthy am frühen Nachmittag Webb mit. «Wir werden nicht viel weiter kommen.» Es sah so aus, als seien die Schiffe in eine ganz andere Welt vorgedrungen. Sie fuhren auf einem Kurs von 270 Grad und machten knapp acht Knoten, aber das Meer schien gar nicht mehr aus Wasser zu bestehen. Außer der *Viarsa* und ihrem Kielwasser war alles weiß. Der Anblick der beiden Schiffe, die das Eis durchpflügten, war beinahe surreal und in gewisser Weise wunderschön, aber im Grunde höchst gefährlich, wie McCarthy zu verstehen gab. «Sehen Sie sich das Eis an», sagte er zu Duffy und deutete nach Süden. «Es ist extrem dick, eine beinahe geschlossene Decke. Und sehen Sie, auf der anderen Seite. Da ist es fast genauso schlimm. Irgendwann dürften wir wohl an die Stabilitätsgrenzen des Schiffs stoßen.»

«Wie schlägt sich die *Viarsa?*»

«Die boxen sich noch durch, aber nicht mehr lange», erwiderte McCarthy. «Sehen Sie sich ihr Kielwasser an. Am Anfang ist es so breit wie das Schiff, doch weiter hinten wird es immer schmaler. Bis wir an der entsprechenden Stelle sind, ist es fast verschwunden. Das zeigt, wie viel Druck da herrscht. Das Eis wird uns so lange weiter einzwängen, bis sich die Decke schließt. Und wenn die *Viarsa* bei dieser Geschwindigkeit gegen ein Eisschelf prallt, wird sie größere Schäden davontragen. Vielleicht sollten Sie sie anrufen und vorschlagen, dass sie nach Norden abdreht.»

«Viarsa, Viarsa», rief Duffy über Funk. «Ich habe eine sehr wichtige Mitteilung an den Kapitän. Sie bringen sich in größte Gefahr. Ich rate Ihnen dringend umzukehren. Oder zumindest nach Norden abzudrehen.»

McCarthy wusste, dass seine Laufbahn als Eisnavigator zu Ende wäre, falls er zuließ, dass die *Southern Supporter* stecken blieb. Alles, was er über Eis wusste, legte es nahe, umzukehren. «Mir gefällt das überhaupt nicht», gestand er ein paar Minuten später dem Kapitän. Codrington war durchaus geneigt, sich McCarthys Urteil anzuschließen. «Der Kerl treibt es zu weit», sagte Codrington über Cabrera. Zu Duffy gewandt, fügte er hinzu: «Nach den Problemen, die

Das Eis wird dichter, und auf der *Southern Supporter* beschließt man aus Sicherheitsgründen, umzukehren

wir letzte Nacht hatten, bin ich nicht bereit, einfach weiter durch das Eis zu dampfen.»

«Die Entscheidung liegt bei dir», erwiderte Duffy, aber er versuchte, sich seine Enttäuschung nicht anmerken zu lassen. «Unser Leben liegt in deiner Hand.»

Duffy setzte sich wieder an das Funkgerät. «*Viarsa, Viarsa,* Sie begeben sich in Gefahr – extreme Gefahr. Wir haben beschlossen, nicht weiterzufahren. Es wird Ihnen dringend empfohlen, nach Norden zu drehen, um aus dem festen Eis herauszukommen. Haben Sie das verstanden? Over.»

Während er auf Antwort wartete, sagte McCarthy: «Irgendwann kommt er an den Punkt, wo er nicht mehr weiterkommt. Dann kann es sein, dass er eingeschlossen wird und festsitzt.»

«Das würde uns nicht viel nützen», erwiderte Duffy.

«Natürlich nicht», pflichtete McCarthy bei. «Wenn er stecken bleibt und das Eis ihn einschließt, können wir uns unmöglich nähern und entern. Wir würden am Ende nur selbst stecken bleiben. Wir könnten zwar einen Eisbrecher anfordern, aber wir sind immer noch 1900 Meilen von Kapstadt entfernt; also müssten wir wahrscheinlich bis zur Sommerschmelze warten.»

McCarthy beschloss, nach Norden zu drehen, aber ein paar Minuten später überlegte er es sich anders. Anfangs hatte er gedacht, er könne nach Norden drehen und sich durch das Eis einen Weg in freies Wasser bahnen, doch inzwischen hatte sich das Eis ringsherum dicht zusammengeschoben. Er verlangsamte die Fahrt von acht auf fünf Knoten. Dann bemerkte er, dass sich das Kielwasser hinter der *Southern Supporter* innerhalb kürzester Zeit schloss und eine feste Eisdecke entstand. Eine halbe Meile später wurde McCarthy klar, dass ihm nichts anderes übrig blieb, als auf dem ursprünglichen Kurs des Schiffs nach Osten zurückzufahren. Für die Verfolgung war dies verhängnisvoll; die beiden Schiffe würden in entgegengesetzte Richtungen fahren, und der Abstand zwischen ihnen drohte sich mit jeder Stunde um mindestens ein Dutzend

Meilen zu vergrößern. Die *Viarsa* war bereits außer Sicht, doch das Radar zeigte an, dass sich ihr Tempo auf ungefähr sechs Knoten verlangsamt hatte. Das verhieß jedoch nichts Gutes, sondern es ließ vermuten, dass die *Viarsa* in immer dickeres Eis geriet, womit sich die Wahrscheinlichkeit erhöhte, dass sie stecken blieb.

Knapp eine Stunde nachdem die *Southern Supporter* nach Osten umgedreht war, fand sie sich in einer gänzlich anderen Umgebung wieder. Bis auf Eispfannkuchen und gelegentliche kleine Eisbergbrocken von der Größe eines Kühlschranks oder eines Autos umgab das Schiff relativ offenes Wasser. McCarthy fuhr am Rand des Eises entlang und hielt sich immer möglichst weit südlich, um so schnell wie möglich wieder einen parallelen Kurs zur *Viarsa* zu steuern. Als er diesen Kurs endlich anliegen konnte, waren die beiden Schiffe ungefähr zwanzig Meilen voneinander entfernt, und es war inzwischen so schwierig, die *Viarsa* auf dem Radarschirm zu

Immer schneller schließt sich hinter den Schiffen das Kielwasser

sehen, dass die Radarortung aktiviert werden musste. Die Männer, die den Schirm beobachteten, wussten genau, was auf dem Spiel stand; es konnte sein, dass der kleine Impuls ihre einzige Verbindung zur *Viarsa* blieb. Falls er verschwand, wäre die heiße Jagd de facto abgebrochen.

Auch die ständige Besatzung der *Southern Supporter* wusste, worum es ging. Der 56-jährige Allan Brownlie, der seit 41 Jahren zur See fuhr, saß in der Messe und sagte: «Wir werden dieses Schiff nie wiedersehen.»

«Wenn die davonkommen, werden sie zu Helden», meinte Bruce Noble. «Dann fahren sie zurück nach Heard Island und füllen das ganze Schiff mit Fisch.»

Duffy stand mit Kompass und Bleistift am Kartentisch und zeichnete auf eine Karte etliche Kreise, die die maximale Entfernung anzeigten, die die *Viarsa* innerhalb von vier Stunden von

Die *Southern Supporter* hat wieder freies Wasser erreicht – die Mannschaft beginnt, an Deck den Eispanzer abzuschlagen

ihrer derzeitigen Position erreichen konnte, wenn sie sieben Knoten machte. Duffy musste sich nur um bestimmte Ausschnitte der Kreise Gedanken machen. «Nach Süden werden sie nicht fahren», sagte er zu McCarthy. «Und irgendwann werden sie wahrscheinlich nach Norden oder Osten drehen müssen.»

«Sofern sie nicht stecken bleiben», entgegnete McCarthy.

Duffy beschloss, sich mit einem erneuten Appell an die *Viarsa* zu wenden. «Sie setzen das Leben jedes einzelnen Mitglieds Ihrer Besatzung aufs Spiel», gab er durch. «Nach unseren Eisinformationen besteht ernsthaft die Gefahr, dass Sie stecken bleiben oder Ihr Rumpf beschädigt wird. Wir werden Ihnen zu Hilfe kommen, so gut wir können. Allerdings würden wir es vorziehen, keine Rettungsaktion durchführen zu müssen. Sie sollten sich nach Norden in sicherere Gewässer begeben. Verstehen Sie den Grund für diese Mitteilung?» Während Duffy auf Antwort wartete, dachte er für sich: Die müssen kapieren, dass wir nicht riskieren würden, die Jagd aufzugeben, wenn die Lage nicht bedrohlich wäre.

Um 14.20 Uhr verschwand die *Viarsa* vollständig vom Radarsichtgerät der *Southern Supporter.* Nun konnte sich das Patrouillenschiff nur noch nach dem Radar der *Viarsa* richten, dessen Signale die *Southern Supporter* würde empfangen können, bis die Schiffe ungefähr 35 Meilen voneinander entfernt waren. Mit der Radarortung ließ sich die Position der Emissionsquelle jedoch nicht sonderlich präzise ausmachen. Jeder der vier Sensoren auf dem Dach der Brücke empfing Signale, die in einem Winkel von neunzig Grad eingingen. Ein Signal, das von einer Stelle irgendwo direkt vor dem Schiff ausging, wurde von dem Sensor am vorderen Rand des Dachs aufgefangen, nicht aber von den anderen. Deswegen ließ sich die Position einer Emissionsquelle nur dadurch ermitteln, dass man das Schiff wendete und feststellte, wann ein Signal von dem einen Detektor nicht mehr und stattdessen von einem anderen erfasst wurde. Indem man dieses Manöver etliche Male wiederholte, ließ sich die Eingangsrichtung des Signals auf ungefähr zwanzig

Grad eingrenzen. Aus diesem Grund fing die *Southern Supporter* an, bedächtige Kreise zu ziehen.

So primitiv die Radarortung auch sein mochte – inzwischen war sie von unschätzbarem Wert. Natürlich konnte das Signal verschwinden, falls die *Viarsa* ihr Radar abschaltete oder sich mehr als 35 Meilen von der *Southern Supporter* absetzte. «Wenn der Kerl auf Draht ist, schaltet er sein Radar aus und fährt in die andere Richtung», sagte O'Dea. «Dann ist er entwischt.»

«Es wäre ziemlich deprimierend, ihn jetzt zu verlieren», meinte Codrington.

An Bord der *Viarsa* wies Antonio Pérez den Kapitän an, seinen Kurs zu halten. Über das Eis machte sich Pérez keine Sorgen. Er hielt es für viel weniger gefährlich als die hohe See, besonders seit er miterlebt hatte, wie drei Jahre zuvor ein anderer Seehechtjäger, die *Amur*, vor Kerguélen gesunken war. Er rettete sechsundzwanzig Schiffbrüchige, aber acht kamen ums Leben. Cabrera wusste, was sein Schiff aushielt, und hatte Vorsorge getroffen. Die Brücke war mit einem elektrischen Heizgerät ausgestattet, und er hatte der Crew aufgetragen, die Wasserhähne nicht ganz zu schließen, damit das Wasser in den Rohren nicht einfror.

Cabrera dachte schon, die Jagd sei beendet. «Wir haben sie abgehängt», erklärte er. «Die Verfolgung ist abgebrochen.»

Pérez hoffte, das Beste aus der Situation zu machen, und erörterte mit Vidal über Satellitentelefon verschiedene Strategien. Vidal kam mit den kuriosesten Ideen. Als Erstes meinte er, zwei Besatzungsmitglieder der *Viarsa* könnten in einem kleinen Boot mit einem Handfunkgerät ausgesetzt werden, nach Norden fahren und vorgeben, sie seien an Bord des Fischereifahrzeugs, während die *Viarsa* versuchen solle, nach Osten zu entkommen. Das einzige Problem war jedoch, dass sich niemand freiwillig für diese Mission meldete. Dann schlug Vidal vor, in das kleine Boot einen Notsender zu setzen und es per Autopilot nach Norden zu schicken. Nachdem Pérez ihm erklärte, dass es das kleine Boot nicht ohne menschlichen Lotsen durch das Eis schaffen würde, brachte Vidal eine letzte Idee vor: «Werft einfach ein paar Funkbaken ins Wasser.»

Ein paar Minuten später tanzten drei der Baken auf dem Eiswasser. Pérez hoffte, die *Southern Supporter* werde deren Signale aufnehmen und auf sie zusteuern statt auf die *Viarsa*.

Der Unteroffizier Ken Leggett von der australischen Armee, der für die Radarortung zuständig war, saß im Kontrollraum vor einem Tisch, auf dem ein großer Metallkasten thronte, an den etliche Kabelstränge angeschlossen waren, von denen einige zu einem Laptop führten. Auf dem Display des Laptops wiederum waren diverse kleine Graphiken und Kästchen zu sehen, die anzeigten, welche der vier Antennen ein Signal empfingen und wie stark dieses war. Leggett wusste, wann das Gerät aktiviert war, denn jedes Mal wenn einer der Sensoren ein Radarsignal empfing, summte es kurz auf.

Um 15.15 Uhr, fünfundvierzig Minuten nachdem die Radarortung eingeschaltet worden war, bemerkte Leggett, dass das Summen gänzlich aufgehört hatte. Als er auf das Display blickte, sah er, dass die kleinen Kästchen noch angezeigt wurden, aber keine Daten mehr enthielten. Das System war abgestürzt.

«Wir haben das Signal verloren!», rief er.

Duffy, der sich zufällig im Kontrollraum aufhielt, spürte, wie sein Puls raste.

«Sind Sie sicher?», fragte er. «Können Sie es mit einer anderen Antenne versuchen?»

Leggett schaltete zwischen den Kästchen hin und her, die eigentlich Daten der einzelnen Antennen liefern sollten, aber es tat sich nichts. Sämtliche Kästchen waren leer. Die *Southern Supporter* tappte im Dunkeln.

«Ich mache ein paar Tests», sagte Leggett im ruhigsten Ton, den er aufbieten konnte. Keiner sprach ein Wort, während der Unteroffizier einige endlos erscheinende Minuten lang mit Maus und Tastatur hantierte und verschiedene Komponenten prüfte. Dann zog er sämtliche Kabel heraus und steckte sie wieder ein, um sicherzustellen, dass die Verbindungen intakt waren. Schließlich sagte er: «Ich glaube, es ist kein Hardware-, sondern ein Softwareproblem.»

Und was jetzt?, fragte sich Duffy.

Von Leggett wollte er wissen: «Gibt es eine Lösung?»

«Ich werde das Programm neu starten – vorher kann ich nichts sagen. Das wird ungefähr zehn Minuten dauern.»

Duffy wollte ihm nicht dreinreden, aber die Vorstellung, zehn Minuten warten zu müssen, erschien ihm unerträglich, und so ging er auf die Brücke und informierte Codrington und überlegte, was zu tun wäre, falls das Gerät nicht mehr anlief. Während er die Möglichkeiten durchging, überdachte er auch die Optionen, die der *Viarsa* offen standen: Der Westen und der Süden waren von Eis versperrt. Sie konnte auf ihrer Position liegen bleiben und warten, bis die *Southern Supporter* aufgab und sich zurückzog, doch das hielt Duffy für unwahrscheinlich. Ein solches Verhalten erhöhte das Risiko einzufrieren. Indem das Schiff in Fahrt blieb, bahnte es sich nicht nur einen Weg nach vorn, sondern es schuf zugleich in seinem Kielwasser eine relativ eisfreie Zone für einen eventuellen Rückzug. Ein stillliegendes Schiff drohte außerdem auszukühlen. Die Außentemperatur betrug minus zehn Grad Celsius, doch aufgrund des Winds war die gefühlte Temperatur minus zwanzig Grad. Unter solchen Bedingungen ist es schwierig, ein Schiff warm zu halten, selbst wenn die Maschinen auf vollen Touren laufen. Falls die Hauptmaschine der *Viarsa* ausfiel, war damit zu rechnen, dass die Bedingungen an Bord sehr schnell unerträglich wurden. Duffy hielt es für viel wahrscheinlicher, dass die *Viarsa,* wie die *Southern Supporter,* zu dem Schluss kommen werde, dass sie einen Weg nach Norden finden müsse. Vielleicht würde sie direkt nach Norden steuern und sich eine Route durch das Eis suchen. Oder vielleicht würde sie, wie die *Southern Supporter,* zurück nach Osten fahren, bevor sie nach Norden drehte.

Was aber wäre, wenn sie nach Osten umkehrte und in östlicher Richtung weiterfuhr?

Das wäre der schlimmste anzunehmende Fall. Sollte die *Viarsa* diesen Weg wählen, würde sie nicht mehr nahe genug an die *Southern Supporter* herankommen, um wieder auf deren Radar aufzutauchen. Selbst wenn die australische Regierung das US-Militär dazu bewegen konnte, die *Viarsa* per Satellit aufzuspüren, wäre die heiße Jagd vorüber, denn das Seerecht erfordert es, dass der Kontakt mit Instrumenten an Bord des Verfolgers aufrechterhalten wird. Hilfe von außen ist kein hinreichender Ersatz. Daher dachte sich Duffy einen Reserveplan aus. Die *Southern Supporter* sollte die halbe Strecke bis zu dem Längengrad zurückfahren, an dem sie die *Viarsa* zuletzt sehen konnte, und dort einen Patrouillenkurs auf einer ostwestlichen Linie aufnehmen. Er wusste, dass es – falls es überhaupt so weit kam – eher unwahrscheinlich war, auf diese Wei-

Mit der zunehmenden Vereisung verbinden sich diverse Gefahren: Die Technik an Deck funktioniert nicht mehr, das Schiff wird topplastig

se wieder auf die *Viarsa* zu stoßen. Und selbst wenn er Glück hatte, bedeutete der zwischenzeitliche Kontaktabbruch unter Umständen, dass die rechtlichen Erfordernisse für eine heiße Verfolgung nicht erfüllt waren. Aber Duffy sah keine andere Möglichkeit.

Im Kontrollraum starrte Leggett auf das Display, während der Computer den langatmigen Startprozess durchlief. Falls die Verfolgung aufgrund einer technischen Panne scheiterte, kam es garantiert zu einer unangenehmen öffentlichen Diskussion, und möglicherweise würden sogar Köpfe rollen. Leggett kannte seine Ausrüstung in- und auswendig, doch letzten Endes tat er, was jeder Anfänger getan hätte – er schaltete das System ab und startete neu. Und nun konnte er nichts weiter tun als warten.

Wer diesen Rettungsring einem Ertrinkenden zuwerfen will, muss erst Mal Eis schlagen

12. KAPITEL New York City **Herbst 1999**

Der «Chilenische Seebarsch mit Misoglasur» bereitete Rick Moonen Sorge. Moonens Kreation war nach wie vor das meistbestellte Gericht im «Oceana», aber Patricio Osses hatte manchmal keinen Seehecht zu verkaufen. Und wenn, dann wogen die Fische ganze fünfzehn bis zwanzig Pfund, viel weniger als die fünfzig bis achtzig Pfund schweren Kolosse, die Osses noch ein Jahr zuvor geliefert hatte. Der Grund dafür war leicht zu erraten: Aufgrund der sprunghaft gestiegenen Popularität des Schwarzen Seehechts hatten die Fischer so viele ausgewachsene Exemplare gefangen, dass sie sich nun aus den jüngeren Beständen bedienen mussten. Moonen wusste, dass die Fischer bei schwindenden Beständen längere Fahrten unternehmen mussten und dass ihre Fänge daher weit weniger frisch waren, wenn sie schließlich in seiner Küche landeten. Als er einmal auf den Fulton Fish Market ging, um nach alternativen Lieferanten zu suchen, stellte er fest, dass die Seehechte dort nicht nur klein, sondern auch tiefgefroren waren. Und niemand schien zu wissen, woher sie stammten.

Moonen hatte Ähnliches mit dem Schwertfisch erlebt. Das Durchschnittsgewicht eines Schwertfischs aus dem Nordatlantik war von 260 Pfund in den 1960er Jahren auf ungefähr 100 Pfund in den 1980er Jahren zurückgegangen. Bald waren die meisten Fische, die gefangen wurden, so jung, dass sie gar keine Zeit gehabt hatten, sich fortzupflanzen. Theoretisch waren die Fischer zwar verpflichtet, Schwertfischjunge ins Meer zurückzuwerfen, doch die meisten verendeten, bevor sie vom Haken genommen werden konnten. Im Laufe der Jahre hatte sich einiges geändert – das war kein Geheimnis. Ursprünglich jagte man den Schwertfisch mit Harpunen; mit dieser Methode wurden durchweg große Exemplare gefangen und kleinere verschont. Seit den 1960er Jahren verwendeten Schwertfischjäger Langleinen, wodurch sich die Fänge exponentiell vergrößerten – und natürlich auch junge Tiere erwischt wurden.

Im Jahre 1988 war Moonen einer der Wortführer der landesweiten Initiative «Schützt den Schwertfisch» geworden, an der sich auch Köche beteiligten, um die Öffentlichkeit dazu zu bewegen, keinen Schwertfisch mehr zu essen. Die Kampagne führte schließlich dazu, dass mehr als achthundert Küchenchefs den Fisch nicht mehr servierten.

Dass die öffentliche Meinung Fischereipraktiken zu beeinflussen vermag, hatte ein Umweltschützer namens Sam LaBudde bewiesen. Von 1987 bis 1988 filmte er heimlich auf Video, wie Hunderte von Delphinen von einem panamaischen Thunfischboot abgeschlachtet wurden. Nachdem das Video in etlichen landesweiten Nachrichtensendungen gezeigt worden war, versprachen die größten Firmen im Thunfischgeschäft, nur noch Thunfisch zu verarbeiten, der mit Methoden gefangen worden war, die als «delphinsicher» galten.

Thunfische sind im Allgemeinen schwer zu finden. Im Gegensatz zu den meisten Fischen, die in nahrungsreichen Küstengewässern leben, durchstreifen sie die großen Weiten der tiefen Meere. Einige Thunfische sind jedoch leichter auszumachen. Aus bislang immer noch ungeklärten Gründen sind Gelbflossenthunfische und Delphine treue Reisegefährten; die Luft atmenden Delphine schwimmen nahe der Oberfläche, die Gelbflossenthunfische darunter. Besonders eng ist die Kameradschaft in tropischen Gewässern im Westen Zentralamerikas und vor der Nordküste Südamerikas. Seit die Fischer dies in den 1950er Jahren erkannten, hielten sie nach Delphinen Ausschau, um herauszufinden, wo sie ihre Haken zum Fang der Thunfische auslegen sollten. Doch wie im Falle des Schwertfischs hat sich die traditionelle Thunfischjagd mit der Einführung einer neuen, hochtechnisierten Fangmethode grundlegend verändert. Seit Ende der 1950er Jahre kreisten die Fischer Delphinschulen mit riesigen ringförmigen Treibnetzen ein, die ein paar hundert Meter unter die Oberfläche reichten. Sobald die Delphine umzingelt waren, zog man das Netz unten zusammen. Diese Fangtechnik mit dem so genannten Ringwadennetz war so effizient, dass die Fischer ihre Flotten ausbauten und die Schiffe mit Helikoptern, Speedbooten und Sprengstoffen ausrüsteten. Die Helikopter hielten nach den Delphinen Ausschau. Die Speedboote rasten vor ihnen her, vollführten wilde Manöver und warfen Sprengstoff ins Wasser, um die Delphine – und, wie man hoffte, auch die Thunfische – so lange aufzuhalten, dass das Mutterschiff sie mit dem riesigen Netz einkreisen konnte.

Man konnte das Netz natürlich an einer Stelle so weit absenken, dass die Delphine darüber hinwegschwimmen und entkommen konnten, doch die Prozedur war oft wirkungslos, besonders bei Nacht, und wurde manchmal auch gar nicht angewandt. Ende der 1960er Jahre töteten die Thunfischjäger jedes Jahr an die 500 000 Delphine. 1972 erließen die Vereinigten Staaten ein Gesetz zur Reduzierung dieses so genannten Beifangs, doch die amerikanischen Fischer durften bis in die 1980er Jahre alljährlich bis zu 20 000 Delphine töten. Und mittlerweile hatten die meisten großen Flottenbetreiber ihre Schiffe in Ländern registriert, in denen wenige oder überhaupt keine Vorschriften galten. Die unter ausländischer Flagge fahrenden Schiffe schlachteten weiter jedes Jahr mindestens 100 000 Delphine ab.

Dann machte LaBudde seinen Film. Der seefahrende Umweltaktivist schaffte es, sich von einem mexikanischen Thunfischjäger anheuern zu lassen – er sollte mit einem Speedboot Delphine zusammentreiben. Einmal an Bord, hatte er bald den Posten als Schiffskoch ergattert – eine ideale Position, denn er musste an Deck nicht arbeiten, wenn es galt, die Netze einzuholen. Als das erste Netz zusammengezogen und aus dem Wasser gehievt wurde, zeichnete er mit seinem 8-Millimeter-Sony-Camcorder auf, wie mehr als zweihundert Delphine verendeten – bei der ganzen grässlichen Aktion wurde nur ein einziger Thunfisch gefangen. Während der viermonatigen Reise nahm LaBudde fast fünf Stunden Videomaterial auf; er erzählte allen, sein Vater habe ihm die Kamera geschenkt und er drehe nur so zum Spaß. Eines Tages filmte er den Kapitän des Schiffs dabei, wie er mit einem Taschenmesser einen Delphin zerlegte, der später von der Besatzung verzehrt wurde.

Nach der Reise schnitt LaBudde das Material auf ein elfminütiges Gemetzel zusammen. Man sah, wie ausgewachsene Delphine mit ihren Jungen in anmutiger Synchronität auf das Netz zuschwammen. Sobald sie spürten, dass sie umzingelt wurden, gerieten sie in Panik und bäumten sich auf. Es sah fast so aus, als sei ein Netz über eine Herde wilder Pferde geworfen worden. Einige Delphine versuchten, die Nylonschlingen zu durchdringen, und rissen sich dabei die Flossen auf oder sogar ab. Sie rangen nach Luft und wanden sich, um ihre Nasenlöcher gegen das Netz zu pressen. Die schrillen Schreie machten ihre Qual zudem hörbar. Es dauert nur ein paar Minuten, bis ein Delphin «ertrinkt» oder genauer gesagt erstickt. Einige waren offensichtlich bereits verendet, als das Netz eingeholt wurde. Andere wurden zerquetscht, während das Netz an Bord gezogen wurde.

Der Dokumentarfilm wurde zu einem kämpferischen Plädoyer. Delphine unterscheiden sich von anderen Meerestieren. Wegen ihres freundlichen Wesens und der Tatsache, dass sie Säugetiere sind, aber auch aufgrund ihres hohen Stellenwerts in der Meeresliteratur und dank der beliebten Fernsehserie *Flipper* genießen sie einen ganz besonderen, fast heiligen Status. Nachdem LaBuddes Film in den abendlichen Nachrichtenmagazinen der Sender ABC, CBS und CNN und ein paar Tage später in der *Today Show* von NBC ausgestrahlt worden war, befürworteten sogar Menschen, die sich normalerweise nicht für Umweltbelange einsetzten, LaBuddes Aufruf zu einem Boykott der Produkte von StarKist Seafood, der weltweit größten Konservenfabrik für Thunfisch, und deren Muttergesellschaft H. J. Heinz. Die Firma kapitulierte schließlich und kündigte bei einer Pressekonferenz Ende 1990 an, dass sie keinen Thunfisch mehr verarbeiten werde, der von Fischern gefangen wurde, die Delphine abschlachteten. Im Grunde hatte sie gar keine andere Wahl. Den firmeneigenen Meinungsumfragen zufolge waren sich sechzig Prozent der Amerikaner des Delphinproblems bewusst. Nach der Ankündigung von StarKist gaben auch die anderen großen Thunfischvermarkter, Bumble Bee und Chicken of the Sea, bekannt, sie würden nur «delphinsicheren» Thunfisch einkaufen. Binnen weniger Monate wurde die Zahl der getöteten Delphine deutlich verringert.

Die beiden in Washington ansässigen Umweltverbände, die die Schwertfischkampagne organisierten, SeaWeb und National Resources Defense Council, hofften, eine ähnliche Kettenreaktion auszulösen. Die Umweltschützer ahnten, dass in der Öffentlichkeit kaum Kenntnis über die Meeresfauna bestand. Die Menschen hatten zwar einiges über die Gesundheitsvorteile einer fischreichen Kost mitbekommen, wussten aber so gut wie nichts über den Einfluss des Fischfangs auf die Meerestierwelt. «Die einzigen Fische, die sie kannten, waren jene, die auf ihrem Teller landeten», sagte Vikki Spruill, die Geschäftsführerin von SeaWeb. «Das lieferte uns einen Ansatzpunkt – die Köche waren unsere Sprachrohre.»

In den Vereinigten Staaten werden siebzig Prozent der Meeresfrüchte an Restaurants verkauft, und Spruill war überzeugt, die Küchenchefs könnten das Konsumentenbewusstsein weit über ihr Lokal hinaus beeinflussen, denn einige Köche genossen inzwischen einen regelrechten Prominentenstatus. Bis in die 1980er Jahre waren selbst die talentiertesten Köche, außer bei ihren Kollegen und ihren treuesten Kunden, weitgehend unbekannt. Dies änderte sich allmählich, als die französischen Restaurants ihre Dominanz über die amerikanische Nobelcuisine einbüßten und die Köche erkannten, dass eine neue Generation von Restaurantbesuchern ein neues Angebot auf der Speisekarte suchte. «Die geburtenstarken Jahrgänge, die mit Konservengemüse und Eintöpfen aufgewachsen waren, hatten viel höhere Anforderungen entwickelt», erklärte Moonen. «Sie wollten schicke Lokale besuchen und neue Dinge ausprobieren.» Die neue Restaurantszene brauchte eine Weile, um Fuß zu fassen, doch es vollzog sich ein unwiderruflicher Bruch mit der Vergangenheit – einer weniger steifen Atmosphäre und kulinarischem Einfallsreichtum war der Weg bereitet. Viele der tonangebenden Köche wurden bekannt und berühmt. Sie zeigten sich persönlich an den Tischen der Gäste, und ihre Namen waren auf der Speisekarte erwähnt.

Die Medien spielten bei alledem eine wichtige Rolle. Zeitungen und Magazine wollten von dem sich erweiternden Interesse der Konsumenten an Ernährungsfragen profitieren und neue Inserentenkreise gewinnen – sie widmeten sich der Cuisine so intensiv wie nie zuvor. Es war eine symbiotische Beziehung: Die neuen Restaurants mussten entdeckt werden, und die Journalisten brauchten neue Themen. Die Gründung des Fernsehsenders Food Network verlieh dem Trend zusätzliche Dynamik. Der Sender begann 1993 ganz bescheiden mit einfachen Kochsendungen für ein relativ kleines Publikum, das meist aus Frauen bestand, die sich intensiv für das Kochen interessierten. Im Laufe der Zeit erschloss der Sender weitere Zuschauerkreise, indem er bekannte Persönlichkeiten anwarb, die flotte Sendungen gestalteten. Ein junger Koch aus New Orleans namens Emeril Lagasse, der mit einer Band vor Livepublikum Kochtöpfe aneinander schlug und viel Wirbel machte, fand Dutzende von Nachahmern. Und der Sender schuf eine ganz neue Form der Unterhaltung, die Zuschauer jeden Alters und Männer wie Frauen ansprach. Die Köche wurden zu Stars.

Als die Schwertfischkampagne mit einer Pressekonferenz in New

York gestartet wurde, waren mehr als vierzig Journalisten anwesend, darunter auch Korrespondenten aller drei großen Fernsehsender. In anderen Städten folgten regionale Aktionen, die die Aufmerksamkeit von Restaurantkritikern sowie Wirtschafts- und Umweltjournalisten weckten. Die Köche spielten eine entscheidende Rolle, denn sie lieferten den Reportern zugkräftige Aufhänger für größere Storys. Die Kampagne, die im Jahr 2000 endete, hatte Erfolg. Sie schärfte das Bewusstsein der Öffentlichkeit für das Schicksal des Schwertfischs und führte zur Festlegung niedrigerer Quoten und zu einem totalen Fangverbot in einigen bekannten Aufzuchtgebieten. Und die Schwertfischbestände erholten sich.

Moonen war sich allerdings nicht sicher, welche Konsequenzen er aus seiner Sorge um den Seehecht ziehen sollte. Er wusste, dass die Eigentümer des «Oceana» nicht begeistert sein würden, wenn er den Kassenschlager des Restaurants von der Karte nahm. Andererseits war er sich aufgrund seines Engagements bei der Schwertfischkampagne durchaus bewusst, welche Schäden die Fischer und letztendlich auch die Restaurants unter den Meerestierbeständen anrichteten. Mit einem Nahrungsmittel zu arbeiten, das im Gegensatz zu fast allem anderen, was man in einem Restaurant verarbeitet und verkauft, aus der Wildnis stammte, war einer der Aspekte, die ihm an seinem Beruf als Fischkoch besonders zusagten, doch diese Befriedigung wurde durch die Tatsache zunichte gemacht, dass er zur Ausrottung einer Spezies beitrug. Im Herbst 1999 war ihm klar geworden, dass er etwas unternehmen musste. Er wartete bis nach der geschäftigen Weihnachts- und Silvesterzeit, aber im Januar 2000 rief er Susan Boa an, die die Schwertfischkampagne für SeaWeb koordiniert hatte.

«Der ‹Chilenische Seebarsch› ist mein Markengericht», sagte Moonen, «aber ich glaube, die Sache wird kritisch. Ich kann es förmlich sehen: die Fische werden immer kleiner.»

«Sie haben Recht, es ist eine riesige Katastrophe!», erwiderte Boa.

«Es wird maßlos überfischt, und etwa neunzig Prozent von dem, was in die Vereinigten Staaten gelangt, wird von Piraten gefangen.»

«Also werde ich ihn von der Karte nehmen müssen, nicht wahr?»

Boa zeigte sich unschlüssig. Ihre Kollegen bei SeaWeb wussten um die Probleme mit dem Seehecht, zögerten aber, eine weitere groß angelegte Kampagne zu starten. Sie konnten nur ein begrenztes Maß an Kooperation seitens der Köche erwarten. Auch stand zu befürchten, dass die Umweltschützer am Ende als Ordnungshüter in Sachen Fischfang angesehen wurden, die sich für so viele Ziele einsetzten, dass die Verbraucher irgendwann einfach abschalteten.

«Es bleibt Ihnen überlassen», meinte Boa schließlich zu Moonen. «Ich kann Ihnen nur sagen, was wir wissen.»

Moonen war hin- und hergerissen. Doch während er noch das Für und Wider abwägte, wurde ihm klar, dass seine Gäste noch viel weniger über den «Chilenischen Seebarsch» wussten als er. Die Globalisierung mochte dazu beigetragen haben, dass die Welt zusammenwuchs, doch sie hatte auch Gräben und Klüfte geschaffen. Wegen der enormen Entfernung zwischen den Orten, an denen einige Produkte einerseits erzeugt und andererseits konsumiert wurden, wussten die Verbraucher sehr wenig darüber, welche Folgen und Auswirkungen ihre Kaufentscheidungen hatten. Selbst die Gäste des «Oceana» – überwiegend gebildete Leute – hatten kaum eine Ahnung, wo ihre Speisen herstammten. Im Falle des Seehechts, so erkannte Moonen, war er derjenige, der zwischen Produkt und Verbraucher stand und entscheiden und handeln musste.

Zwei Tage nach seinem Gespräch mit Boa unterrichtete er Paul MacLaughlin, einen der Besitzer des «Oceana»: «Ich nehme den ‹Chilenischen Seebarsch› von der Karte.»

MacLaughlin fragte erstaunt: «Wieso denn, um Himmels willen? Sie haben doch riesigen Erfolg damit!»

«Genau das ist das Problem – er ist total überfischt! In der Frage der Nachhaltigkeit muss ich mich so konsequent und unbeirrbar wie möglich verhalten. Andernfalls wird man mir vorwerfen, mit gespaltener Zunge zu reden.»

Anfang 2002 startete der National Environmental Trust (Nationale Umweltstiftung), eine ebenfalls in Washington ansässige Umweltorganisation, trotz allem eine landesweite Seehechtkampagne. Die Aktion «Hände weg vom ‹Chilenischen Seebarsch›», die nach dem Vorbild der Schwertfischkampagne aufgezogen wurde, begann mit einer wandernden Pressekonferenz. Erste Station war San Francisco, wo Patty Unterman, Küchenchefin und Eigentümerin des «Hayes Street Grill», dreiundsechzig weitere Köche dazu bewogen hatte, sich in einer kurzen Erklärung dazu zu verpflichten, fünf Jahre lang keinen «Chilenischen Seebarsch» zu servieren, beziehungsweise so lange, bis der «illegale Fischfang unterbunden» ist. Zu den Unterzeichnern der Selbstverpflichtung gehörten Alice Waters und die Küchenchefs zahlreicher führender Restaurants der Region.

«Die Leute – Restaurantbesitzer und Küchenchefs – wissen oft gar nicht mehr, wo ihre Nahrungsmittel herkommen», gestand Unterman bei der Pressekonferenz. «Der Patagonische Seehecht ist zwar ein köstlicher Fisch, aber ich werde auf ihn verzichten.»

Eine Welle der Publicity folgte. Der Artikel des *San Francisco Examiner* füllte die gesamte Titelseite und hatte einen ganz anderen Ton als die meisten Nachrichtenmeldungen. «Mann, diesmal hast du es echt vermasselt!», hob der Artikel an. «Jene ‹Chilenischen Seebarsche›, die der unheiligen Dreieinigkeit aus dir, deinem Appetit und deiner Kreditkarte zum Opfer fielen, sind fast am Ende – sie stehen kurz vor der Ausrottung. Hast du das gewusst? Und die Umweltschützer geben dir die Schuld, irgendwie. Weil du dermaßen auf eines der beliebtesten Fischgerichte San Franciscos abfährst, hat der illegale Fang des ‹Chilenischen Seebarschs› – auch bekannt als Patagonischer Seehecht – dramatisch zugenommen.» Nach der Konferenz von San Francisco erschien im Magazin *Time* ein Text unter dem Titel «Ein modischer Fisch wird abgebürstet».

Als Andrea Kavanagh, die Organisatorin der Kampagne des National Environmental Trust, zur zweiten Pressekonferenz nach Chicago kam, konnte sie es fast nicht glauben, als sie vor dem W Hotel vier Satellitenwagen stehen sah und zwei Fernsehreporter, die vom Bürgersteig aus live berichteten. Wie in Kalifornien hatten auch in Chicago die Köche einiger führender Restaurants die Verpflichtung unterschrieben. In den zehn Jahren, in denen Kavanagh Umweltschutzkampagnen organisiert hatte, war sie noch nie auf ein solches Medieninteresse gestoßen. Sie beschloss, bei jeder der zehn Aktionen, die noch folgen sollten, hundert Köche für ihre Sache zu gewinnen. Zielorte des Feldzugs waren Philadelphia, Washington, New York, Los Angeles, Cape Cod, Charleston, Boston, Seattle, Atlanta und Miami.

Viele Köche lehnten es ab mitzumachen, vor allem solche, die in Einrichtungen beschäftigt waren, welche Fisch in viel größeren Mengen verarbeiteten, als es die Nobelrestaurants je getan hatten, nämlich in Hotels, Großküchen und Cateringbetrieben. Einige Köche wiesen darauf hin, dass der Boykott unfairerweise Fischer bestrafen würde, die im Rahmen legaler Fangoperationen Seehecht jagten. Andere gaben zu, dass sie auf solch einen Renner einfach nicht verzichten wollten. «Wir verkaufen sehr viel davon. Ehrlich gesagt, glaube ich nicht, dass wir ihn von der Karte streichen werden», gestand der Manager des «Red Rock Café», Shawn Maher, gegenüber dem *Milwaukee Journal Sentinel.*

Andere glaubten, ihre Kunden würden Verständnis für die Aktion zeigen. «Die meisten Konsumenten würden auch nicht kalifornischen Kondor bestellen, wenn sie ihn auf einer Speisekarte sehen würden», erklärte Michael Cimarusti, der geschäftsführende Küchenchef des «Water Grill» in Los Angeles, und nahm damit Bezug auf eine höchst gefährdete Vogelart. In New York sagte Eric Ripert vom «Le Bernardin»: «Wir reden so oft davon, wie Fisch unsere Gesundheit beeinflusst. Wir haben mitbekommen, dass eine fischreiche Ernährung gesund ist. Aber vielleicht müssen wir anfangen, darüber nachzudenken, wie wir die Gesundheit des Fischs, der Fischbestände, beeinflussen.»

Die offiziellen Aktionen der Kampagne fanden so viel Beachtung, dass Köche an anderen Orten dazu angeregt wurden, eigene Aktivitäten zu starten und Boykotterklärungen zu unterzeichnen. In Aspen, Colorado, erklärten achtzehn Restaurants und das Unternehmen, das den Skibetrieb managt, sie würden sich dem Boykott anschließen. «Weil viele Menschen gar keine Ahnung haben, dass dieses Problem existiert», sagte Pat O'Donnell, der Vorsitzende der Aspen Skiing Company, «wollen wir hier in diesem Fall unsere Angestellten, unsere Kunden und die örtlichen Verbände darüber aufklären, wie sie dazu beitragen können, eine Spezies vor dem Aussterben zu bewahren.» Insgesamt schlossen sich mehr als tausend Köche der Kampagne an. Außerdem versprachen einige der größten Fischrestaurantketten, darunter Red Lobster und die Bostoner Legal Seafood, keinen «Chilenischen Seebarsch» mehr anzubieten, auch wenn sie es ablehnten, die Verzichtserklärung zu unterschreiben.

Die Kampagne trug zwar maßgeblich dazu bei, dass die Konsumenten das Problem schwindender Seehechtbestände erkannten, führte aber nicht zu dem großen Skandal und der daraus resultierenden generellen Verhaltensänderung wie in der Folge des Films von LaBudde und der Schwertfischkampagne.

Auch die Bemühungen, durch die öffentliche Diskussion eine Gesetzesänderung zu erwirken, waren nur zum Teil erfolgreich. Die Umweltschützer forderten die amerikanische Regierung auf, Importe von Seehechten zu verbieten, die angeblich auf hoher See gefangen worden waren; diese Maßnahme sollte verhindern, dass Piraten behaupten konnten, Seehechte von Orten wie Heard Island stammten aus Gewässern, für die keine Vorschriften galten. «Würde die Regierung jeglichen Seehecht von hoher See verbieten, würde sie das größte Schlupfloch schließen, das die Piraten nutzen», erklärte Kavanagh. Die Regierung verbot zwar Seehechtimporte aus zwei Hochseeregionen, doch Kim Dawson, die für die National Oceanic and Atmospheric Administration die Seehechtimporte überwachte, gab zu verstehen, man könne kein generelles Verbot verfügen, denn es gebe «ein paar kleine legale» Seehechtfanggebiete außerhalb von Hoheitsgewässern.

Dawson erklärte, die Regierung setze ganz auf «regelmäßige Stichproben von Importen» und auf die «Fangnachweise» der Kommission zum Schutz antarktischer Meerestiere. Die Vereinigten Staaten und andere Länder, die sich diesem Kontrollprogramm angeschlossen haben, gestatten den Import von Seehechten nur, wenn diese von einem Schiff gefangen wurden, das unter der Flagge eines Mitgliedsstaates fährt, und wenn jenes Land bescheinigt, dass die Fische legal gefangen wurden. Das Programm ist indes alles andere als zuverlässig. Wenn ein Beamter eines Mitgliedsstaates ein Dokument unterzeichnet, wonach der Fisch von hoher See stammt, wird ein anderes Mitgliedsland den Fisch kaum zurückweisen. Außerdem kann man Fangnachweise fälschen und legale Dokumente in betrügerischer Weise verwenden. Wird der Fang von einem bestimmten Schiff später aufgeteilt und an mehrere verschiedene Orte transportiert, wird jedes Mal dasselbe Dokument verwendet, und es lässt sich kaum feststellen, ob sich das Dokument tatsächlich auf die Fische aus einer bestimmten Ladung bezieht.

Dawson meinte, eine neue, elektronische Version des Systems werde wirksamer sein. Auf die Frage, wie sie die staatlichen Instrumente zur Eindämmung des Seehechtschmuggels beurteile, antwortete sie jedoch nicht sonderlich hoffnungsvoll: «Das wird ein fortdauernder Kampf sein, aber wir sind der Meinung, die amerikanische Regierung konnte bereits einige der Kanäle schließen, die in der Vergangenheit benutzt wurden.»

Angesichts der düsteren Aussichten beschlossen die Organisatoren der Kampagne «Hände weg vom ‹Chilenischen Seebarsch›», ihre Aktion, die ursprünglich auf drei Jahre angesetzt war, unbegrenzt fortzusetzen. «In einer Hinsicht waren wir durchaus erfolgreich – wir haben ein enormes Bewusstsein geweckt», bekannte Gerry Leape, Leiter des Meeresschutzprogramms beim National Environmental Trust. «Wirklichen Erfolg haben wir aber erst, wenn der Seehecht richtig geschützt ist. Wie es aussieht, bleibt uns noch einiges zu tun.»

13. KAPITEL

Südpolarmeer **18. August 2003**

Ken Leggett hörte ein Summen. Zu seiner großen Erleichterung kam die neu gebootete Radarortung wieder in Gang. Die Kästchen für die einzelnen Antennen waren wieder voller Daten, und die Signale waren fast ebenso stark wie vor der Störung. Die Funkbaken, die man auf der *Viarsa* ausgesetzt hatte, wurden von den Instrumenten der *Southern Supporter* nicht erfasst, doch die *Viarsa* selbst gab wieder ungewollt ihre Position preis.

In den folgenden Stunden war allerdings nicht klar, in welche Richtung das Fischereifahrzeug steuerte beziehungsweise ob es sich überhaupt vorwärts bewegte. Das Schiff schien abwechselnd nach Osten, Westen und Norden zu fahren. Um 17.00 Uhr sah es jedoch so aus, als befände es sich fast direkt südlich der *Southern Supporter* und nähme Kurs nach Norden. «Verdunkeln wir das Schiff», befahl Duffy. «Ich will nicht, dass sie so sehr erschrecken, wenn sie uns sehen, dass sie wieder Richtung Eis abdrehen.»

Gegen 18.00 Uhr war das Radarsignal der *Viarsa* deutlich stärker geworden. Um 19.20 Uhr meldete McCarthy: «Ich kann ein schwaches Licht sehen.»

«Ach was, Sie träumen», erwiderte O'Dea.

Tatsächlich aber strich der Scheinwerfer der *Viarsa* den Horizont ab, während sich das Schiff durch ein Eisfeld schob. Ein paar Minuten später tauchte die *Viarsa* erstmals seit fünf Stunden wieder auf dem Radarschirm der *Southern Supporter* auf. Sie bewegte sich langsam, mit nur drei Knoten, und steuerte immer noch direkt auf das Patrouillenschiff zu. Als die *Viarsa* fast eisfreies Wasser erreicht hatte und die beiden Schiffe zwei Meilen voneinander entfernt waren, schaltete McCarthy die Lichter der *Southern Supporter* wieder ein. *Viarsa* fuhr weiter nach Norden, und *Southern Supporter* nahm in ihrem Kielwasser erneut die Verfolgung auf.

«Da wäre man doch gern dabei, um zu hören, was sie jetzt wohl sagen», gluckste O'Dea. Dann sprach er in das Funkgerät: «*Viarsa, Viarsa* – schön, Sie wiederzusehen! Wir werden unsere Jagd fortsetzen.»

Es kam keine Antwort, doch das überraschte niemanden.

Wie O'Dea fühlte sich auch Duffy versucht, es Cabrera reinzureiben, aber er wusste, dass ein schnodderiger Funkspruch nichts Positives bewirken würde. Auch glaubte er, der Abstecher in das Eis sei nützlich gewesen; indem sich die Fahrt des Schiffs nach Westen verlangsamt hatte, stiegen die Chancen, dass ein südafrikanisches Schiff rechtzeitig vor Ort sein konnte, um die *Viarsa* aufzubringen. Zudem hatte Duffy die Hoffnung gewonnen, dass Cabrera künftig eher bereit sein würde, Warnungen zu beachten. In sein Logbuch schrieb er: «Der Kapitän der *Viarsa* scheint sich selbst einen Schrecken eingejagt zu haben.»

Die *Viarsa* fuhr am folgenden Tag weiter nach Norden, bis sie um 18.35 Uhr vollständig eisfreies Wasser erreicht hatte. In den vorausgegangenen dreiundzwanzig Stunden hatte sich das Schiff zweihundert Meilen von Antarktika entfernt. Trotz der niederen Breite blieb die Temperatur konstant. Es war so kalt, dass auf der Brücke der *Southern Supporter* die Wasserrohre zur Toilette eingefroren waren, sodass alle eine steile Treppe hinabsteigen mussten, um ein anderes Örtchen aufzusuchen. Codrington hockte eine Stunde lang auf den Knien und versuchte vergeblich, mit einem elektrischen Föhn die Rohre aufzutauen. Aus Sorge, es könnten weitere Probleme dieser Art auftauchen, schaltete der Maschinist die Pumpen ein, die frisches Wasser zwischen Tanks am Bug und am Heck des

Schiffs hin- und herpumpten, um durch die Bewegung ein Einfrieren zu verhindern.

Eines hatte sich allerdings geändert: Seit Beginn der Jagd kamen Wind und Wellen die ganze Zeit von vorne, doch nun drehte der Wind um 180 Grad, kam plötzlich von hinten und beschleunigte die Fahrt der Schiffe um etwa einen Knoten. Die achterliche See sorgte zudem für weit angenehmere Bedingungen an Bord. Duffy schlief so gut wie seit Verlassen des australischen Festlands nicht mehr. Doch die Zeit wurde knapp. Am 20. August befanden sich die Schiffe 1320 Meilen südsüdwestlich von Kapstadt. Die Chancen, dass ein Schiff mit einem bewaffneten Enterkommando von Südafrika kommen und die *Viarsa* einholen könne, bevor diese Montevideo erreichte, standen immer schlechter.

«Die glauben wahrscheinlich, sie seien entwischt, sobald sie am Kap vorbei sind», meinte Codrington.

«Ich bin fest entschlossen, sie zu schnappen», sagte Duffy, «und wenn wir ihnen bis in den Hafen von Montevideo folgen müssen.»

«Und was glaubst du, wie die uns dort empfangen würden?», fragte O'Dea halb schmunzelnd.

«Wir würden wahrscheinlich im Knast landen!»

Codrington wusste nicht, ob Duffy seine Bemerkung ernst meinte, und fühlte sich veranlasst, auf ein paar logistische Probleme hinzuweisen. «Wir haben keine Karten für Südamerika dabei. Und wir müssten uns an die Konventionen halten – wir müssten einen Lotsen an Bord nehmen. Wenn sie uns keinen zur Verfügung stellen, können wir nicht einfach so in Montevideo einlaufen.»

Duffy ließ sich nicht beirren. «Wir könnten uns dicht hinter die *Viarsa* hängen und ihr den Fluss rauf folgen.»

Am Morgen des 21. August drehte die *Viarsa* erneut nach Norden. Diese Kursänderung schien keinen Sinn zu ergeben, bis McCarthy auf den Radarschirm blickte: «Ich habe einen Kontakt zwölf Meilen westlich.»

«Ist es ein anderes Schiff?», fragte Duffy.

«Wahrscheinlich nicht. Es kommen nicht viele Schiffe so weit nach Süden. Ich weiß nicht, was es ist.»

«Wenn es ein anderes Schiff ist, dann ist es sicher da, um der *Viarsa* zu helfen», meinte Duffy.

Er fürchtete konkret, dass ein Schiff unterwegs sei, um die *Viarsa* aufzutanken, was er wahrscheinlich nicht verhindern konnte. Drei Jahre zuvor hatte die *Southern Supporter* einen anderen Seehechtpiraten, die *Lena,* zwei Wochen lang gejagt, bis das Schiff neu betankt wurde, während die Australier tatenlos zusehen mussten. Weil die Patrouille wusste, dass das Fangfahrzeug dadurch einen größeren Bewegungsradius erhielt, hatte sie die Verfolgung damals aufgegeben. Die *Southern Supporter* hätte zwar versuchen können, sich zwischen der *Viarsa* und dem anderen Schiff zu postieren, doch Duffy wusste, dass Codrington nichts tun würde, was sein Schiff in Gefahr brächte. Der einzige Trost bestand darin, dass das Auftanken fast einen ganzen Tag beanspruchen würde und dass die *Viarsa* dabei ihr Tempo erheblich drosseln oder sogar ganz aufstoppen musste – damit erhöhte sich die Chance, dass ein südafrikanisches Schiff genug Zeit hatte, um sie einzuholen.

All diese Überlegungen wurden jedoch Makulatur, als Duffy bemerkte, dass sich die *Viarsa* dem Echoimpuls nicht näherte, sondern sich davon entfernte. «Warum tun sie das?», fragte McCarthy. «Wenn das Ding kommt, um ihnen zu helfen, würde man doch meinen, dass sie …»

«Vielleicht sind die gar nicht wegen der *Viarsa* da. Vielleicht ist es ein anderes Fischereifahrzeug», mutmaßte Duffy.

«Oder vielleicht denken sie, es ist jemand, der *uns* zu Hilfe kommt», spekulierte McCarthy.

Kurz darauf löste sich das Rätsel. McCarthy erblickte die Spitze eines weißen vulkanähnlichen Kegels. «Ah, es ist ein Eisberg», sagte er. Als mehr von dem Ungetüm sichtbar wurde, schätzte Duffy seine Höhe auf gewaltige 180 Meter.

Innerhalb weniger Stunden war das Meer übersät von Eisbergen. Mindestens ein Dutzend waren sichtbar. Drei Größen ließen sich unterscheiden: ausgewachsene Eisberge, von denen einige fast zwei Kilometer lang waren; kleine «Eisberglein»; und schließlich Eisbrocken, die mitunter nur einen halben Meter aus dem Wasser ragten. Kleinere Eisberge bestehen aus Eis, das von einem großen Eisberg abgebrochen ist, oder es handelt sich um die Reste eines weitgehend geschmolzenen Eisbergs; man bezeichnet sie als *growlers* (*growl* engl. für «grollen»), weil ein grollendes Geräusch entsteht, wenn sie von Wasser überspült werden. Codrington machte sich vor allem Sorgen über diese *growlers*. Große Eisberge kann man gut sehen, während *growlers* schwer auszumachen sind, besonders bei Nacht. Eine Kollision mit jeder Art von festem Eis kann katastrophale Folgen haben. Wenn der Steven den Aufprall abfängt, muss das Schiff nicht zwangsläufig sinken, doch eine seitliche Berührung, wie sie der *Titanic* zum Verhängnis wurde, ist meist fatal.

Scott Webb wusste zwar, dass McCarthy ein erfahrener Eisnavigator war, doch fuhr das Schiff nicht unter normalen Bedingungen. Jeder umsichtige Seemann hätte die Fahrt verlangsamt, doch die *Viarsa* und mit ihr die *Southern Supporter* preschten mit annähernd Spitzengeschwindigkeit durch einen Hindernisparcours aus Eisbergen. Bei Nacht kam diese Fahrweise russischem Roulette gleich. Webb versuchte, die Gefahren zu verdrängen, doch es gelang ihm nicht – er musste ständig die Chancen und Risiken abwägen. Schließlich rechnete er aus, dass sie mit einer Wahrscheinlichkeit von eins zu drei in der Nacht auf einen *growler* prallten, der groß genug war, um das Schiff in Gefahr zu bringen. Sorge bereitete ihm auch die Lage seiner Kabine auf Höhe der Wasserlinie. Falls Eis den Rumpf aufriss, wäre er nicht in der Lage, gegen den Druck des Wassers die Tür zu öffnen. Und selbst wenn seine Kabine nicht überflutet wurde, konnte eine Kollision den Rumpf so weit verziehen, dass eine Flucht unmöglich wurde. Also ließ er seine Tür offen und legte seine Überlebensausrüstung parat.

Um 13.15 Uhr an jenem Donnerstag änderte die *Viarsa* plötzlich erneut den Kurs; sie drehte um einiges weiter nach Norden, als nötig gewesen wäre, um ihren Heimathafen zu erreichen. Ein Kurs von 290 Grad hätte direkt nach Montevideo geführt, doch die *Viarsa* steuerte nun 345 Grad. Diesmal war nichts auf dem Radar zu erkennen, was diese Kursänderung plausibel machte. Duffy konnte sich die Sache nur so erklären, dass dieser neue Kurs die *Viarsa* an jene Position im Atlantik bringen sollte, die der uruguayische Botschafter ursprünglich als angebliches Operationsgebiet des Schiffs angegeben hatte. Oder vielleicht versuchten die Piraten, in die Hoheitsgewässer eines anderen Landes zu gelangen, womit nach dem Seerecht die heiße Jagd beendet wäre. O'Dea gab über Funk eine weitere Warnung durch: «Selbst wenn Sie uns entkommen, werden Sie keinen sicheren Hafen erreichen. Ihr Fang wird beschlagnahmt werden. Es wird Ihnen nichts nützen, Ihr Schiff woanders zu registrieren oder seinen Namen zu ändern. Sein Profil ist bekannt. Und Sie als Kapitän werden nie wieder Arbeit bekommen.»

Kurz nach 20.00 Uhr an jenem Abend setzte sich O'Dea ans Funkgerät und befahl dem Kapitän der *Viarsa* erneut, aufzustoppen. Dutzende ähnlicher Funksprüche hatte Cabrera einfach ignoriert, doch auf diesen antwortete er: «Ich kann nicht. Wir haben ein Fax von der uruguayischen Marine erhalten; darin heißt es, unser Schiff steht unter Arrest der uruguayischen Regierung, und wir müssen direkt nach Montevideo fahren.»

«Heißt das, Sie wollen nach Montevideo zurückkehren und werden nicht meinen Anweisungen folgen?», fragte O'Dea.

«Ja, wir stehen unter Arrest der uruguayischen Regierung und müssen direkt nach Montevideo fahren.»

«Sie unterstehen unserer Gerichtsbarkeit, nicht der von Uruguay. Und Sie müssen unseren Anweisungen folgen.»

«Ich kann nicht! Wir befinden uns außerhalb von Hoheitsgewässern, und dies ist ein uruguayisches Schiff. Wir unterstehen uruguayischem Recht.»

Trotz der angeblichen Anweisung blieb die *Viarsa* weiterhin auf einem Kurs, der nicht direkt in ihren Heimathafen führte, sondern deutlich weiter nach Norden.

Am Freitag, den 22. August, kurz vor drei Uhr früh, entdeckte McCarthy auf dem Radar eine flache Eisformation. Sie lag fast unmittelbar vor der *Viarsa*. Er wollte schon eine Warnung funken, da drehte die *Viarsa* nach Steuerbord. McCarthy drehte nach Backbord, und so umfuhren die beiden Schiffe das Eis an verschiedenen Seiten.

Es war schwer auszumachen, was Cabrera im Schilde führte, doch die *Viarsa* fuhr erkennbar gefährlich nahe an dem Eis vorbei. Da man unmöglich wissen konnte, wie weit sich ein Eisberg unter Wasser ausdehnte, hielt McCarthy es für das Beste, der *Viarsa* fortan in einem Abstand von knapp vierhundert Metern direkt in ihrem Kielwasser zu folgen. «Ich will so nah wie möglich dranbleiben», erklärte er seinem Wachführer Arthur Staron, «dann wissen wir, dass wir in garantiert sicherem Wasser sind.»

McCarthy hielt Cabrera inzwischen für einen gerissenen alten Fuchs, der durchaus kalkulierte Risiken einging, aber keineswegs leichtsinnig und verwegen war. Immer wenn das andere Schiff sich in ernste Gefahr begab, wie gerade eben bei der knappen Umfahrung des Eises, vermutete McCarthy, dass Cabrera die Schiffsführung vorübergehend abgegeben hatte. Staron hegte einen anderen Verdacht. Der polnische Seemann, der vor dem Sturz des kommunistischen Regimes aus Polen geflohen und nach Australien ausgewandert war, verabscheute Cabrera inzwischen fast so sehr wie die kommunistischen Tyrannen, deretwegen er sein Heimatland verlassen hatte. Seiner Meinung nach scheute Cabrera vor nichts zurück. «Ich glaube, er legt es darauf an, dass wir mit einem Eisberg kollidieren», behauptete Staron. «Er wird in letzter Minute abdrehen und hofft, dass wir auf das Eis krachen und sinken.»

«Wir fahren viel zu schnell zwischen diesen Dingern, das schon, aber er legt es wohl kaum bewusst darauf an, dass wir mit einem Eisberg kollidieren», erwiderte McCarthy.

«Der würde alles tun», meinte Staron. «Der rennt um sein Leben.»

14. KAPITEL Kapstadt, Südafrika **14. August 2003**

Der Mistkerl!», rief Marcel Kroese in den Hörer. «Den jage ich schon seit zwei Jahren. Ich werde alles tun, was in meiner Macht steht, damit Sie ihn kriegen.»

John Davis, der Leiter der australischen Fischereifahndung, hatte seinen südafrikanischen Amtskollegen Kroese angerufen und über die Verfolgung der *Viarsa* unterrichtet. Kroese war bestens über das Schiff informiert. Im Dezember 2001 hatte ein französisches Marineschiff vor Marion Island, einem zu Südafrika gehörigen Flecken tausend Meilen südöstlich von Kapstadt, ein Langleinenschiff gesichtet, von dem man glaubte, es sei die *Viarsa*. Das Schiff, das keine Fanglizenz für das bekannte Seehechthabitat besaß, hatte offensichtlich gefischt; Angehörige der französischen Marine fotografierten Besatzungsmitglieder bei dem Versuch, eine Langleine einzuholen, um dann die Flucht zu ergreifen. Die Franzosen sicherten einiges Fanggerät, das am Ort zurückblieb, und nahmen die Verfolgung auf, während sich Kroese darum bemühte, ein südafrikanisches Kriegsschiff bereitzustellen, das die Sache übernehmen sollte. Als Kroese erfuhr, dass sämtliche Schiffe der kleinen Marine seines Landes entweder gerade repariert wurden oder bereits mit anderen Aufgaben betraut waren, riet er den Franzosen, die Jagd einzustellen.

Kroese hatte sich schon immer für Fische interessiert. In seiner Kindheit und Jugend fischte er an einem Strand nicht weit von seinem Elternhaus in Kapstadt; später studierte er Meeresbiologie.

Ursprünglich wollte er in der Forschung arbeiten – besonders fasziniert war er von Haien –, aber nachdem er erfahren hatte, dass Piraten den Schwertfisch in südafrikanischen Gewässern praktisch ausgerottet hatten, entschied er sich für die Fischereifahndung. Er hielt es inzwischen für wichtiger, Fische zu schützen, als sie zu studieren. Wie Davis war auch der 39-jährige Kroese besonders um den Seehecht besorgt. Von 1996 bis 1997 hatte eine Flotte von ungefähr zwanzig Piratenschiffen – seiner Meinung nach war auch die *Viarsa* darunter – so viel Seehecht aus den Gewässern um Marion Island geholt, dass die Fischart als «kommerziell ausgestorben» galt. Die Zahl der verbliebenen Exemplare war so gering, dass es sich für die Gesellschaften, die Fanglizenzen für den Schwarzen Seehecht besaßen, nicht mehr lohnte, das Gebiet zu befischen.

Davis fragte Kroese, ob Südafrika ein Schiff und möglicherweise ein Enterkommando bereitstellen würde, das die *Viarsa* im Auftrag Australiens aufbringen könne.

«Sie haben ja ziemlich verwegene Vorstellungen von internationalem Recht!», entgegnete Kroese.

Obwohl Kroese darauf erpicht war, Piratenschiffe – und besonders dieses – dingfest zu machen, war er verblüfft von der Idee, dass Südafrikaner für australische Fahndungsbeamte einspringen sollten. Die beiden Länder hatten keinerlei Abkommen über gemeinsame Operationen, und es versprach schwierig zu werden, lediglich aufgrund einer mündlichen Vereinbarung eine derartige Aktion durchzuführen. Doch letztendlich brachte es Kroese nicht über sich, die Gelegenheit, beim Aufbringen eines Piratenschiffs mitzuwirken, das fast zweifelsfrei die südafrikanische Seehechtfischerei geschädigt hatte, ungenutzt verstreichen zu lassen – also versprach er, ein Schiff aufzutreiben. Davis meinte, am besten wäre ein Kriegsschiff. Die australische Marine ließ mitteilen, sie könne einen Entertrupp bereitstellen, allerdings nur unter der Voraussetzung, dass die Männer auf einem südafrikanischen *Marine*schiff zur *Viarsa* befördert würden.

«Wenn unser Militär mit einem anderen Land zusammenarbeiten soll, dann nur mit dessen Streitkräften», erklärte Davis. «Die betreffenden Stellen sagen, es sei zu kompliziert, ihre Leute auf ein ziviles Schiff zu bringen, weil da die Befehlsketten und Hierarchien nicht eindeutig seien.»

Am Freitag, den 15. August, erfuhr Kroese, dass die beiden infrage kommenden Marineschiffe nicht verfügbar seien. Das eine war in der Werft, und das andere lag in Bereitschaft wegen politischer Instabilitäten in einem Nachbarland. Kroese hoffte jedoch, ein ziviles Schiff chartern zu können, und er wusste auch schon, welches: die *John Ross*, einen der schnellsten Hochseeschlepper der Welt. Das knapp 110 Meter lange Schiff, das in ruhiger See dreiundzwanzig und in grober See siebzehn Knoten machte, war in Bereitschaft, um Schiffen zu helfen, die während der notorisch stürmischen Jahreszeit bei Kapstadt in Schwierigkeiten gerieten. Am Montag, den 18. August, sprach Kroese in aller Früh mit einem Vertreter der betreffenden Reederei, der versprach, ein anderes Schiff aufzutreiben, das die Aufgabe der *John Ross* übernehmen würde, falls ein Notfall eintrat. Ging alles glatt, sollte der Schlepper gleich am Dienstag früh auslaufen können.

Das Schiff nützte jedoch nichts ohne bewaffnetes Enterkommando – und das australische Militär bestand weiterhin darauf, nur dann Leute bereitzustellen, wenn diese auf einem Marineschiff befördert wurden. Kroese ging davon aus, drei seiner Fischereiinspektoren für einen Entertrupp zusammentrommeln zu können, doch Davis hatte gesagt, er brauche mindestens zehn bewaffnete Männer. Also rief Kroese die Fidelity Springbok Security Services an, einen der größten privaten Sicherheitsdienste Südafrikas. Mit mehr als 13 000 Wachleuten sicherte und bewachte Fidelity alles, von Flughäfen und Bürogebäuden bis zu Einkaufszentren und Wohnhäusern.

«Ich habe ein etwas sonderbares Anliegen», gestand Kroese der leitenden Angestellten Nurinda Shaw. «Ich brauche morgen früh sechs bis acht von Ihren Leuten. Sie müssen bereit sein, für drei bis vier Wochen in See zu gehen und im Auftrag der australischen Regierung ein Schiff aufzubringen.»

«Wir haben nicht viel Erfahrung mit Sicherheitseinsätzen auf See», gestand Shaw. In Wahrheit fiel ihr nicht einmal ein einziges Beispiel ein, doch schließlich versprach sie: «Ich werde ein paar Anrufe machen und melde mich dann wieder.»

Bereits eine halbe Stunde später rief sie Kroese an und teilte ihm mit, ihre Firma könne für ungefähr 35 000 Dollar ein Enterkommando bereitstellen. Sie bat ihn, in ihr Büro zu kommen, um die Logistik zu besprechen. Kroese ging mit Mike Flanagan, einem australischen Fischereiinspektor, der zur Einsatzplanung nach Kapstadt gekommen war, zu Fidelity Springbok und legte die Einzelheiten dar. «Wir versuchen, ein illegales Fischereifahrzeug namens *Viarsa* zu stoppen», erklärte er. «Ihre Leute haben die Aufgabe, als Erste auf das Schiff zu gehen und die Besatzung in Schach zu halten, aber die Australier werden das Kommando führen. Die Sache könnte brenzlig werden, daher müssen die Leute bewaffnet sein.»

«Was brauchen sie noch?», wollte Shaw wissen.

Kroese las eine Liste vor, die er unterwegs schnell zusammengekritzelt hatte. «Wasserkälteschutzanzüge, Schlafsäcke, Proviant für zwanzig Tage und kugelsichere Westen. Und die Leute brauchen Pässe, und sie müssen ihre Waffen vom Zoll registrieren lassen. Und sie müssen morgen früh um sechs Uhr an Bord der *John Ross* sein.»

«Das ist eine ganze Menge, was Sie da verlangen!»

«Ich weiß, aber wir haben keine andere Wahl. Wenn wir noch länger warten, ist es zu spät.»

Nach der Besprechung rief Shaw bei Dawie Malan an, dem einzigen Springbok-Angestellten, von dem sie wusste, dass er etwas mit dem Meer zu tun hatte. Malan, ein stattlicher vierzigjähriger Afrikaander, besaß ein Boot und war begeisterter Fischer. Er arbeitete seit mehr als zwanzig Jahren für private Sicherheitsdienste und leitete inzwischen das Team von Fidelity Springbok, das für die Sicherheit auf dem internationalen Flughafen von Kapstadt verantwortlich war. Er galt als gute Führungskraft und war bei seinen Kollegen sehr beliebt. Dies hielt Shaw nicht zuletzt deswegen für wichtig, weil sie fürchtete, es werde schwer werden, überhaupt jemanden für einen derart sonderbaren Einsatz zu gewinnen. Immerhin sollten die Männer Hals über Kopf zu einer langen und gefährlichen Operation aufbrechen, für die sie nicht ausgebildet waren.

Malan sagte sofort zu. Er wiederum rief Karel van Niekerk an, einen 53-jährigen Afrikaander, der den Sicherheitsdienst einer Bank im Zentrum von Kapstadt leitete. Ein paar Jahre zuvor waren Malan und van Niekerk beinahe ums Leben gekommen, als sie mit Malans Boot auf offenem Meer fischten und kenterten. Das Boot lief voll Wasser, sank jedoch nicht, aber der Motor funktionierte nicht mehr. Keiner der beiden trug eine Schwimmweste. Das Funkgerät und ihre Handys waren verloren gegangen. Sie konnten nichts weiter tun als sich an das havarierte Boot klammern, das immer weiter vom Ufer wegtrieb. Zeitweise glaubten beide, dass sie umkommen würden, und als sie nach sieben Stunden endlich gerettet wurden, hatten sie ein lebenslanges Band der Freundschaft geschmiedet.

«Du musst mitkommen!», redete Malan seinem Kumpel am Telefon zu. «Das wird wieder ein großes Abenteuer für uns werden.»

«Klar, das würde ich mir nicht entgehen lassen.»

Im Grunde waren alle, die Malan anrief, sofort begeistert. Besonders eifrig dabei war der 27-jährige Christo Loots, ein athletischer Afrikaander, der an jenem Morgen in den Radionachrichten von der Verfolgungsjagd gehört hatte. «Natürlich mache ich mit! Ich gehe mit, egal was passiert. Ich *muss* einfach dabei sein!» Shaw kam es ein bisschen so vor, als gäb's für ein paar Jungs die Gelegenheit, die Schule zu schwänzen und sich im Vergnügungspark zu amüsieren. Kroese hatte ähnlichen Erfolg, als er verschiedene Fischereibeamte anrief. Er beauftragte den 55-jährigen Harry Watts, der normalerweise Schiffe inspizierte, die in Küstengewässern Seehecht und Makrelen fingen, das Kommando über sämtliche Südafrikaner zu übernehmen.

Die gesamte neunköpfige Truppe traf sich am Montag, den 18. August, um 15.30 Uhr im Innenministerium. Keiner der Männer besaß einen Pass, aber einige Beamte erklärten sich bereit, Überstunden zu machen und die Dokumente auszustellen. Inzwischen fuhren Shaw und ihre Kollegin Lynda Lotze zu einem großen Einkaufszentrum und beluden mehrere Einkaufswagen mit Schlechtwetterausrüstung, Rucksäcken, Schlafsäcken, Kondensmilch, Kaffee, Müsliriegeln und was ihnen sonst noch brauchbar erschien für dieses sonderbare Unternehmen.

«Wir haben ein Enterkommando», teilte Kroese am frühen Abend Duffys Chef Keith Johnson telefonisch mit. «Drei Fischereioffiziere und sechs ‹vereidigte Fischereioffiziere›.»

«Was meinen Sie mit ‹vereidigte Fischereioffiziere›?»

«Private Wachleute, die im Gebrauch von Schusswaffen ausgebildet sind.»

Als Soldat betrachtete Johnson den Einsatz privater Sicherheitsleute mit größter Skepsis. Der Australier hielt Südafrika für einen quasi rechtsfreien Staat, in dem Schießereien an der Tagesordnung waren, und malte sich eine Bande draufgängerischer Revolverhelden aus, die eine ganz andere Einstellung hätten als die Australier, denen bei ihrer Ausbildung zum Sicherheitsbeamten in der Regel eingeschärft wird, ihre Waffen nur zur Selbstverteidigung einzusetzen. «Wenn einer dieser Typen jemanden abknallt, während er in australischem Auftrag handelt, kriegen wir alle tierisch Ärger», sagte Johnson mit Nachdruck.

Dies ist kein Spiel unter Ehrenmännern, dachte Kroese insgeheim. Die Kerle werden nicht sagen, Bitte sehr, kommen Sie doch an Bord. Laut fragte er: «Wissen Sie, was für ein bedeutender Industriezweig private Sicherheitsdienste hierzulande sind? Diese Männer sind ausgebildet. Sie waren alle beim Militär, und ihr Leben hing davon ab, dass sie wussten, wann sie abdrücken müssen. Ein gewisses Risiko lässt sich nicht vermeiden.»

Da Johnson keine andere Wahl hatte, sagte er: «Wie dem auch sei, Steve Duffy wird das Kommando führen. Die Leute müssen seinen Anweisungen Folge leisten, und er wird entscheiden, wann sie ihre Waffen einsetzen.»

«Das ist okay. Sie werden tun, was Sie von ihnen verlangen, solange Sie ihnen das Recht einräumen, im Fall der Notwehr Schusswaffen einzusetzen, um ihr Leben zu retten. Mehr wollen wir nicht.»

«Einverstanden.»

Nach dem Telefongespräch starrte Johnson durch sein Fenster auf die monotonen Bürobauten von Canberra und dachte über die Tragweite dessen nach, was er gerade vereinbart hatte und was für ein Debakel daraus erwachsen konnte. Er hatte gerade einem Haufen ausländischer Wachleute, die noch nie auf See gewesen waren, die Genehmigung erteilt, während einer hochriskanten Operation im Auftrag Australiens tödliche Gewalt anzuwenden. Es war so leicht, sich vorzustellen, was alles schief gehen konnte, dass er an nichts anderes mehr zu denken vermochte.

Jemand konnte über Bord gehen und in dem eiskalten Wasser erfrieren, oder es konnte jemand erschossen werden. Falls jemand ums Leben kam, drohte eine parlamentarische Untersuchung. Köpfe würden rollen, und einer der ersten war wahrscheinlich sein eigener. Um sich einigermaßen abzusichern, verfasste Johnson eine geheime Operationsnotiz, in der er die Enteraktion und die für den Einsatz vorgesehenen Leute beschrieb. Das Dokument adressierte er an eine Reihe von Ministerien. «Es sei angemerkt, dass die Aktion naturgemäß gefährlich ist», schrieb Johnson. «Es ist durchaus mit Opfern zu rechnen.» Die Notiz wurde verschlüsselt und über eine sichere Leitung ins Parliament House geschickt, wo sie dechiffriert und an die Minister weitergeleitet wurde. Frühere Memos ähnlicher Art, die Johnson geschickt hatte, waren umgehend von den Ministern abgezeichnet und in Kopie zurückgeschickt worden.

Dieses Protokoll blieb jedoch unsigniert. Die Minister waren zwar darauf erpicht, die Piraten zu fassen, doch anscheinend wollte keiner seinen Namen mit einem derart riskanten Plan in Verbindung bringen.

Am Dienstag, den 19. August, verließ Kroese lange vor Tagesanbruch sein Haus fünfundzwanzig Meilen nördlich von Kapstadt und machte sich auf den Weg ins Büro. Das Wetter war grässlich. Es regnete heftig, und in den Nachrichten war von Schneefall in den Bergen die Rede. Kroeses erster Gedanke galt der *John Ross*. Falls aufgrund des Wetters in der Nähe von Kapstadt ein Schiff in Schwierigkeiten geriet, hatte sich der Eigner des Schleppers das Recht vorbehalten, dessen Abfahrt zu verschieben. Kroeses Befürchtung wurde kurz darauf bestätigt. Als er die Küstenstraße entlangfuhr, sah er Lichter an einer Stelle, an der eigentlich keine sein durften. Der Anker des riesigen Containerfrachters *Sealand Explorer* hatte nicht gehalten – das Schiff war abgetrieben und saß außerhalb des Hafens von Kapstadt vor einem Strand auf Grund – mit einer Ladung, zu der auch eine große Menge unangereichertes Uran gehörte.

Nachdem Kroese in seinem Büro eingetroffen war, von wo aus er das auf Grund gelaufene Schiff sehen konnte, rief er Flanagan in dessen Hotel an und teilte ihm mit: «Wir haben ein großes Problem. Die *John Ross* muss eine andere Sache übernehmen. Wir haben hier ein Containerschiff, das an einem geschützten Strand festsitzt und eine riesige Gefahr für die Umwelt darstellt.» Kroese und Flanagan einigten sich darauf, dass der Entertrupp trotzdem an Bord der *John Ross* gehen solle, bevor diese im Laufe des Vormittags auslief, damit der Schlepper sofort zur *Viarsa* weiterfahren konnte, sobald der Einsatz im Hafen beendet war. Eine Stunde später fuhren Flanagan und das Team aus südafrikanischen Fischereibeamten und Wachleuten in einem Kleinbus nach Simons Town, einem Hafen nördlich von Kapstadt, wo der Schlepper bereitlag. Auf der Fahrt durch den Regen sprach kaum jemand ein Wort. Flanagan fand, die Gruppe habe etwas Furchteinflößendes; die kräftigen Männer schienen zu wissen, wie man sich durchsetzt. Andererseits entsprachen sie mit ihrer kunterbunten Kleidung aus Regenmänteln, Jeans und Gummistiefeln kaum dem Bild des disziplinierten Vollzugsbeamten. Sie sahen eher aus wie Rausschmeißer eines Nachtclubs.

Worauf haben wir uns da bloß eingelassen, fragte sich Flanagan insgeheim.

Das Schiff legte ab, kurz nachdem die Männer eingetroffen waren. Der Sturm, der das Containerschiff an den Strand getrieben hatte, blies immer noch mit voller Kraft. Auf den Wellen tanzten weiße Schaumkronen. Der über hundert Meter lange Schlepper sah zwar stark und stabil aus, doch der Eindruck täuschte. Mit seinem flachen Unterwasserschiff war er ziemlich topplastig und schlingerte so heftig, dass Christo Loots schon kurz nach dem Auslaufen seekrank war. Etlichen anderen ging es bald genauso. Keiner konnte etwas essen. Bei Flanagan und den meisten Wachleuten regten sich erste Zweifel. Nachdem das Schiff in die Table Bay eingelaufen war, wo das Wasser sehr viel ruhiger war, fuhr man zu dem Containerschiff und brachte Stahltrossen über. Dann versuchte der Schlepper fast den ganzen Tag, den Havaristen vom Strand zu ziehen, doch der rührte sich nicht vom Fleck – stattdessen brachen die Trossen. Schließlich gab die *John Ross* auf und machte sich auf den Weg, um sich die *Viarsa* vorzunehmen.

Die Fahrt war schrecklich. Das Enterkommando hatte Kabinen im vorderen und damit instabilsten Teil des Schiffs zugewiesen bekommen. Bei den neun Meter hohen Wellen konnte keiner ein Auge zutun. Als das Schiff von einer größeren Welle herabstürzte, krachte Karel van Niekerks Koje auf den darunterliegenden Harry Watts herab. Watts schlief nicht; er lag mit geschlossenen Augen da, und der Lärm um ihn herum war so überwältigend, dass er nicht einmal mitbekam, wie die Koje über ihm zu Bruch ging, bis sie ihn unter sich begrub.

Christo Loots hatte sich noch nie so elend gefühlt. Nachdem er fast den ganzen Tag in seiner Kabine gehockt hatte, wagte er sich am späten Nachmittag in den Fernsehraum, wo er es aber nicht lange aushielt. Über den Bildschirm flimmerte *The Perfect Storm – Der Sturm*. Da Loots fürchtete, von der filmischen Turbulenz könne ihm erneut schlecht werden, zog er sich vorsichtshalber wieder in seine Koje zurück. Karel van Niekerk wurde nicht seekrank, aber das Schiff schaukelte so heftig, dass jede Fortbewegung an Bord unmöglich war. Wie Loots lag er fast die ganze Zeit auf seiner Koje. Keiner aß etwas. Bei Flanagan regte sich eine neue Sorge: Werden diese Burschen überhaupt noch zu irgendetwas fähig sein, wenn wir vor Ort sind?

15. KAPITEL

Südatlantik **22. August 2003**

Der Freitagmorgen brachte eine Überraschung. Die *Viarsa* trug plötzlich gut lesbar einen Namen. Anscheinend hatten die Besatzungsmitglieder irgendwann in der Nacht Lettern auf das Heck und die Seiten des Schiffs gemalt – wahrscheinlich mit Hilfe von Schablonen, denn die Namenszüge sahen makellos aus. Mittlerweile erstreckte sich die Jagd über fünfzehn Tage und dreitausend Meilen, da aber Cabrera immer noch zwei Wochen von seinem Heimathafen entfernt war, ließ sich schwer erklären, weshalb er gerade jetzt beschlossen hatte, den Schiffsnamen kenntlich zu machen. Vielleicht, so vermutete Duffy, nutzte er bloß die achterliche See und das relativ ruhige Wetter.

«*Viarsa*», meldete er sich über Funk, «ich möchte gern vom Kapitän wissen, weshalb er sein Schiff mit einem Namen gekennzeichnet hat, der vorher nicht da war.»

«Dies ist die *Viarsa*. Wir mussten den Schriftzug vor Wind und Wellen schützen. Jetzt, wo wir zurück in den Hafen fahren, wollte ich die Farbe auffrischen.»

Duffy musste über die Absurdität dieser Erklärung lachen. Dann sagte er: «Das glaube ich Ihnen nicht. Bitte nennen Sie mir den wahren Grund.»

Darauf kam keine Antwort.

«Ich habe zwei gute Nachrichten für Sie», teilte Keith Johnson am nächsten Morgen um vier Uhr früh Duffy mit. Inzwischen war Samstag, der 23. August. «Wir haben uns die Dienste eines Hochseeschleppers namens *John Ross* gesichert. Es ist einer der größten Bergungsschlepper der Welt, und er ist unterwegs zu Ihnen, mit Mike Flanagan und neun Sicherheitsleuten an Bord – drei Fischereischutzinspektoren und sechs Männern, die für eine private Sicherheitsfirma arbeiten.»

«Genau was wir brauchen!», sagte Duffy.

«Die *John Ross* schafft eine Spitzengeschwindigkeit von mehr als zwanzig Knoten», fügte Johnson hinzu. «Sie sollte am 25. gegen Mitternacht bei Ihnen sein. Aber das ist noch nicht alles. Ein weiteres Schiff – die *Dorada,* ein britisches Fischereipatrouillenschiff von den Falklandinseln – ist ebenfalls unterwegs und sollte etwa zur selben Zeit an Ihrer Position eintreffen.»

«Das sind wirklich großartige Neuigkeiten!»

«Ich sollte Ihnen noch sagen, dass wir über die privaten Wachleute so gut wie nichts wissen.» Nachdem Johnson erläutert hatte, wie es überhaupt zum Engagement der Männer gekommen war, fragte er Duffy: «Was halten Sie davon?»

«Habe ich eine andere Wahl? Wir müssen uns damit abfinden.»

Johnson fügte hinzu, dass er noch einiges über den Kapitän der *Viarsa* in Erfahrung gebracht habe; der Mann arbeite seit etlichen Jahren für den Eigner der *Viarsa,* habe zwei Kinder und stehe wahrscheinlich ein oder zwei Jahre vor der Pensionierung. «Er möchte, dass ihn die Firma versorgt, wenn er in den Ruhestand geht», sagte Johnson zu Duffy. «Also wird er wahrscheinlich alles versuchen, um zu entkommen.»

Als Duffy gleich darauf O'Dea und Webb über das nahende Schiff informierte, fragte O'Dea: «Wissen wir irgendetwas über diese ‹Sicherheitsleute›?»

«Eigentlich nicht. In Südafrika kann ‹privater Sicherheitsdienst› alles Mögliche bedeuten. Aber etwas anderes kriegen wir nicht –

und die Zeit wird knapp. Wir müssen vor dem 28. entern, sonst sind wir zu weitab, um es nach Kapstadt zurück zu schaffen. Ich möchte, dass ihr einen detaillierten Plan für den Zugriff ausarbeitet. Wir werden es mit Schiffen aus drei Staaten zu tun haben, mit diversen Waffen und mit einer Kombination aus Regierungsbeamten und privaten Wachleuten, von denen einige Erfahrung mit dem Entern von Schiffen haben und einige nicht. Und noch etwas: Von jetzt an bis zum Zugriff auf die *Viarsa* muss Mike Flanagan oder einer von euch ständig im Kontrollraum sein, denn es können jederzeit Funksprüche von den Schiffen, aus Canberra oder aus Südafrika eingehen.»

«Das halte ich nicht für sinnvoll», entgegnete O'Dea. «Wir müssen so schnell wie möglich alle drei Fischereiinspektoren an Bord bringen und umgehend mit der Beweissicherung beginnen.»

«Das geht nicht», erklärte Duffy. «Ich brauche auf der *Southern Supporter* einen australischen Beamten in koordinierender Funktion, der Canberra auf dem Laufenden halten kann.»

Webb war wütend. Er akzeptierte zwar, dass Duffy das Kommando über die Logistik des Enterns übernahm, doch in der darauffolgenden Phase – der Beweissicherung – sollte sich Duffy seiner Meinung nach den Fischereibeamten fügen. Wenn während der Enteraktion ein australischer Beamter auf der *Southern Supporter* bleiben musste, dann sollte dies Duffy sein, fand Webb. «Jedes Beweisstück muss etikettiert, nummeriert, katalogisiert und gesichert werden», erklärte er. «Wir müssen jedes Indiz lückenlos dokumentieren können, von der Sicherung bis zur Vorlage bei Gericht. Falls irgendetwas schief geht, könnte das den Prozess vereiteln. Und wir sind diejenigen, die wissen, wie das geht.»

Duffy ließ sich nicht umstimmen. Er war der Meinung, er würde seiner Aufgabe nicht gerecht werden können, wenn er nicht selbst dem Enterkommando angehörte. «Ich weiß, Beweissicherung ist nicht mein Fachgebiet», räumte er ein, «aber wir drei haben die Sache angefangen, und wir drei müssen sie auch zu Ende bringen.»

Als Webb Einwände erheben wollte, wehrte Duffy ab: «Nein, tut mir leid.»

Während sich Duffy und Webb über die Planung der Enteraktion stritten, beobachtete McCarthy eine zunehmende Konzentration an Eisbergen. Jeder sah anders aus. Die größten hatten flache Oberkanten und steile, fast vertikale Seitenwände. Sie erinnerten an umgestürzte Hochhäuser. Und einige waren tatsächlich umgekippt. Wenn der untere Teil eines Eisbergs schneller schmilzt als der obere, wird das ganze Gebilde zunehmend instabil und stellt sich schließlich hochkant. Manche Eisberge – teils mit zahlreichen Spitzen – ragten steil auf wie Gebirge.

Am gefährlichsten waren die unsichtbaren Formationen. «Wenn das Eis über dem Wasser schneller schmilzt als das unter Wasser», erklärte McCarthy, «bilden sich Vorsprünge», die wie Rammböcke zig Meter über den scheinbaren Rand des Eisbergs hinausragen können. Er erläuterte auch, weshalb einige Eisberge, besonders die Tafelberge, wunderschöne blaue Bänder aufwiesen. «Eis, das blau aussieht, hat mindestens zwei Sommer überstanden und einiges von seinem Salzgehalt verloren. Wenn Eis altert, verdichtet es sich und bricht das Licht anders.»

Kurz nach vier Uhr drehte die *Viarsa* plötzlich nach Backbord. Sekunden später sichtete McCarthy direkt vor den Schiffen einen riesigen *growler,* der auf dem Radar nicht zu sehen gewesen war. McCarthy schaltete den Autopiloten aus und drehte die *Southern Supporter* mit dem Steuerknüppel scharf nach Steuerbord. Keines der beiden Schiffe rammte das Eis, doch anschließend rief McCarthy Duffy auf die Brücke und sagte: «Es wird bald Nacht, und ich mache mir Sorgen über die vielen Eisberge und *growlers.* Ich denke, Sie sollten die *Viarsa* auffordern, nach Norden zu drehen, damit wir möglichst aus dem Eis herauskommen.»

Duffy griff sofort zum Funkgerät. «*Viarsa,* hier spricht Zollinspektor Duffy. Hören Sie mich?»

Sekunden später antwortete Cabrera. «Ja, hier ist der Kapitän.»

«Guten Tag, Herr Kapitän. Ich weiß, dass Sie die Eisberge und das gefährliche Eis bemerkt haben. Ich bin besorgt um die Sicherheit unserer Schiffe und unserer Besatzungen. Meine größte Sorge ist, dass wir über Nacht Eis rammen könnten.»

«Ja, ich habe die Eisberge bemerkt. Wir kommen zurecht. Wir kommen mit den Eisbergen zurecht. Ich werde meinen derzeitigen Kurs beibehalten. Es ist Ihre Entscheidung. Sie können nach Norden drehen, aber ich bleibe auf meinem Kurs.»

«Haben Sie bemerkt, dass Sie knapp davor waren, den Eisbrocken zu rammen?»

Nachdem Cabrera nicht mehr antwortete, ging Duffy in seine Kabine und machte einen neuen Eintrag in sein Logbuch: «Die Vernünftigkeit des Kapitäns der *Viarsa* steht inzwischen definitiv in Zweifel. Er geht ständig erhebliche Risiken ein, zeigt sich uneinsichtig und nimmt keinerlei Rücksicht auf das Wohlergehen seiner Besatzung.» In den restlichen Abendstunden ging Duffy in Gedanken die Enteraktion durch und entwarf am Laptop einen Einsatzplan; er teilte die Operation in einzelne Schritte ein und überlegte, was alles schief gehen könnte. Etliche Komplikationen waren zu berücksichtigen: Da in jedes der beiden Verfolgungsboote neben dem Bootsführer nur fünf Leute passten, war der erste Entertrupp zwangsläufig auf zehn Mann begrenzt – wahrscheinlich nicht genug, falls es zu einer gewaltsamen Konfrontation kam. Außerdem durften während der Enteraktion nur Duffy und die australischen Fischereibeamten die Verfolgungsboote führen, sodass nur ein einziger Australier mit dem ersten Trupp auf das Schiff gehen konnte, da Duffy entschieden hatte, dass einer der australischen Beamten auf der *Southern Supporter* bleiben solle.

Duffy fragte sich, ob es nach australischem Recht überhaupt zulässig war, ein ausländisches Schiff mit einem Enterkommando aus sieben bewaffneten Südafrikanern und einem unbewaffneten Australier zu betreten. Und wie viele Australier und Südafrikaner wären erforderlich, um nach dem Entern die *Viarsa* und deren Besatzung rund um die Uhr zu bewachen? Sollten die Fischer der Reihe nach auf die *Southern Supporter* gebracht werden? Wie viel Proviant sollte auf die *Viarsa* geschafft werden?

Am Sonntag, den 24. August, hatte die *Southern Supporter* die *Viarsa* fast viertausend Meilen weit gejagt. Duffy meinte, dies sei die längste Verfolgungsjagd in der neueren Geschichte der Seefahrt.

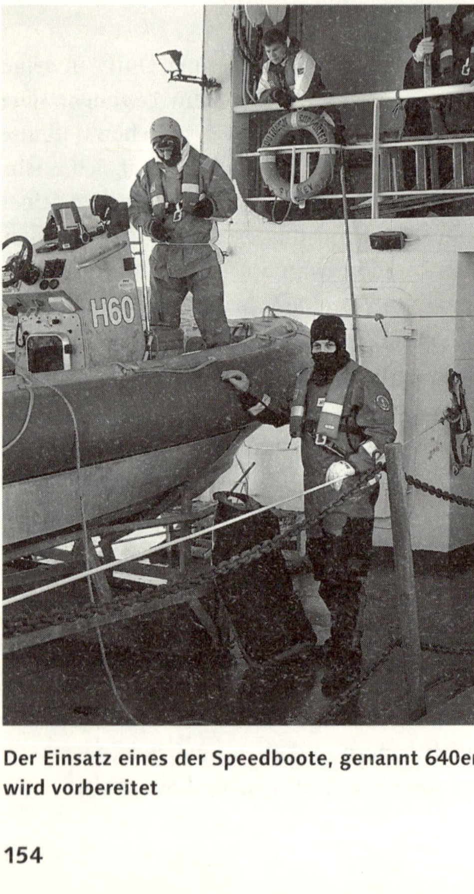

Der Einsatz eines der Speedboote, genannt 640er, wird vorbereitet

Bemerkenswert war, dass die Besatzung der *Southern Supporter* kein anderes Schiff gesichtet hatte, seit sie vierunddreißig Tage zuvor in Fremantle ausgelaufen war. Die Schiffe waren so weitab von jeglicher Zivilisation, dass sie nicht einmal ein Flugzeug am Himmel gesehen hatten. Inzwischen berichteten jedoch die Medien ausführlich über die Jagd. BBC World Service brachte fast täglich neueste Meldungen. Duffy erhielt per Fax einige der Zeitungsartikel, die er in der Messe aushängte. Einiges in den Berichten war übertrieben – einmal hieß es, das Schiff sei in knapp dreißig Meter hohe Wellen geraten –, doch die Crew war angenehm überrascht angesichts der großen Aufmerksamkeit. Seeleute hatten sich schon oft und nicht zu Unrecht darüber beklagt, dass Vorfälle auf See selten für bemerkenswert erachtet werden: Während die Zeitungen über so ziemlich jedes Flugzeugunglück berichten, selbst wenn es um kleine Maschinen geht und niemand ums Leben kommt, finden die vielen Schiffe, die alljährlich sinken, kaum Erwähnung.

Die beiden Kontrahenten waren immer noch von einem Meer von Eisbergen umgeben – Wind und Seegang wurden im Laufe des Tages zunehmend stärker. Ungeachtet der Tatsache, dass das Zusammentreffen von Turbulenzen und Eis seine Tücken barg, lief die *Viarsa* mit knapp zehn Knoten weiter. Einer der Eisberge, die die Schiffe passierten, war so groß wie mehrere Fußballstadien zusammen. Nach Duffys Schätzung war er fast vier Kilometer lang und an die zweihundert Meter hoch. Codrington meinte, sie hätten in den vergangenen vierundzwanzig Stunden mehr als fünfhundert ausgewachsene Eisberge passiert. Auf dem Radarschirm, der alle größeren Objekte in einem Radius von vierundzwanzig Meilen anzeigte, waren so viele Punkte sichtbar, dass es unmöglich war, sie während einer einzigen Drehung des Abtaststrahls alle zu zählen. Daher schlug McCarthy vor, vier Leute sollten gleichzeitig zählen, jeder in einem Quadranten. Sie kamen auf insgesamt zweiundsiebzig.

Trotz des Unbehagens angesichts der eisigen Hindernisse, machte sich an Bord der *Southern Supporter* immer mehr Optimismus breit. Nach Wochen der Unsicherheit, der nagenden Zweifel und der Befürchtung, die endlose Mission könnte scheitern, schien ein positives Ergebnis wahrscheinlich, seit die *John Ross* von Kapstadt ausgelaufen war. Andererseits war allen klar, dass die *Viarsa* nicht kampflos aufgeben würde.

Am Montag, den 25. August, bemerkte die Crew der *Southern Supporter* in aller Früh, dass die Fischer an Bord der *Viarsa* versucht hatten, ein neues Hindernis aufzubauen; ein ganzes Netz von Leinen überspannte ihr Schiff. Eine reichte über die gesamte Länge, vom Bug über den vorderen und den hinteren Mast bis zum Heck. An dieser Leine waren in Abständen von ungefähr drei Metern Seile befestigt, die wiederum an der Reling rings um das Schiff festgemacht waren. Das Netz, das offensichtlich in der Nacht angebracht worden war, bestand zwar aus Fangleinen, doch Duffy meinte, sie dienten wohl weniger dazu, etwas zu fangen, als vielmehr dazu, etwas abzuwehren. Die Leinen sollten verhindern, dass ein Hubschrauber versuchte, auf dem Schiff zu landen. Bei seiner Stationierung im Persischen Golf während des ersten Irakkriegs hatte Duffy Schiffe gesehen, auf denen man ebenso verfahren war.

Duffy griff zum Funkgerät und sagte: «*Viarsa, Viarsa.* Ich habe bemerkt, dass Sie Takelwerk über Ihr Schiff gespannt haben. Können Sie mir sagen, weshalb?»

«Die Leinen sollen den Mast sichern», erwiderte Cabrera ohne jede Spur von Ironie. «Er war etwas lose und drohte zu brechen.»

Duffy und O'Dea sahen einander belustigt an. Dann meldete sich Duffy mit spöttischem Ernst über Funk: «Herr Kapitän, ich bin besorgt. Wollen Sie damit sagen, dass Ihr Mast herunterfallen könnte?»

«Ja, das wäre möglich.»

Mit offenkundigem Sarkasmus sagte O'Dea darauf: «Tja, das ist dann ja ein wirklich glänzendes Beispiel von Seemannschaft.»

Als Duffy am frühen Nachmittag in Canberra anrief, unterrichtete er Johnson über die Leinen auf der *Viarsa*. Johnson teilte ihm mit, dass ein südafrikanisches Fischereipatrouillenschiff namens *Agulhas* mit einem Hubschrauber an Bord inzwischen ebenfalls auf die Schiffe zusteuerte, um die Enteraktion zu unterstützen. «In Südafrika gab es offenbar ein Nachrichtenleck», fügte er hinzu. «Ein Beamter hat die Presse über die *Agulhas* informiert. Eine uruguayische Zeitung schnappte die Meldung auf, und ich wette, dass dort irgendjemand herausbekommen hat, dass die *Agulhas* einen Hubschrauber mitführt.»

Duffy war zwar erfreut zu erfahren, dass ein drittes Schiff zu Hilfe kam, aber die See war zu rau für einen Zugriff mitten auf dem Ozean. Der Wind blies mit dreißig bis vierzig Knoten von Südwesten. «Ich glaube, am Dienstag sieht die Sache besser aus», sagte Duffy zu Johnson. «Bis dahin hat uns die *John Ross* erreicht, aber die *Dorada* wird noch nicht auf dem Plan sein.»

«Ich werde Sie nicht zurückhalten, aber wenn es irgendwie möglich ist, sollte die *Dorada* bei der Enteraktion dabei sein. Damit ließe sich ein wirksames Exempel für die Entschlossenheit der Völkergemeinschaft statuieren.»

«Ich weiß. Ich würde es ungern ohne sie machen, aber ich weiß nicht, wie viele Gelegenheiten sich noch bieten werden.»

«Ich verstehe. Sie sind der Mann vor Ort. Wenn Sie zugreifen müssen, dann greifen Sie zu.»

Anschließend rief Duffy per Satellitentelefon den Kapitän der *John Ross* an. «Hören Sie», sagte er, «ich weiß noch nicht, wie wir vorgehen werden, weil die *Dorada* immer noch zwölf bis fünfzehn Stunden entfernt ist. Aber ich möchte Sie bitten, ungefähr dreißig Meilen nördlich von uns zu bleiben und auf einem parallelen Kurs zu laufen, damit die *Viarsa* nicht weiß, dass Sie da sind.»

«In Ordnung», erwiderte der Kapitän. «Bitte halten Sie uns über Ihre Position, Ihren Kurs und Ihre Geschwindigkeit auf dem Laufenden.»

Kurz darauf schickte Duffy ein Telex an die *Dorada*. «Gelegenheit für eine Enteraktion bietet sich möglicherweise am Dienstag, und Ihre Gegenwart wäre von Nutzen. Wenn Sie Tempo zulegen könnten, wären wir dankbar.» Die *Dorada* gab daraufhin ihre Position, ihren Kurs und ihre Geschwindigkeit durch und schätzte, frühestens am Dienstag um 16.00 Uhr bei der *Southern Supporter* sein zu können.

In Canberra fuhr Keith Johnson an jenem Montag kurz nach 15.00 Uhr von seinem Büro zum Parliament House, um einige der ranghöchsten Vertreter der australischen Regierung zu unterrichten – Verteidigungsminister Robert Hill, Justizminister Chris Ellison, den für das Fischereiwesen zuständigen Minister Ian Macdonald und Generalmajor Ken Gillespie, den ranghöchsten Offizier der Armee, sowie etliche andere Funktionäre, die sich in einem großen holzgetäfelten Konferenzraum um einen ovalen Tisch versammelt hatten.

Johnson beschrieb zunächst die Schiffe, die den Piraten aufbringen wollten, unterstrich dabei aber vor allem die Risiken, die er bereits in seinem noch immer nicht abgezeichneten Einsatzplan dargelegt hatte. Beeinflusst durch seinen jahrelangen Dienst beim Militär, sprach Johnson über die Operation wie über eine Schlacht und richtete seine Ausführungen vor allem an Hill und Gillespie, die ihm direkt gegenübersaßen. «Wir haben das erste Zwischenziel erreicht», erklärte er. «Wir verfügen über die nötige Übermacht. Aber nun kommen wir zu der eigentlichen Aufgabe, und die birgt etliche Gefahren. Der Pirat wird nur geentert, wenn der Einsatzleiter an Land bezüglich der Lage vor Ort keine Bedenken hat; zu berücksichtigen sind dabei Informationen über den Kapitän der *Viarsa*, über das Wetter und über die Tüchtigkeit der Coltschwinger.»

Macdonald stellte die interessanteste Frage: «Wer sind die ‹Coltschwinger›?»

Johnson wandte sich an den Fischereiminister und erklärte ganz offen: «Das Enterkommando besteht nicht aus Armeeangehörigen.

Ich kenne die Leute nicht und weiß nur sehr wenig über sie. Sie waren noch nie zusammen im Einsatz und sind außerhalb ihres normalen Arbeitsumfelds tätig. Es handelt sich im Grunde um private Wachleute, die an Land wahrscheinlich ganz gute Arbeit leisten, aber auf See unerprobt sind.»

«Haben wir einen Vertrag mit ihnen?», fragte Macdonald.

«Nein, sie sind ausgelaufen, bevor wir einen aufsetzen konnten.»

Um sein Anliegen so klar wie möglich darzulegen, wandte sich Johnson wieder an Gillespie und Hill und sagte: «Meine Herren, Sie müssen eines verstehen – wenn wir grünes Licht geben, könnte einiges schief gehen. Es könnte Verluste geben.»

Als Duffy am Dienstagmorgen, den 26. August, auf die Brücke trat, war das Wetter, gemessen an den normalen Verhältnissen im Südpolarmeer, ungewöhnlich ruhig. Der Wind war auf zwanzig Knoten abgeflaut, und die Dünung erschien geradezu sanft. Die *John Ross* war ein paar Stunden zuvor auf Position gegangen. «Das Wetter bessert sich weiter», meldete Duffy deren Kapitän, «also sieht es ganz so aus, als sei heute der große Tag. Bitte kommen Sie mit Höchstgeschwindigkeit auf unsere Position herüber. Wenn Sie ungefähr zweihundert Meter querab von uns sind, holen wir das Enterkommando von Ihrem Schiff zu uns an Bord.»

Kurz vor 11.00 Uhr sah Codrington die Decksaufbauten der *John Ross* am Horizont auftauchen. Cabrera, der den großen Schlepper ebenfalls gesichtet hatte, meldete sich über Funk: «Schiff nördlich von mir, hier ist die *Viarsa*. Bitte identifizieren Sie sich.» Doch diesmal war es Cabrera, der mit Stillschweigen bestraft wurde, denn Duffy hatte den Kapitän der *John Ross* gebeten, jegliche Meldungen der *Viarsa* zu ignorieren. Als die *John Ross* näher kam, konnte Cabrera deren Namen durch ein Fernglas erkennen; er gab einen weiteren Funkspruch durch. Cabrera klang nervös: «*John Ross*, *John Ross*, *John Ross*, hier ist die *Viarsa*. Was haben Sie vor?»

Gegen Mittag wurde mit einem Kran auf dem Achterschiff der

Southern Supporter das erste der beiden offenen Speedboote von Deck gehoben und zu Wasser gelassen; damit sollten Flanagan und ein Teil der Südafrikaner von der *John Ross* herübergeholt werden. Das leistungsstarke Aluminiumboot, das aufgrund seiner Länge von 6,4 Metern als 640er bezeichnet wurde, verfügte über zwei 90-PS-Außenbordmotoren, mit denen es eine Spitzengeschwindigkeit von vierzig Knoten erreichte. Es war jedoch nicht für grobe See geeignet, denn sein Freibord – der Abstand zwischen der Wasserlinie und der Oberkante des Rumpfs – war so niedrig, dass Wellen über den Rand schlagen konnten. Und das ruhige Wetter war vorbei. Der Wind hatte auf vierzig Knoten aufgefrischt und wehte stark böig. Die Wellen brachen sich zwar nicht, aber es lief eine fast acht Meter hohe Dünung.

Webb wollte unbedingt loslegen, bevor das Wetter sich weiter verschlechterte; er stieg in eines der 640er und fuhr zu dem südafrikanischen Schiff. Er wusste, dass es nicht leicht sein würde, die Leute überzusetzen. Dieser Eindruck verstärkte sich noch, als er sich der *John Ross* näherte, die parallel zur *Southern Supporter* fuhr, und die gewaltigen Bewegungen des Schleppers bemerkte. Es schien unmöglich, das kleine Boot für längere Zeit neben dem großen Schiff zu halten. Während das 640er wie ein Korken auf den Wogen tanzte, bewegte sich der Schlepper aufgrund seines größeren Gewichts in einem anderen, langsameren Rhythmus auf und ab. Die Zyklen schienen fast vollkommen konträr zu verlaufen: Wenn die *John Ross* hochschoss, sackte das 640er in die Tiefe; in solchen Momenten lag zwischen den Decks ein Abstand von sechs Metern. Schlimmer noch, wenn die *John Ross* abwärts ging, erzeugte sie eine Welle, die das 640er wegdrückte.

Es war nicht leicht, sich vorzustellen, wie man Männer von dem Schiff auf das Boot herüberholen sollte. Bei der *John Ross* verlief, wie bei den meisten Schleppern, entlang des ganzen Rumpfs ein breiter Fenderwulst, der es bedingte, dass die Strickleiter, über die die Südafrikaner herabsteigen sollten, nicht flach am Rumpf anliegen konnte. Stattdessen baumelten die Sprossen – und damit auch die Leute – frei über dem Wasser. Die Männer mussten genau dann loslassen, wenn es Webb gelang, das Boot für einen Moment direkt unter ihnen zu halten. Die Bewegungen des Schiffes, des Bootes und der Wellen führten zu massiven Unwägbarkeiten. Falsches Timing würde zwangsläufig mit Verletzungen quittiert; schlimmer noch wäre es, wenn ein Mann über Bord ginge. In dem eisigen Wasser konnte man kaum länger als ein paar Minuten überleben.

Das südafrikanische Enterkommando wird von dem Schlepper *John Ross* auf die *Southern Supporter* herübergeholt

Während Webb zu den Südafrikanern hinaufsah, die vom Deck der *John Ross* herabstarrten, und das mickrige Fallreep erblickte, das an der Seite herabhing, konnte er sich lebhaft vorstellen, was alles schief gehen mochte. Wenn das Boot von einer Welle zu nahe an den Schlepper gedrückt würde, konnte dessen ausladender Gummifender direkt auf das Süll schlagen und es unter Wasser drücken oder die Leute im Boot zerquetschen. Das 640er war zwar unsinkbar – im Boot befanden sich genug Auftriebskörper, um den Rumpf über Wasser zu halten, selbst wenn er bis zum Rand voll gelaufen war –, aber es konnte kentern. (Im Heck befand sich ein System zum Aufrichten des Bootes mittels eines Gaszylinders, von dem Webb jedoch nichts wusste.) Und zu allem Übel näherte sich eine Sturmfront. Eine dunkle, fast schwarze Wolkenwand zog rasch heran, und der Wind wurde stärker.

Das zweite 640er wurde von Allan Brownlie gesteuert. Ihm gelang es, sein Boot vor Webb an das Fallreep zu manövrieren, doch als er dicht neben dem Schlepper war, entdeckte er ein Problem: Die Bugwelle, die der Koloss durch seine Vorwärtsfahrt erzeugte, reichte seitlich bis unter die Strickleiter und machte es fast unmöglich, das Boot neben dem Schlepper zu halten.

Die Südafrikaner waren noch besorgter als die Männer, die gekommen waren, um sie abzuholen. Das 640er schien aus ihrer Warte zu klein, um überhaupt in solch turbulenten Gewässern zu operieren. Es war nicht viel größer als das Fischerboot, in dem Dawie Malan und Karel van Niekerk einst gekentert waren, und es tanzte in alle Richtungen – auf und ab und hin und her. Man konnte meinen, die Wellen folgten einem bestimmten Rhythmus – nach drei großen Wellen kamen mehrere kleinere –, doch indem die Männer diese Bewegungsmuster studierten, konnten sie sich immer weniger vorstellen, wie sie auf das kleine Boot hinuntergelangen sollten.

Harry Watts versammelte seine Leute an Deck und gab ihnen einige Tipps: «Das Wichtigste ist das Timing. Ihr müsst die Wellen beobachten, aber auch schauen, wo das Boot ist. Der Mann am Ruder kann die Wellen nicht kontrollieren – es ist für ihn schon schwer genug, sein Boot zu beherrschen. Gibt's irgendwelche Fragen?» Die Männer hörten offensichtlich aufmerksam zu, aber da keiner etwas sagte, fuhr Watts fort: «Wenn wir unten an der Leiter angekommen sind, müssen wir springen. Und zwar schnell. Wenn ihr unten an der Leiter steht, könnte euch die Dünung wegspülen. Also entscheidet euch für den richtigen Augenblick und springt. Und haltet euch gut an der Leiter fest. Wenn ihr im Wasser landet, habt ihr nur drei oder vier Minuten, bis die Unterkühlung einsetzt.»

Christo Loots vertraut in erster Linie auf seine Uzi

Christo Loots erbot sich, als Erster zu gehen. Er wollte nicht den Helden spielen, sondern die Sache so schnell wie möglich hinter sich bringen. Er trug eine zu große Winterjacke und hatte einen Plastiksack mit seinen Kleidern dabei. Über die Schulter hatte er eine Maschinenpistole vom Typ Uzi geschnallt. Als er halb unten war, hielt er inne und schaute auf das Boot hinab. Brownlie dachte, der Südafrikaner versuche, sein Manövriergeschick abzuschätzen. Oder vielleicht suchte er nach ein wenig Ermutigung. Einer der australischen Soldaten – auf der *Southern Supporter* zuständig für die Radarortung – stand mit ausgebreiteten Armen am Bug des Bootes, um zu signalisieren, dass er Loots auffangen werde, doch der ließ nicht los.

Da Brownlie seine Position nicht halten konnte, winkte er Loots ab und fuhr einen engen, holperigen Wendekreis. Als sich das Boot erneut unter Loots befand, ließ der sich sofort fallen. Das Timing war perfekt; der Abstand zwischen Loots und dem Boot hatte nur einen knappen halben Meter betragen, und er landete, ohne sich zu verletzen.

Malan ging als Nächster, gefolgt von van Niekerk, Flanagan und Antoney Roberts, einem stämmigen Afrikaander, der normalerweise als Abteilungsleiter in der Zentrale von Fidelity arbeitete. Roberts verpasste den richtigen Moment. Er fiel fast vier Meter tief, kam unglücklich auf und schlug sich das Bein an und verstauchte sich den Fuß. Sobald er einen Platz zum Sitzen gefunden hatte, steuerte Brownlie das Boot von der *John Ross* weg und gab ordentlich Gas, wobei er versuchte zu vermeiden, dass die Leute im Boot vom Spritzwasser völlig durchnässt würden. Weil die *John Ross* während des Übersetzens die Fahrt verlangsamt hatte, war die *Southern Supporter* nun ungefähr fünf Meilen voraus.

Brownlie musste direkt gegen die Wellen laufen, um die *Southern Supporter* einzuholen. Jede einzelne war eine Herausforderung: Kurz bevor sie den höchsten Punkt erreichten, musste er das Gas zurücknehmen, damit das Boot nicht über den Kamm hinwegschoss und mit voller Wucht in das nächste Wellental krachte. Alle bekamen es mit, wenn er einmal nicht genau den richtigen Zeitpunkt abpasste: die Schrauben tauchten aus dem Wasser und kreischten schrill auf, wenn das Boot nach vorn über den Wellenkamm kippte, bevor Sekunden später der Bug ins Wasser krachte und alle Mann mit eiskaltem Wasser bespritzte.

Auch Brownlie hatte die schwarze Wolke bemerkt, die sich unaufhaltsam näherte. Er wollte ihr entkommen, war aber nicht annähernd schnell genug. Die Wolke glich einer Schneemaschine – sie warf Massen dichter weißer Flocken ab, sodass er bald weder die *John Ross* noch die *Southern Supporter* mehr sehen konnte. Da er keinen Kompass hatte, war er vollkommen orientierungslos. Schlimmer noch, er fürchtete, sein Funkgerät sei ausgefallen.

«Ich kann überhaupt nichts sehen», brüllte er in den Sender. Als keine Antwort kam, rief er, sodass alle im Boot es hören konnten: «Ich glaube, der Captain hat sich verpisst und uns hier sitzen lassen!»

Die Südafrikaner froren. Sie trugen Regenjacken und hatten ihre Kapuzen übergezogen, doch die Sachen waren viel zu dünn, um sie vor Kälte und Nässe zu schützen. Loots stellte sich vor, wie es wäre, unter solchen Bedingungen die *Viarsa* zu entern: für die Fischer wäre es ein Kinderspiel, die angelegten Leitern ins Wasser zu stoßen.

Webb, der das zweite 640er steuerte, war sauer – zum einen, weil Brownlie vor ihm losgefahren war, und zum anderen, weil er die *Southern Supporter* nicht sehen konnte. Nachdem die übrigen Südafrikaner auf sein Boot gestiegen waren, wollte er wenigstens Sichtkontakt zu einem der Schiffe halten und lief deswegen einen parallelen Kurs zum Schlepper. Er fror wie ein Hund. Er trug einen teuren Trockentauchanzug, doch seine Stiefel standen voll Wasser. Da er überzeugt war, dass es seinen Passagieren noch wesentlich schlechter ging, blickte er über die Schulter nach hinten und fragte: «Alles okay?» Zwei der Männer lächelten und hielten die Daumen hoch, was allerdings ein bisschen gekünstelt aussah, wie Webb fand. Die anderen schienen verängstigt zu sein. Sie hatten allen Grund dazu. Das Boot fuhr gegen einen stechenden Wind und riesige Wellen an, die *Southern Supporter* war vermutlich etliche Meilen entfernt, und Webb hatte nur eine vage Vorstellung davon, wie er zu ihr hinkam.

«*Southern Supporter,* hier ist Scott Webb», rief er in das Mikrophon seines Funkgeräts. «Ich brauche eine Peilung. Ich kann Sie nicht sehen!»

16. KAPITEL Bridgehampton, New York 6. August 2003

Am selben Tag, an dem die *Southern Supporter* die *Viarsa* entdeckte, begann noch eine andere Fahndungsaktion im Zusammenhang mit Schwarzem Seehecht – in diesem Fall allerdings lag der Ort der Handlung auf der nördlichen Hemisphäre und hätte, verglichen mit Heard Island, nicht unterschiedlicher sein können. An jenem herrlichen Sommermorgen fuhr ein Konvoi aus fünf Fahrzeugen, in denen vier amerikanische Bundesbeamte und vier örtliche Polizeibeamte saßen, auf einer gewundenen Straße, die gesäumt war von Millionärsvillen, durch den kleinen Ort Bridgehampton im Osten von Long Island hinunter zum Strand. Kurz vor sechs Uhr erreichten sie die Dune Road, eine besonders reizvolle Seitenstraße, die den schmalen sandigen Streifen durchschneidet, der den Atlantik von der Mecox Bay trennt. Sämtliche Häuser liegen entweder am Ozean oder an der Bucht, und von den meisten genießt man einen Blick auf beide. Die Beamten bogen in eine private Einfahrt, passierten ein großes Tor und ein gepflegtes Putting Green mit einem außergewöhnlich tiefen Sandbunker und hielten vor einem weitläufigen cremefarbenen Haus mit apartem rotem Ziegeldach.

Als die Beamten ausstiegen, war die Morgenluft bereits recht warm. Vögel zwitscherten, und sanfte Wellen plätscherten an den nahen Strand. Die Staatsdiener gingen die Stufen zu dem breiten Eingangsportal hinauf. Durch ein Fenster sah man in ein geräumiges Wohnzimmer mit himmelblauen Sofas, Skulpturen und Gemälden. Die Kunst war größtenteils modern, doch auch etliche traditionelle Seestücke schmückten die Wände. Flügeltüren an der anderen Seite des Raums führten auf eine Terrasse, von der man über Binsen auf eine weite Marsch blickte, hinter der sich die Mecox Bay erstreckte. Die Bucht war ursprünglich und unberührt und wirkte noch schöner als der Ozean, der sich auf der Vorderseite des Hauses, jenseits des Putting Greens, dem Blick öffnete.

Rochelle Bengis, eine attraktive, sonnengebräunte Frau mit brünettem Haar und strahlend blauen Augen, hatte die Wagen, darunter ein als solches gekennzeichnetes Polizeifahrzeug, durch ein Fenster im oberen Stock kommen sehen, bevor sie die Türklingel hörte. Ihr Herz klopfte. Sie war nicht eigentlich überrascht, wollte oder konnte sich aber trotzdem nicht mit dem Gedanken abfinden, dass ihr Mann verhaftet werden solle. Zu dem Schrecken gesellte sich Empörung. Sie wusste, dass die Firma ihres Mannes, einst das größte private Fischereiunternehmen Südafrikas, dort gegen Gesetze verstoßen hatte, doch ihrer Meinung nach durften Straftaten, die an einem solch fernen Ort begangen worden waren, dem amerikanischen Rechtssystem herzlich egal sein.

Als sie die Tür öffnete, fragte Chris Musto, ein Beamter der National Oceanic and Atmospheric Administration (NOAA) und zuständig für die Überwachung der Bundesfischereigesetze: «Wo ist Mr. Arnold Bengis?»

«Oben.»

Fünf Beamte stürmten die geschwungene Treppe hinauf, zwei weitere durchsuchten die unteren Räume. Der Beamte, der bei Rochelle blieb, war höflich, ja sogar freundlich, ließ aber nicht zu, dass sie ihren 34-jährigen Stiefsohn David anrief, der im Unternehmen seines Vaters tätig war, und er ließ sie nicht einmal auf eine Toilette verschwinden, ohne sich zuvor überzeugt zu haben, dass dort kein Telefon installiert war.

Musto, der seit fast zwei Jahren gegen Bengis ermittelt hatte, traf in der oberen Diele auf den bärtigen 67-Jährigen, der lediglich Boxershorts trug. Mit dem breiten Akzent seiner südafrikanischen Heimat bemerkte Bengis: «Sie müssen Musto sein.»

Musto war zwar verblüfft darüber, dass Bengis seinen Namen kannte, aber er erwiderte nüchtern: «Das bin ich – und Sie sind verhaftet.»

Nachdem Bengis über seine Rechte in Kenntnis gesetzt worden war, durfte er sich rasieren und anziehen. Musto packte derweil einen Laptop und Papiere von Bengis' Schreibtisch in eine große Kiste. Kurz darauf war Bengis auf dem Weg zu einem Gericht in Manhattan – er wurde beschuldigt, eines der größten Fischschmuggel-Netzwerke in der amerikanischen Geschichte geknüpft zu haben. Das Gericht brachte gegen Bengis und vier weitere Männer, einer davon sein Sohn, einundzwanzig Anklagepunkte vor: Unter anderem ging es um «das Schmieden eines ausgeklügelten Komplotts» zur Einfuhr riesiger Mengen illegal gefangenen Schwarzen Seehechts von Südafrika in die Vereinigten Staaten. Bengis wurde weiter beschuldigt, den Behörden in den Vereinigten Staaten und in Südafrika gefälschte Dokumente vorgelegt zu haben, um «den Import von illegal gefangenem Schwarzem Seehecht in die Vereinigten Staaten zu vertuschen». Ferner wurde ihm vorgeworfen, große Mengen illegal gefangener Langusten geschmuggelt zu haben.

Bengis erschien jedoch nicht sonderlich besorgt, während er nach Manhattan gefahren wurde. Einmal meinte er: «Niemand wird einen alten Mann einlochen.» Musto zog es vor, nicht über die Einzelheiten des Verfahrens zu reden, doch Bengis versuchte, ihm Informationen zu entlocken. Er wollte wissen, welche Beweise der Staatsanwaltschaft vorlägen, welche konkreten Anklagepunkte man gegen ihn vorzubringen gedenke und mit welchen Strafen er zu rechnen habe. Als ihm Musto erklärte, dass jeder der einundzwanzig Anklagepunkte für eine Haftstrafe von fünf Jahren und eine Geldstrafe von einer Viertelmillion Dollar gut sei, bemerkte Bengis in schnodderigem Ton, so als habe er nichts mit alldem zu tun: «Mann, das ist 'ne Menge Zeit und 'ne Menge Geld!»

Musto war keineswegs erstaunt über die unerschrockene Art des Mannes. Er wusste, dass Bengis' Unternehmen seit Jahren südafrikanische Gesetze missachtete und dass zeitweilig vierzehn der fünfzehn Fischereiinspektoren in Kapstadt auf seiner Bestechungsliste standen. Als einer seiner dortigen Geschäftspartner Bengis hinsichtlich des Risikos befragte, die ganze Sache könne auffliegen, soll er geantwortet haben: «Keine Sorge, ich habe Geld zum Schmieren.»

Was Musto allerdings überraschte, war die Tatsache, dass Bengis über die amerikanischen Ermittlungen informiert war. Von den Dutzenden Verdächtigen, die Musto bislang hatte abführen lassen, hatte ihn keiner mit Namen angesprochen. Nun, im Wagen, versetzte ihm Bengis einen weiteren Schlag, als er fragte: «Wie war Ihre Reise nach Südafrika?» Bevor Musto antworten konnte, fügte Bengis hinzu: «Ich hoffe, Sie hatten ein nettes Hotel.»

«Woher wissen Sie, dass ich dort war?»

«Sie sind erst letzte Woche zurückgekehrt, nicht wahr?» Da Musto nichts erwiderte, fügte Bengis hinzu: «Kapstadt ist ein kleines Kaff. Sie haben mit vielen Leuten geredet, und einige von denen reden auch mit mir.»

Musto war erstaunt über Bengis' Dreistigkeit. Gleichzeitig wusste er, dass dessen Skepsis hinsichtlich der Reichweite des Rechtssystems weitgehend gerechtfertigt war. Es kamen zwar Unmengen illegal gefangener Seehechte in die Vereinigten Staaten, doch bislang war keiner der Drahtzieher gefasst und belangt worden.

Bengis, der Sohn eines südafrikanischen Zahnarztes, war intelligent, ein treuer Familienvater und trotz gelegentlicher Unbeherrschtheit durchaus kultiviert. Nachdem er an der Universität von Kapstadt sein Betriebswirtschaftsstudium mit Auszeichnung absolviert hatte, arbeitete er für verschiedene Fischereiunternehmen als Buchhalter, bis er 1964 die Hout Bay Fishing Industries kaufte, damals eine kleine Firma, die um ihre Existenz kämpfte. Bengis war zu jener

Zeit erst achtundzwanzig, doch unter seiner Leitung expandierte das Unternehmen stetig, besonders in den 1970er Jahren, als er anfing, in großen Mengen Langusten für den Export in die Vereinigten Staaten fangen zu lassen.

Die Verhängung von Wirtschaftssanktionen gegen das südafrikanische Apartheidsregime durch die amerikanische Regierung in den 1980er Jahren hätte Bengis' Unternehmen schwer treffen können, doch er entwickelte eine einfache, aber wirksame Methode, um das Gesetz zu umgehen: Die gefangenen Langusten wurden für den Transport in die Vereinigten Staaten von den Fischdampfern direkt auf Frachtschiffe umgeladen, die nicht in Südafrika, sondern in anderen Ländern registriert waren und die auch keine südafrikanischen Häfen anliefen. Die Ladungen berührten also nie südafrikanischen Boden und wurden nie von den dortigen Beamten inspiziert. Und selbst wenn die südafrikanischen Behörden wussten, was vor sich ging, hätten sie wohl nichts unternommen, um die amerikanischen Sanktionen durchzusetzen. «Die südafrikanische Regierung kümmerte sich nicht darum, sie hielt nichts von den Sanktionen, und Arnie behauptete einfach, die Krebse stammten von irgendwo in Südamerika», erklärte der Eigentümer eines großen internationalen Fischereiunternehmens, der Bengis kannte. «Jeder in der Branche wusste, was er tat. Erstaunlich war nur, dass es nicht mehr Leute gab, die es ihm nachmachten.» Musto und andere Ermittler mutmaßten später, dass Bengis' Erfolg beim Umgehen der amerikanischen Sanktionen ihm den Weg für seinen lukrativen Seehechtschmuggel geebnet hatte.

Die amerikanischen Anklagevertreter konnten zwar nicht genau ermitteln, wie viel Geld Bengis mit dem Fischschmuggel verdiente, doch musste es sich um eine beträchtliche Summe gehandelt haben. Zwischen 1999 und 2001 überwies Bengis' in New York ansässige Firma Icebrand Seafoods 56 Millionen Dollar auf Bankkonten in Übersee, wie Musto den beschlagnahmten Dokumenten entnehmen konnte. Bengis führte Konten in Südafrika, Großbritannien und anderen Ländern mit strengem Bankgeheimnis – in der Schweiz, auf den Jersey-Inseln und in Gibraltar. Allein im Jahre 2002 wurden auf sein schweizerisches Konto dreizehn Millionen Dollar eingezahlt. Seine privaten Vermögenswerte waren größtenteils in Trusts angelegt – außerhalb der USA. Einer seiner Anwälte sagte später aus, einer dieser Trusts werde mit mehr als fünfundzwanzig Millionen Dollar bewertet. Das Haus in Bridgehampton war etliche Millionen Dollar wert. Außerdem besaß Bengis an der Upper West Side von Manhattan eine Wohnung im 41. Stock eines Hochhauses mit weitem Blick über den Central Park sowie ein Wohnhaus in dem exklusiven Kapstadter Viertel Four Beaches.

Bengis reiste durch die ganze Welt und wurde ein großzügiger Philanthrop. Einer Schule in Kapstadt stiftete er so viel Geld, dass man aus lauter Dankbarkeit einen Kricketplatz nach seiner Familie benannte. Über eine halbe Million Dollar stiftete er der israelischen Ben-Gurion-Universität, die ihn in ihren Verwaltungsrat berief und ihm ob seiner «Verdienste um die Natur- und Geisteswissenschaften» einen Ehrendoktortitel verlieh.

Wie Antonio Pérez stieg auch Bengis bereits in das Seehechtgeschäft ein, als es sich noch auf die Küstengewässer vor Südamerika konzentrierte. Seine Bemühungen waren nicht immer erfolgreich. Im Jahre 1998 brach eines der Fangschiffe der Firma Hout Bay, die *Arctic Fox*, eine Fahrt nach vierzig Tagen ab; man feuerte kurzerhand die gesamte chilenische Besatzung und setzte sie in Punta Arenas, ebenjenem chilenischen Hafen, von dem Pérez zu seiner ersten Seehechtexpedition aufbrach, an Land.

Bengis entwickelte eine höchst raffinierte Methode, um Schwarzen Seehecht in die Vereinigten Staaten zu schmuggeln: Große Teile der Fracht wurden in dem namibischen Hafen Walfischbai gelöscht, wo auch schon Pérez drei Ladungen Seehecht gelandet hatte. Es war ein idealer Anlegeplatz für Piraten. Wäre der Fisch in Südafrika abgeladen worden, wären die Inspektoren, die dort die kommerziellen Fischereifahrzeuge abfertigten, wahrscheinlich dahintergekommen, dass Hout Bay nicht die nötigen Lizenzen besaß, um Seehecht zu fangen, zu verarbeiten und zu exportieren. Walfischbai verfügte über eine ausgezeichnete Infrastruktur, doch die Überwachungskapazitäten waren extrem begrenzt. Jahrelang war ein einziger Inspektor dafür verantwortlich, sämtliche Fischerboote und Fischdampfer zu kontrollieren, die den Hafen anliefen. Folglich wurden all jene, die nachts kamen, meist gar nicht inspiziert.

Von Walfischbai wurde der Seehecht per Lastwagen zum Lagerhaus von Hout Bay in Kapstadt transportiert. Die Laster mussten einen Kontrollpunkt an der Grenze zwischen Namibia und Südafrika passieren, doch die dort tätigen Beamten waren kaum vertraut mit den Komplexitäten der südafrikanischen Fischereigesetze, und sie konnten selten eine Fischart von der anderen unterscheiden. Sobald die Fische in dem Lager eintrafen, wurden sie in Kisten mit der Aufschrift «Icebrand Seafoods» gepackt und in Kühlcontainer verladen. Diese fuhr man in den nur zehn Minuten entfernten Containerhafen von Kapstadt, wo sie auf Schiffe mit Ziel Amerika geladen wurden. Hout Bay erhielt für jeden der Container eine Exportgenehmigung – das Problem, dass die Firma gar nicht mit Seehecht handeln durfte, umging sie, indem sie die Fracht als Thunfisch oder Seeteufel oder bisweilen lediglich als «Tiefkühlfisch» deklarierte. Zwischen dem Abtransport aus dem Lager und der Verlaschung auf dem Schiff wurden die Container nicht mehr inspiziert.

Nachdem das Schiff Südafrika verlassen hatte, übertrug Hout Bay das Eigentumsrecht am Inhalt der Container auf eine Scheinfirma namens Black Eagle Shipping. Wenn Bengis' Angestellte in New York eine Einfuhrgenehmigung beantragten, legten sie eine genaue Beschreibung der transportierten Fische vor. Falls ein amerikanischer Zollbeamter zufällig einen Container kontrollierte, hegte er kaum den Verdacht, dass der Fischtransport illegal war. Amerikanische Zollbeamte sind schließlich weniger darauf erpicht, die Einhaltung der Gesetze anderer Länder sicherzustellen, als vielmehr dafür zu sorgen, dass die Importeure die fälligen amerikanischen Zölle entrichten, und Ladungen zu beschlagnahmen, die offenkundig illegal sind. Und im Gegensatz zu Drogen und anderen verbotenen Artikeln ist der Besitz von Seehecht an sich nicht gesetzwidrig; entscheidend ist vielmehr, wo und von wem der Fisch gefangen wurde – und das lässt sich selbst mit der sorgfältigsten Inspektion nicht ermitteln. Das jedenfalls behauptete David Bengis, als er 1999 von einem Reporter des *Atlanta Journal and Constitution* interviewt wurde: «Bei illegal gefangenem Fisch lässt sich unmöglich verfolgen, woher er stammt und wohin er geht.»

Sobald die Seehechte in den Vereinigten Staaten angekommen waren, machten sich die Angestellten in der New Yorker Zentrale von Icebrand Seafoods in der West 57th Street – zufälligerweise nur wenige Blocks von Rick Moonens Restaurant entfernt – auf die Suche nach geeigneten Käufern. Der größte Teil der Ware wurde über Telefon an Großhändler verkauft, von denen einige Niederlassungen am Fulton Fish Market hatten und die ihrerseits Restaurants und Supermärkte belieferten.

Ende der 1990er Jahre war die Nachfrage nach Schwarzem Seehecht so groß, dass die eigentliche Arbeit weniger darin bestand, Käufer zu finden, als vielmehr Bestellungen aufzunehmen. Einen Teil der Verkäufe wickelte eine Sekretärin von Icebrand Seafoods ab. Für die Firma waren ferner zwei angesehene Fischhändler im Mittleren Westen tätig – einer mit Sitz in Detroit und einer in Milwaukee –, die Großkunden in der gesamten Region bedienten. Der Detroiter Händler belieferte viele der größten Hotels und Casinos in Las Vegas, in denen der Fisch ein regelrechter Renner geworden war. Was nicht en gros wegging, wurde per Lastwagen nach Maine geschafft, wo Sohn David Bengis einen Verarbeitungsbetrieb leitete, der die Aufgabe hatte, die Seehechte zunächst in Filets zu zerlegen und diese dann an Supermarktketten entlang der amerikanischen Ostküste zu verkaufen.

Nichts von alledem erregte die Aufmerksamkeit der Fahndungsbeamten. Die Behörden wurden erst hellhörig, als Michelle Kuruc, eine Anwältin der National Oceanic and Atmospheric Administration, am 1. Juni 2001 eine E-Mail von einem ranghohen südafrikanischen Fischereibeamten erhielt, der vier Tage zuvor vom Seehechtschmuggel der Firma Hout Bay erfahren hatte. Südafrikanische Inspektoren hatten einen Tipp bekommen und einen Container untersucht, der im Lagerhaus von Hout Bay für den Transport fertig gemacht wurde. In ihrem Antrag auf eine Exportgenehmigung hatte die Firma angegeben, der Container enthalte 3600 Pfund Hummer – von Seehecht war nicht die Rede. Die südafrikanischen Beamten stellten fest, dass in dem Container in Wahrheit 38 000 Pfund Hummer und 4000 Pfund Seehecht verstaut waren. Sie beschlagnahmten den Container sowie diverse Dokumente, aus denen hervorging, dass ein weiterer Container mit Seehecht an Bord eines Schiffs namens *Lobivia* bereits nach New York unterwegs war – darum die E-Mail an Kuruc.

Nachdem die *Lobivia* im Hafen von Newark festgemacht hatte, wurde der Hout-Bay-Container mit einem Portalkran von Bord gehoben, auf einen Laster geladen und in ein abgeriegeltes Depot gebracht, in dem Zollbeamte verdächtige Ladungen untersuchten. Chris Musto und etliche andere Vertreter von NOAA und Zoll waren zugegen, um das Siegel an den beiden Stahltüren des Containers zu brechen. Gegenüber den südafrikanischen Behörden hatte Hout Bay angegeben, der Container enthalte Thunfisch und Seeteufel. Laut Antrag von Black Eagle auf eine Einfuhrgenehmigung enthielt er Seehecht und Hummer. Die Inspektion bestätigte, dass tatsächlich Hummer und Seehecht in dem Container waren.

Da sowohl Südafrika wie die Vereinigten Staaten zu den Unterzeichnern der multinationalen Konvention zum Schutz des Meereslebens in der Antarktis gehören, hätte in beiden Ländern ein «Fangdokument» vorgelegt werden müssen, in dem bescheinigt wurde, aus welchem Fanggebiet die Fische stammten. In Südafrika hatte Hout Bay ein solches Dokument jedoch nicht eingereicht. Und nach Mustos Meinung war das Fangdokument, das den amerikanischen Behörden unterbreitet wurde, eindeutig rechtswidrig, weil die darin angegebene Menge nicht mit der Menge auf dem Antrag für eine Einfuhrgenehmigung übereinstimmte – eine Diskrepanz, die bis dahin unbemerkt geblieben war.

Musto war überzeugt, dass Bengis' Firma in zweifacher Hinsicht gegen amerikanisches Recht verstoßen hatte: erstens, indem sie ein betrügerisches Fangdokument vorlegte; und zweitens, indem sie das Lacey-Gesetz missachtete, wonach es verboten ist, freilebende Tiere in die Vereinigten Staaten einzuführen, die unter Verletzung ausländischer Schutzbestimmungen gefangen beziehungsweise transportiert wurden. Hout Bay hatte südafrikanische Gesetze übertreten, indem Seehecht ohne die erforderliche Genehmigung transportiert wurde. Und nach dem Lacey-Gesetz hatte das Unternehmen auch amerikanisches Recht verletzt. Das Lacey-Gesetz soll dem starken Einfluss entgegenwirken, mit dem die amerikanische Wirtschaft den illegalen Fang diverser Arten freilebender Tiere vorantreibt – es ist eine geeignete Waffe, um die globalen Akteure zu verfolgen, die hinter dem illegalen Seehechthandel stehen.

Die Zollbeamten wollten sich nicht in die Karten schauen lassen und teilten der Firma Icebrand lediglich mit, die Ladung könne wegen unklarer Papiere nicht freigegeben werden. Inzwischen brach eine Gruppe südafrikanischer Ermittler – drei Staatsanwälte, zwei Fischereiinspektoren und ein Biologe – nach New York auf, um Beweise für eine eigene Klage gegen Bengis und Hout Bay sicherzustellen.

Etwa zur gleichen Zeit flog Bengis von Kapstadt nach New York, wo ein leitender Angestellter von Icebrand bemerkt hatte, dass jemand – seiner Meinung nach ein Zollfahnder – in den Büros den Inhalt der Papierkörbe eingesammelt hatte. Fortan benutzten die Mitarbeiter von Icebrand einen Reißwolf und unternahmen auch sonst alles, um Spuren zu verwischen. Und ein glücklicher Zufall kam ihnen zu Hilfe: Als ein Icebrand-Manager beim südafrikanischen Amt für Meeres- und Küstenverwaltung anrief und sich nach dem beschlagnahmten Container erkundigte, teilte ihm eine Sekretärin mit, ihr Vorgesetzter sei gerade in New York, und sie erwähnte sogar, wo er abgestiegen war. Kurz darauf folgten Privatdetektive den Südafrikanern auf der Fahrt vom Wellington Hotel in Manhattan zum Hafen von Newark. Dieselbe Detektei, die 47 000 Dollar für ihre Dienste erhielt, beschattete später auch Musto und andere amerikanische Ermittler.

Musto und sein Vorgesetzter, Scott Doyle, freuten sich, dass sie handfeste Tatbestände aufdecken konnten. Sie wussten, dass riesige Mengen illegal gefangenen Seehechts in die Vereinigten Staaten gelangten, doch es war ihnen und ihren Kollegen im ganzen Land nicht gelungen, die wichtigsten Drahtzieher auch nur ausfindig zu machen. Bis die Ermittlungen gegen Bengis aufgenommen wurden, hatten sie lediglich Akteure ausfindig gemacht, die in Übersee lebten und daher nicht leicht zu fassen waren.

Bengis war das ideale Fahndungsziel – ein Hauptakteur, der in den Vereinigten Staaten lebte. Eine Aktensichtung beim Zoll ergab, dass sein Unternehmen über Black Eagle Shipping mindestens achtzehn weitere Container mit 530 000 Pfund Seehecht in die Vereinigten Staaten eingeführt hatte. Und all diese Transporte waren mit größter Wahrscheinlichkeit gesetzwidrig gewesen – weil Hout Bay erstens keine südafrikanische Lizenz für den Handel mit Seehecht besaß und zweitens den Fisch bei der Ausfuhr falsch deklariert hatte.

Es ließ sich unmöglich sagen, wie viel Seehecht Bengis tatsächlich in die Vereinigten Staaten geschmuggelt hatte, denn er konnte sich neben Black Eagle auch anderer Scheinfirmen bedient haben. Allerdings bestand kein Zweifel, dass es sich um ein Routinegeschäft mit regelmäßigen Lieferungen handelte. Am 8. August 2001 traf im Hafen von Newark ein weiterer Black-Eagle-Container mit 20 296 Pfund illegalem Seehecht ein; zwei Tage später wurde er konfisziert. Ein weiterer Import nach Amerika entging der Beschlagnahme nur, weil die Firma Icebrand das Schiff rechtzeitig nach Singapur und dann nach Hongkong umleitete, wo keine Fangdokumente erforderlich waren.

In Südafrika hatte inzwischen eine Elitefahndungseinheit – das Directorate of Special Operations, auch die «Skorpione» genannt – die Ermittlungen übernommen. Auf der Suche nach den ursprünglichen Quellen des Hout-Bay-Seehechts stellten die «Skorpione» fest, dass Teile des Fangs von dem sechzig Meter langen Langleinenfangschiff *Mare* stammten, das von einem Unternehmen in Namibia treuhänderisch für Hout Bay bereedert wurde. Die Ermittler vermuteten, dass das Schiff seit 1996 in der Seehechtjagd im Einsatz war. Aus Unterlagen namibischer Behörden ging hervor, dass die *Mare* im Jahr 2001 neunundvierzig Tonnen Seehecht in Walfischbai gelöscht hatte. Die Fracht wurde anschließend per Lastwagen von Namibia nach Kapstadt gebracht. Die «Skorpione» gingen davon aus, dass Hout Bay nach dieser Methode auch Seehecht transportierte, der von anderen illegalen Fangbetrieben gekauft wurde – so war es durchaus möglich, dass ein Teil des über Hout Bay vertriebenen Seehechts von Antonio Pérez stammte.

Als Bengis in Bridgehampton verhaftet wurde, war Hout Bay bereits zerschlagen, und Bengis hatte zugegeben, dass die Firma nach dem südafrikanischen Fischereirecht in achtundzwanzig Anklagepunkten schuldig war – er willigte ein, am Kap eine Strafe von ungefähr vier Millionen Dollar zu zahlen. Drei von Hout Bays Fangfahrzeugen waren konfisziert worden, und die südafrikanischen Behörden beantragten die Beschlagnahmung zweier weiterer Schiffe, darunter auch der *Mare*. Persönlich hatte sich Bengis in Südafrika jedoch nicht schuldig bekannt, und die dortige Staatsanwaltschaft hatte auf eine persönliche Strafverfolgung verzichtet, weil er vorwiegend in den Vereinigten Staaten lebte, wo er 1994 eingebürgert worden war. Man musste befürchten, dass ein entsprechendes Auslieferungsbegehren von den USA abschlägig beschieden würde – unter solchen

Umständen schien es weitaus sinnvoller, die amerikanischen Behörden dabei zu unterstützen, Bengis nach amerikanischem Recht strafrechtlich zu verfolgen.

Als in New York Anklage gegen Bengis erhoben wurde, bestritt er alle Beschuldigungen und wurde gegen eine Kaution von fünfzehn Millionen Dollar freigelassen, allerdings mit der Auflage, seine Wohnung in Manhattan nicht zu verlassen. Für Bengis, der es gewohnt war, häufig zu reisen, waren diese Einschränkung der Bewegungsfreiheit und die Verfahrensaussichten so bedrückend, dass er einen Psychotherapeuten aufsuchte und auf ein Antidepressivum gesetzt wurde. Als er erkannte, dass das amerikanische Rechtssystem möglicherweise den gleichen globalen Aktionsradius hatte wie einst sein Unternehmen – und als der Staatsanwalt Marcus Asner, der als Kläger gegen Bengis auftrat, ihn zusätzlich der Geldwäsche anzuklagen drohte, was die mögliche Haftstrafe erheblich verlängerte –, unterrichtete er seine Anwälte, dass er erwäge, sich in einigen Anklagepunkten schuldig zu bekennen.

Am 2. März 2004 teilte Bengis in einem Gerichtssaal in Manhattan einem Bundesrichter mit, er bekenne sich in vier der einundzwanzig Tatvorwürfe schuldig, darunter auch des Schmuggels illegal gefangener Fische in die Vereinigten Staaten unter Verletzung des Lacey-Gesetzes.

Bengis gab zwar konkret zu, Hummer illegal eingeführt zu haben, doch vermied er jedes persönliche Geständnis in Sachen Seehechtschmuggel. Während dieser vorprozessualen Verhandlungen bestritten seine Anwälte zwar keine der wichtigsten Beschuldigungen hinsichtlich des Seehechtschmuggels, die gegen Bengis' Unternehmen erhoben wurden – nämlich dass Hout Bay einen Fisch in Besitz genommen, verarbeitet und exportiert hatte, mit dem die Firma in Südafrika nicht handeln durfte; und dass Hout Bay Seehechtexporte getarnt hatte, indem man den Behörden in Südafrika und den Vereinigten Staaten falsche Dokumente vorlegte. Die Anwälte widerlegten auch keine Beweise, wonach Hout Bay illegal Seehecht gefangen hatte, der später nach New York geschafft wurde. Doch obwohl einer von Bengis' mutmaßlichen Mitverschwörern – der Hout-Bay-Manager, der die Exportanträge der Firma unterzeichnete – zugab, dass das Unternehmen Seehecht in die Vereinigten Staaten schmuggelte, behaupteten Bengis' Anwälte, ihr Mandant habe persönlich nichts von jedwedem Seehechtschmuggel gewusst. Später plädierten sie, weil kein Eingeständnis von Seehechtschmuggel vorliege, müsse die zu verhängende Haftstrafe unter dem empfohlenen Strafmaß liegen.

Die Ermittler in den Vereinigten Staaten wie in Südafrika waren zwar der Meinung, es lägen mehr als genügend gesicherte Beweise dafür vor, dass Bengis des Seehechtschmuggels schuldig war, doch sie wussten auch, weshalb der Staatsanwalt das Schuldeingeständnis zwecks Strafmilderung akzeptierte. So schwerwiegend die Beweise im Falle des Seehechtschmuggels sein mochten, die Beweise für Vergehen im Zusammenhang mit Hummerfang und -schmuggel wogen weitaus schwerer. Inzwischen hatten vierzehn südafrikanische Fischereiinspektoren gestanden, dass sie geschmiert worden waren, um zu vertuschen, dass Hout Bay ein Zigfaches mehr an Hummer fing, als es die Lizenz des Unternehmens erlaubte. Im Grunde kam es gar nicht darauf an, was Bengis im Einzelnen zu gestehen bereit war; die vier Anklagepunkte, in denen er sich schuldig bekannte, reichten aus, ihn für etliche Jahre hinter Gitter zu bringen – und sein Seehechtgeschäft war bereits stillgelegt.

Der vorsitzende Richter Lewis A. Kaplan, der das Verfahren vor dem amerikanischen Bundesgericht leitete, war offensichtlich empört über die seiner Meinung nach eklatante Missachtung des Gesetzes durch Bengis. «Für mich bezeugt sein Verhalten in erstaunlichem Maße die Arroganz von Reichtum und Macht», erklärte er. «Beispielsweise habe ich eine Aussage vor mir – die nicht in Abrede gestellt wurde –, wonach Mr. Bengis auf die Frage eines seiner Geschäftspartner, ob das Komplott nicht möglicherweise auffliegen könne, erwiderte, dass er wohl kaum strafrechtlich verfolgt werde, denn er habe genug – und ich zitiere – ‹Geld zum Schmieren›.» Ferner nannte der Richter «Indizien, die erkennen lassen, dass Mr. Bengis in diesem Verfahren die Justiz behindert hat, indem er unter anderem die Herausgabe von Urkunden im Zusammenhang mit einer Zwangsvorladung vor ein Vorverhandlungsgericht verweigerte, Dokumente mit einem Reißwolf vernichtete und einen Privatdetektiv anstellte, um amerikanische Fahndungsbeamte zu beschatten, die diese Ermittlungen leiteten».

Als Arnold Bengis die Gelegenheit erhielt, sich zu äußern, erhob er sich und bekundete vor ungefähr sechzig Verwandten und Freunden im Gerichtssaal ein gewisses Maß an Reue. «Euer Ehren, ich wollte eigentlich gar nichts sagen, weil ich fürchtete, es würde zu emotional werden», erklärte er. «Doch ich glaube, ich bin es meiner Familie, die heute hier versammelt ist, schuldig. Dies ist der schlimmste Tag in meinem Leben.»

Anschließend verurteilte ihn Richter Kaplan zu einer Gefängnisstrafe von drei Jahren und zehn Monaten. Der Richter war der Meinung, das Urteil solle nicht unter dem üblichen Strafmaß liegen. Dies war eine der härtesten Strafen, die je wegen Verstößen gegen Fischereigesetze verhängt wurden. Zusammen mit seinem Neffen Jeffrey Noll – der für Bengis arbeitete und zu zweieinhalb Jahren Gefängnis verurteilt wurde – belegte man ihn zudem mit einer Geldstrafe von 5,9 Millionen Dollar. David Bengis wurde zu einer Haftstrafe von einem Jahr verurteilt und musste den Erlös von 1,5 Millionen Dollar aus dem Verkauf der Seehechtverarbeitungsfabrik in Maine an den Staat abführen.

Die Anklagevertreter bezeichneten den Ausgang des Verfahrens als wichtigen Sieg im Kampf gegen den Seehechtschmuggel und als Beispiel dafür, was internationale Zusammenarbeit leisten könne. Niemand glaubte jedoch, das Urteil markiere einen wirklichen Wendepunkt. Die Umstände, dass Bengis zum einen bis auf weiteres der einzige große Seehechtschmuggler war, der strafrechtlich verfolgt wurde, und dass er zum anderen darum herumkam, seine

Rolle im Seehechtschmuggel konkret einzugestehen, unterstrichen nur, welch große Hindernisse es auf dem Weg zur Strafverfolgung in diesem Bereich noch zu überwinden galt.

«Es gelangen noch immer Unmengen illegalen Seehechts in das Land», erklärte Chris Musto, als Bengis ins Gefängnis kam. Musto verließ bald darauf die NOAA und ging zum Zoll – nicht zuletzt aus Frustration über die beschränkten Mittel, die im Kampf gegen Straftaten im Fischereiwesen zur Verfügung standen. «Die Seehechtjäger sind mächtig und clever», sagte er, «und wir unternehmen nicht annähernd genug, um ihnen das Handwerk zu legen.»

17. KAPITEL Südpolarmeer **26. August 2003**

Andrew Codrington stand allein auf der Brücke, als er Scott Webb aus dem Funkgerät brüllen hörte. Da der Kapitän weder die *John Ross* noch eines der 640er sehen konnte, wurde ihm sofort klar, dass er die Verfolgung vorübergehend abbrechen, umkehren und auf die *John Ross* zusteuern musste.

«Die *John Ross* läuft direkt auf uns zu», teilte er Webb mit. «Halten Sie sich auf deren Kurs, dann werden Sie uns bald sehen.»

Brownlie brauchte fast eine Stunde, um die *Southern Supporter* zu erreichen. Webb, der das Schiff sichtete, kurz nachdem Codrington den Kurs geändert hatte, brauchte sogar noch länger. Als die Männer schließlich von den Booten in die Messe wankten, machten sie keinen sonderlich guten Eindruck. Duffy war erfreut über die diversen Waffen – Gewehre, 8-Millimeter-Automatikpistolen und die Uzi –, doch die legere Art, in der sie getragen wurden, gefiel ihm gar nicht. Auch der Zustand der Waffen war beunruhigend; bei einigen Gewehren hatte sich der Lauf vom Schaft gelöst und war mit verknotetem Draht befestigt worden. Einige Waffen waren so stark abgenutzt, dass Teile des schwarzen Metallschafts silbern glänzten.

Die bunt zusammengewürfelte und ungeeignete Kleidung der Männer verstärkte den flegelhaften Eindruck ebenso wie die Müllsäcke, in denen einige von ihnen ihre Sachen mitführten. «Die sehen aus wie ein Haufen schießwütiger Kauze», flüsterte Duffy O'Dea zu. Eins kam zum anderen – die Männer standen unter Stress, hatten keine Erfahrungen mit Einsätzen auf See und schienen allzu bereit, von ihren Waffen Gebrauch zu machen. All dies ließ Schlimmes befürchten. Trotzdem wollte Duffy die Enteraktion so bald wie möglich in Angriff nehmen.

«Ich möchte die *Viarsa* heute Nachmittag entern», teilte er den Südafrikanern mit. «Wir wissen nicht, wie sie reagieren werden. Sie haben während unserer gesamten Verfolgung jegliche Kooperation verweigert, aber wir erwarten dennoch keine Gegenwehr. Wichtig ist, dass keiner von Ihnen Schusswaffen einsetzt, es sei denn in äußerster Notwehr.»

Die Südafrikaner waren skeptisch. Natürlich werden die sich wehren, dachte Dawie Malan insgeheim. Die Kerle werden wie Hunde kämpfen; sie wissen, dass sie zerrissen werden – und wenn erst mal einer Gewalt anwendet, folgen die anderen wie das Amen in der Kirche. Auch das Wetter stimmte ihn wenig zuversichtlich. Es schneite wieder, und zwar heftig. Und der Wind hatte offensichtlich zugenommen, denn die Flocken, die durch die vier großen Bullaugen an der Backbordseite der Messe zu sehen waren, bewegten sich horizontal.

Harry Watts ging die Einzelheiten der Enteraktion durch. Da die *Viarsa* sich auf den Wellen ähnlich zu verhalten schien wie die *John Ross* und zudem mit voller Kraft lief, schien es unwahrscheinlich, dass die 640er lange genug neben dem Fischereifahrzeug gehalten werden konnten, sodass seine Männer eine Leiter anbringen und an Bord steigen konnten. Und so teilte er Duffy mit: «Unsere Leute können das Schiff unter diesen Bedingungen unmöglich entern.»

«Wir werden sehen», erwiderte Duffy.

Duffy ging auf die Brücke; dort meldete man ihm, der Wind blase mit fünfzig, in Böen sogar mit sechzig Knoten – das war fast Orkanstärke. Duffy wusste nicht, worauf er hoffen sollte – einen erneuten plötzlichen Wetterumschwung, der ein Entern an jenem Nachmittag ermöglichte, oder aber eine Verzögerung, die ihm mehr Zeit gab, die Sache mit den Südafrikanern durchzusprechen.

Er ging wieder in die Messe hinunter und setzte sich mit Watts an einen Tisch. Watts wollte ihm klar machen, dass seine Leute gewalttätige Zusammenstöße gewohnt waren. «In meinem Land ist illegaler Fischfang ein großes Geschäft», sagte er. «Man muss ständig die Oberhand über die Wilderer behalten, sonst sind unsere Gewässer in ein, zwei Jahren leer. Die Piraten haben in weniger als zwei Jahren unsere Seehechtgründe leer geräumt – Fische im Wert von mehr als hundert Millionen Dollar.» Watts fügte hinzu, dass die meisten illegalen Fischer in Südafrika – besonders die Abalone-Jäger – bewaffnet seien und dass Fischereibeamte regelmäßig unter Beschuss gerieten und daher im Einsatz automatischer Handfeuerwaffen ausgebildet sein müssten. «Wenn wir uns Abalone-Räubern nähern», erklärte er, «kreuzen wir gewöhnlich in gepanzerten Fahrzeugen auf.»

«Diese Operation muss anders laufen», betonte Duffy. «Wir müssen sie nach australischen Rechtsbestimmungen durchführen. Ihre Leute können sich verteidigen, falls es so weit kommt. Aber falls ein Südafrikaner im Auftrag Australiens einen Uruguayer erschießt, würde das höchst unangenehme internationale Folgen haben.»

Weil Duffy fürchtete, die Südafrikaner würden zu schnell von ihren Schusswaffen Gebrauch machen, suchte er nach einer anderen Möglichkeit, Cabrera zum Aufgeben zu bewegen. Er kehrte auf die Brücke zurück und bat den Kapitän der *John Ross*, mit dem Wasserwerfer, einem höchst effizienten Brandbekämpfungsgerät, einen kräftigen Wasserstrahl auf die *Viarsa* zu schießen. Dann meldete er sich über Funk bei Cabrera: «Ich bringe die *John Ross* querab von Ihnen in Position, damit wir Ihnen die Wucht des Wasserwerfers demonstrieren können. Jetzt ist es an der Zeit – Sie müssen Ihr Schiff stoppen und Richtung Kapstadt laufen.»

«Ich werde mit Ihnen nirgendwohin fahren!», erwiderte Cabrera. «Ich habe Anweisungen, nach Montevideo zurückzukehren.»

Dawie Malan, der gerade auf die Brücke gestiegen war, fragte: «Was soll denn der Wasserwerfer ausrichten?»

«Das Ding hat unglaubliche Power. Dann werden sie sehen, dass wir es ernst meinen», antwortete Duffy.

«Dafür ist die Uzi da!», meinte Malan. «Fahren Sie ein bisschen näher ran, dann schießen wir ihnen das Radar aus.»

«Das geht nicht, das wissen Sie!», entgegnete Duffy. «Nach unserer Gesetzgebung ist es höchst unwahrscheinlich, dass wir je auf ein Fischereifahrzeug schießen. Wenn der Wasserwerfer die Jungs zu mehr Kooperation bewegt, haben wir es leichter.»

«In Südafrika läuft das anders», erklärte Malan. «Wir braten ihnen zuerst eins über. Dann wissen wir, dass wir nichts zu befürchten haben.»

Der Wasserwerfer zeigte in der Tat keinerlei Wirkung. Wegen des Abstands und des Windes reichte der Strahl nicht einmal bis

Der Einsatz des Wasserwerfers der *John Ross* lässt die Männer auf der *Viarsa* gänzlich unbeeindruckt

zur *Viarsa.* «Hoffen wir, dass wir morgen mehr Glück haben», murmelte Duffy vor sich hin. Um 16.30 Uhr war es bereits dunkel, und die meisten Südafrikaner hatten sich in den Videoraum zurückgezogen, eine fensterlose Kabine mit einem Dutzend gepolsterter Stühle, und sahen sich den James-Bond-Film *Feuerball* an.

Duffy versuchte erneut, sich mit der *Viarsa* in Verbindung zu setzen. «Wir sind jetzt in der Lage, Sie zu entern», teilte er Cabrera über Funk mit. «Das Wetter ist im Augenblick nicht geeignet, aber irgendwann wird es so weit sein. Daher ist es in Ihrem eigenen Interesse, nach Kapstadt abzudrehen. Jetzt!»

«Bedaure», erwiderte Cabrera, «das geht nicht. Die uruguayische Regierung hat mich unter Arrest gestellt, und ich kann eine Anweisung meiner Regierung unmöglich missachten. Sie haben keine Amtsgewalt über mich.»

Duffy hatte fast ein wenig Mitleid mit Cabrera, der inzwischen von zwei Seiten unter Druck gesetzt wurde. Da er sich das jedoch unter keinen Umständen anmerken lassen wollte, sagte er: «Ich würde nicht auf die Anweisungen vertrauen, die Sie von Ihrer Regierung erhalten. Meine Direktiven sind ganz klar. Sie müssen mit uns umkehren. Sie sollten zudem wissen, dass auch Großbritannien ein Schiff zu unserer Unterstützung schickt. Morgen früh werden wir Ihr Fahrzeug entern.»

«Ich verstehe diese Anweisungen, aber ich sage Ihnen, Sie haben keine Erlaubnis, an Bord zu kommen. Ich stehe unter Arrest meiner Regierung. Und ich muss sofort nach Montevideo zurückkehren. Und genau das werde ich tun.»

Duffy machte sich auch Gedanken über die uruguayische Regierung und deren Kriegsmarine; es war nicht auszuschließen, dass eines ihrer Schiffe auftauchen und damit die Sache noch zusätzlich verkomplizieren könnte. Wenn auch nur ein einziges Kriegsschiff aufkreuzte, egal wie alt oder klapperig es sein mochte, musste er einen Rückzieher machen. Duffy fürchtete ferner, dass er vielleicht gar keine Gelegenheit bekommen werde, die *Viarsa* zu entern. Er hatte den Auftrag, das Schiff bis nach Montevideo zu verfolgen, doch nach internationalem Seerecht endete die heiße Jagd, sobald sie uruguayische Hoheitsgewässer erreichten. Die Besatzung der *Southern Supporter* wusste, dass man sie in Uruguay nicht gerade begeistert empfangen würde, und es kursierten bereits Witze darüber, wie es wäre, dort hinter Gittern zu landen. Bruce Noble, der in der australischen Marine gedient hatte, bevor er ständiges Besatzungsmitglied der *Southern Supporter* geworden war, bedrängte Duffy eines Abends nach dem Essen mit der Frage: «In allem Ernst, wie wahrscheinlich ist es, dass wir im Knast enden?»

«Falls es wirklich so weit kommt, sind Sie aus dem Schneider. Falls jemand Ärger kriegt, dann Andrew Codrington und ich.»

Um 22.00 Uhr erreichte das britische Patrouillenschiff *Dorada* die anderen Schiffe und bezog eine halbe Meile hinter der *Viarsa* Position. Mit der *John Ross* querab an Backbord und der *Southern Supporter* querab an Steuerbord war die *Viarsa* umringt. Der multinationale Schiffsverband machte jedoch keinen sichtbaren Eindruck auf Cabrera, der die ganze Nacht hindurch Kurs und Geschwindigkeit beibehielt.

Als Duffy am Mittwoch, den 27. August, um 6.00 Uhr früh auf die Brücke trat, hagelte es, der Wind heulte mit vierzig Knoten, und der Seegang war sechs Meter hoch – zu hoch, um die 640er überhaupt auszusetzen. Die meisten Besatzungsmitglieder hatten sich zum Frühstück in der Messe eingefunden, die wegen der Gäste einigermaßen überfüllt war. Es ging laut und turbulent zu. Die Südafrikaner schienen sich in ihrer neuen Umgebung bereits viel wohler zu fühlen als noch am Vortag. Nach dem Frühstück verschwanden die meisten wieder im Videoraum und sahen sich einen Film an.

Um 14.00 Uhr zeigte sich Duffy etwas hoffnungsvoller gestimmt, zumindest was das Wetter betraf. Der Wind war auf fünfundzwanzig Knoten abgeflaut, und am Himmel gab es erste blaue Stellen. «Es wird wirklich langsam besser», sagte er zu Codrington, Watts und etlichen anderen, die auf der Brücke standen. «Wenn es sich weiter bessert, sind die Verhältnisse bis 15.30 Uhr so, dass wir es wahrscheinlich anpacken können.»

«Nach dem, was ich sehe, glaube ich, ihr könntet sofort loslegen», meinte Codrington.

Watts schüttelte den Kopf und sagte: «Meine Männer hätten unter solchen Umständen kein gutes Gefühl.»

Duffy ließ sich nicht beirren und meldete sich über den UKW-Kanal 72, den die *Viarsa* seines Wissens nicht abhörte, bei den Kapitänen von *John Ross* und *Dorada:* «Ich glaube, heute Nachmittag tut sich eine Möglichkeit auf. Bereits jetzt würde ich darum bitten, dass *John Ross* vorausfährt und eine Position ungefähr fünfhundert Meter vor der *Viarsa* einnimmt und *Dorada* ungefähr zweihundert Meter querab an Backbord der *Viarsa* in Stellung geht. Derweil werden wir ebenfalls vorrücken, damit wir, wenn es so weit

Die Enteraktion muss noch warten:
Für einen Einsatz der 640er ist es zu stürmisch

ist, langsamer fahren können, was das Aussetzen unserer Boote erleichtert.»

Um 14.40 Uhr befand sich die *Southern Supporter* anderthalb Meilen vor der *Viarsa*, und Duffy schätzte die Konditionen als annehmbar ein. «Was meinen Sie?», fragte er Watts. «Das Wetter sieht im Augenblick ziemlich gut aus, oder?»

«Finde ich nicht», erwiderte der Südafrikaner. «Es ist immer noch ziemlich rau da draußen, und es wird wahrscheinlich noch schlimmer, sobald wir in den Booten sitzen.»

«Okay», sagte Duffy, «aber ich bitte darum, dass sich alle startklar machen.»

Duffy wollte nicht zu sehr drängen und schon gar nicht riskieren, dass ein Mann über Bord ging, aber er wollte auch keinen weiteren Tag verlieren. Das Wetter würde vielleicht nicht mehr besser werden, und mit jeder Stunde, die verstrich, entfernten sie sich weiter von Kapstadt, womit die Wahrscheinlichkeit stieg, dass ein uruguayisches Schiff auftauchte. Mit Codringtons Unterstützung versuchte Duffy nach besten Kräften, Watts davon zu überzeugen, dass die Bedingungen besser waren, als es schien. «Wenn wir mit der Fahrt runtergehen», erklärte der Kapitän, «sehen die Wellen nicht mehr halb so schlimm aus. Eigentlich ist es ganz passabel.»

Um 14.45 Uhr rief Duffy den wachhabenden Offizier seiner Abteilung in Canberra an, wo es inzwischen 0.45 Uhr war. Keith Johnson und andere leitende Beamte wollten in der Dienststelle sein, wenn die Enteraktion lief. «Sie hatten um fünfundvierzig Minuten Vorwarnung gebeten», sagte Duffy. «Sie sollten jetzt alle wecken.» Zu Watts sagte er: «Es läuft immer noch ein bisschen Dünung, aber der Wind lässt stetig nach. Er weht nur noch mit zehn bis fünfzehn Knoten. Und es ist nicht sonderlich kalt – jedenfalls über null. Ich denke, wir sollten uns vornehmen, um 15.30 Uhr loszulegen.»

«Okay. Einverstanden.»

«Prima. Dann wollen wir mal sehen, was wir ausrichten können!»

Duffy griff zum Funkgerät und sagte: «*Viarsa, Viarsa,* stoppen Sie! Ich beabsichtige, meine Enterfahrzeuge auszusetzen. Leisten Sie keinen Widerstand. Das Kommando wird bewaffnet sein, und ich bin ermächtigt, angemessene Gewalt anzuwenden. Lassen Sie alle Mitglieder Ihrer Besatzung in warmer Kleidung auf dem Achterdeck antreten. Sofort! Sie selbst bleiben im Ruderhaus und können ein Besatzungsmitglied als Rudergänger abstellen. Haben Sie mich verstanden?»

Als keine Antwort kam, fügte Duffy hinzu: «Wenn Sie nicht reagieren, werde ich schärfere Maßnahmen ergreifen müssen. Haben Sie verstanden?»

«Bitte, können Sie das noch einmal wiederholen», antwortete Cabrera. «Ich schreibe mit und verstehe nicht alles, was Sie sagen.»

«Sie werden gegenwärtig gefilmt, fotografiert, und alle Gespräche werden aufgezeichnet. Alles, was Sie sagen, wird als Beweismittel verwendet, also ist es in Ihrem eigenen Interesse, meinen Anweisungen zu folgen. Ich habe die volle Unterstützung vieler Länder und der Schiffe, die hier vor Ort sind. Haben Sie verstanden?»

«Einen Augenblick, bitte.»

«Sie haben keine Zeit, es sich zu überlegen. Jetzt geht es nur noch darum, dass Sie meine Anweisungen befolgen. Dies ist keine Bitte. Es ist ein Befehl. Haben Sie verstanden?»

«Ja, ja, jetzt verstehe ich, aber ich sage Ihnen, das Schiff steht unter dem Arrest der uruguayischen Regierung und der uruguayischen Marine. Ich bin angewiesen, sofort einen uruguayischen Hafen anzulaufen, und ich kann unmöglich einen direkten Befehl von der Regierung Uruguays missachten. Also, ich weiß, dass Sie kommen, aber für mich ist es sehr, sehr, sehr schwierig.» Nach kurzer Pause fügte Cabrera hinzu: «Aber wenn Sie kommen, befolge ich Ihre Anweisungen. Sie haben zwar keine Erlaubnis, aber wir leisten keinen Widerstand. Und danach werden wir sehen.»

Als sich die Südafrikaner dick eingemummt und unrasiert auf dem Deck der *Southern Supporter* versammelten, war Duffy von ihrem furchterregenden Erscheinungsbild beeindruckt. «Hören Sie», erklärte er, «der Kapitän sagt, er werde seine Mannschaft auf dem Achterdeck antreten lassen und sich uns nicht widersetzen. Aber er wird uns auch nicht unterstützen, das heißt, er wird seine Fahrt wahrscheinlich nicht verlangsamen.»

Duffy wusste nicht, ob er Cabreras Worten Glauben schenken konnte. Die größte Sorge bereitete ihm indes der kampflustige Instinkt der Südafrikaner, und seine Bedenken verstärkten sich noch, als Malan auf ein Stemmeisen deutete, das zusammen mit der Ausrüstung für die 640er auf Deck lag, und fragte: «Wofür ist das?»

«Falls sie die Tür zur Brücke verschließen», erwiderte Duffy, «brechen wir sie damit auf.»

Malan zeigte auf die Uzi, die Christo Loots über der Schulter trug, und meinte grinsend: «Wir benützen die!»

Da der Einsatz von Schusswaffen bereits diskutiert worden war und zumal Malan grinste, hoffte Duffy, dass diese Bemerkung eher scherzhaft gemeint sei. Aber er war sich nicht sicher und fragte: «Sie erinnern sich an unsere Einsatzregeln, nicht wahr?»

«Ja, ja, ja.»

«Wir müssen ruhig bleiben. Niemand soll den Helden spielen.»

Malan stand jedoch eindeutig unter Adrenalin. Er zeigte auf die *Viarsa* und sagte zu O'Dea und Webb: «Die Typen sollen wissen, dass wir keine Spielchen spielen. Wenn einer auch nur den Kopf über die Reling streckt, pusten wir ihn weg!»

«Verdammte Scheiße!», sagte Webb zu O'Dea. «Die Burschen sind ziemlich unter Strom. Gehen Sie auf die Brücke und bitten Sie Mike, Cabrera klar zu machen, dass alle seine Leute unbedingt auf dem Achterdeck bleiben sollen.»

O'Dea kletterte die Außentreppe hinauf, die zur Brücke führte, und teilte Flanagan mit, was Malan gesagt hatte. Ohne die Anweisungen zu wiederholen, funkte Flanagan: «Das Enterkommando wird schwer bewaffnet sein. Sorgen Sie dafür, dass ihm keiner Ihrer Leute zu nahe kommt.»

Webb, der eines der 640er steuern sollte, war sicher, dass Blut fließen würde. Allerdings hielt er es für unwahrscheinlich, dass er selbst erschossen oder angeschossen werden könnte – er dachte eher an die Besatzung der *Viarsa.* Kummer bereitete ihm vor allem der Gedanke, überhaupt Blut sehen zu müssen. Da der Sanitäter Brett Lenz auf seinem Boot mitfahren sollte, wusste er, dass auch die Opfer auf seinem Boot landen würden.

Duffy setzte sich ans Steuer des ersten 640er, das von Deck gehoben wurde. Als das Boot zu Wasser kam, verstummten die vier Südafrikaner, die ihn begleiteten, und rissen die Augen auf. Sie wa-

Es geht los – das erste 640er mit Enterkommando an Bord ist unterwegs

ren entsetzt über die Bedingungen. Vom Deck der *Southern Supporter* hatten die Wellen kleiner ausgesehen, als sie wirklich waren, saß man aber im Boot und tanzte auf den Wellen, wirkten die drei Meter hohen Wasserwände riesig. Die ruckartigen Bewegungen der Nussschale sorgten für zusätzliche Beunruhigung – manchmal sackte sie so tief zwischen zwei Wellenberge, dass die *Southern Supporter* nicht mehr zu sehen war. Duffy fuhr langsam, um seine Passagiere nicht nasser und banger zu machen als nötig. Er bemühte sich auch, Zuversicht auszustrahlen und zu vermitteln, dass ihr Unterfangen nichts Ungewöhnliches war.

Antonio Pérez stand auf der Brücke der *Viarsa* und überlegte, welche Möglichkeiten ihm blieben. Er wollte auf jeden Fall verhindern, dass ihr Schiff geentert wurde. Vidal hatte ihm mitgeteilt, dass Uruguay ein Marineschiff an einen Punkt 750 Meilen vor seiner Küste entsenden werde, um die Australier zu verscheuchen. Pérez brauchte nur noch wenige Tage, um dorthin zu gelangen. Wichtig war jetzt, in Fahrt zu bleiben. Sein Schiff war jedoch umzingelt. Wenn er nach Backbord drehte, drohte er mit der *Dorada* zusammenzustoßen. Drehte er nach Steuerbord, kollidierte er mit der *Southern Supporter.* Und die *John Ross*, die direkt vor der *Viarsa* fuhr, verlangsamte die Fahrt – offensichtlich um ihn zu zwingen, dasselbe zu tun.

Pérez wies Cabrera an, bewusst eine Kollision mit dem Heck des Schleppers herbeizuführen, der nur noch knapp zehn Meter entfernt war. Ein Zusammenstoß mit einem der beiden anderen Schiffe wäre der *Viarsa* anzulasten gewesen. Der Schlepper hingegen, meinte Pérez, stellte sich ihnen in den Weg und trüge selbst die Verantwortung, wenn etwas passierte.

«Egal, was passiert, wir stoppen nicht», sagte Pérez zu Cabrera. «Wir fahren einfach weiter.»

«*John Ross*, wollen Sie eine Kollision?», schrie Cabrera über Funk. «Sie sind verrückt!»

Doch dann sah Pérez das erste der 640er, in dem Duffy saß. Es schien auf eine Position zwischen der *John Ross* und der *Viarsa* zuzusteuern. Pérez hätte so ziemlich alles getan, um zu entkommen, aber er wollte es nicht riskieren, das kleine Boot zu überfahren – er befahl Cabrera, auf halbe Fahrt zu gehen, freilich nur für einen Augenblick, wie er hoffte.

Als Duffy sah, dass die *Viarsa* nicht mehr mit voller Kraft fuhr, sagte er sich: Die müssen kapiert haben, dass das Spiel endlich aus ist. Dennoch wusste er natürlich, dass der gefährlichste Teil einer gewaltsamen Enterung erst noch bevorstand – dann nämlich, wenn die ersten Mitglieder des Kommandos das Ziel betreten und bevor sie die Kontrolle übernommen hatten. Falls sie angegriffen wurden, bevor sie überhaupt die Lage und die Verhältnisse auf dem Schiff sondieren konnten, waren sie weitgehend wehrlos. Es wäre sehr schwer – vor allem, solange die Männer noch in den kleinen tanzenden Booten saßen –, das Feuer wirksam zu erwidern. Aber selbst wenn niemand auf der *Viarsa* eine Schusswaffe trug, wäre es den Fischern ein Leichtes, die Leiter loszureißen. Wer gerade darauf stand, fiele ins Wasser. Das übrige Enterkommando würde in einem solchen Fall zur Rettungsmannschaft umfunktioniert, und die Operation müsste höchstwahrscheinlich abgebrochen werden.

Die Besatzungsmitglieder der *Viarsa,* von denen die meisten dunkle Jacken und Wollmützen trugen, hatten sich auf dem Achterdeck versammelt. Die Männer machten keinen sonderlich feindseligen Eindruck. Sie hatten sich mit den Händen in den Taschen an der Reling aufgestellt und sahen friedlich zu, wie sich die 640er näherten. Duffy musterte sie und versuchte, aus ihren Mienen etwas über ihre Gesinnung herauszulesen. Einige winkten, doch ihr Gesichtsausdruck wirkte leer und ließ weder auf Aggression noch auf einen freundlichen Empfang schließen. Duffy hoffte, dass er – bis auf die zwei Männer, die seiner Anweisung zufolge auf der Brücke bleiben sollten – hier die gesamte Mannschaft vor sich hatte; doch es war natürlich unmöglich zu sagen, ob sich noch irgendwo jemand versteckte – und genauso wenig war abzusehen, ob sich die Südafrikaner mit ihren Schusswaffen zurückhielten.

An Bord von Duffys Boot gab es eine Aluminiumleiter, die am oberen Ende mit einem Haltebügel versehen war, der über die Reling auf Deck der *Viarsa* gehängt werden sollte. Doch als Duffy längsseits neben dem Piratenschiff lag, reichte Malan, der als Erster aufentern wollte, mit der Leiter nicht weit genug hinauf, um den Bügel oben einzuhängen. Die Leiter war nicht lang genug. Sie schlug nutzlos gegen die Schiffsseite und fand nirgendwo Halt.

«Gib mir das Ding!», rief Christo Loots.

Da die Leiter nicht bis zur oberen Reling reichte, machte Loots sie an der Reling am tiefer gelegenen Cutaway fest. Er konnte jedoch nicht garantieren, dass sie richtig eingehakt war. Und selbst dann konnte sie sich leicht wieder von der Reling lösen, sollte das 640er von unten dagegen stoßen und sie anheben. Duffy versuchte, unge-

Anfahrt auf die *Viarsa*, vom 640er aus gesehen

fähr einen halben Meter Abstand von der Leiter zu halten, doch da die *Viarsa* immer noch Fahrt machte und in einem ganz anderen Rhythmus schwankte als das kleine Boot, war an solche Präzision nicht zu denken. Die Südafrikaner mussten sich ein Herz nehmen und springen – und hoffen, dass die Leiter hielt. Das Timing war entscheidend. Falls jemand zum falschen Zeitpunkt auf die Leiter sprang, drohte die nächste Welle über ihm zusammenzuschlagen.

«Warten Sie, bis die Dünung uns hochträgt», rief Duffy, «und greifen Sie dann nach der Leiter, möglichst weit oben.»

Als Pérez sah, mit welchen Schwierigkeiten die Männer in dem kleinen Boot zu kämpfen hatten, rief er Cabrera zu: «Los, volle Kraft! *Let's go!*»

Cabrera sah jedoch, dass ein Mann bereits im Begriff war, die Leiter zu greifen. «Das geht nicht», sagte er. «Es ist zu spät.»

Pérez beobachtete, wie der Mann auf die Leiter sprang und dann auf die Schanz kletterte, über die normalerweise die Seehechte an Deck gezerrt wurden, von wo sie in die Bordfabrik wanderten. In dem Augenblick wusste er, dass es aus war. «Scheiße!», zischte er. «Sie kommen genau an derselben Stelle an Bord wie die Fische!»

Loots hatte es genau richtig erwischt – die Leiter rutschte zwar ein paar Zentimeter seitwärts, als er auf ihr landete, doch die Haken blieben an der Reling hängen. Als er den Cutaway erreicht hatte, drehte er sich um und rief: «Mir nach!» Dann stieg er auf das Hauptdeck der *Viarsa,* nahm seine Uzi in Anschlag und suchte nach Leuten, die sich eventuell versteckt hielten. Als er niemanden entdecken konnte, kniete er sich auf ein Knie, um ein möglichst kleines Ziel abzugeben. Auf das andere Knie stützte er seinen Arm mit der Uzi, deren Lauf er auf die Brücke richtete. Die Fenster der Brücke waren bis auf zwei mit Metallblenden verschlossen, sodass man unmöglich sehen konnte, wie viele Leute sich dort befanden – ein bärtiger Mann allerdings war klar zu erkennen. Da Loots dachte, dies müsse der Kapitän des Schiffs sein, zielte er genau auf diesen Mann. Langsam stoppte die *Viarsa* auf.

Als Zweiter stieg Malan auf die Leiter. Kurz bevor er aus dem Boot kletterte, packte er van Niekerk an der Schulter und sagte: «Du musst darauf achten, dass sie die Leiter nicht losmachen. Wenn einer ins Wasser fällt, kehrt er nicht mehr heim.» Als Malan das Deck erreichte, zog er seine Automatikpistole und patrouillierte den Bug und suchte nach Luken und anderen möglichen Verstecken.

Die Männer in Webbs Boot, das zwölf Meter von der *Viarsa* entfernt war, hielten ihre Gewehre im Anschlag. Webb sah kurz hinauf zum Deck des Schiffs und musterte die Besatzung. Er war davon ausgegangen, es handle sich um üble Burschen und waschechte Verbrecher. Doch als er nach Anzeichen von Feindseligkeit Ausschau hielt und sich vorzustellen versuchte, wie sich diese Männer

Aufentern über die Leiter am Cutaway der *Viarsa*

wohl in ihrer Haut fühlen mochten, kamen sie ihm eher wie ganz gewöhnliche Malocher vor.

Nachdem Duffy seine Männer abgeladen hatte, fuhr Webb unter die Leiter; sie war inzwischen an der Seite des Schiffs mit einem Tau gesichert, sodass der zweite Trupp leichter an Bord der *Viarsa* klettern konnte. Antoney Roberts erbot sich, als Erster zu gehen. Er stand mit halb ausgestreckten Händen am Süll des Bootes, beobachtete die Dünung und versuchte, den richtigen Augenblick für den Sprung abzupassen, aber er kriegte es nicht hin.

«Soll ich jetzt?», fragte er immer wieder. «Jetzt?»

Webb versuchte gar nicht erst, ihn anzuweisen, wann genau er springen solle, sondern beruhigte ihn: «Ganz locker bleiben, die Dünung beobachten und den richtigen Moment wählen.»

Webb war besorgt darum, welchen Eindruck diese Ängstlichkeit auf die Crew der *Viarsa* machen mochte; vor allem aber galt es zu vermeiden, dass Roberts im Wasser landete. Selbst wenn er rasch geborgen wurde, musste er wahrscheinlich sofort zur *Southern Supporter* zurückgebracht werden – und damit wäre weniger als die Hälfte des Enterkommandos an Bord der *Viarsa*.

Gerade als Webb vorschlagen wollte, ein anderer solle zuerst gehen, gab sich Roberts endlich einen Ruck. Aber er erwischte einen schlechten Zeitpunkt. Sekunden nachdem er auf die unterste Sprosse gesprungen war, wurden seine Füße weggerissen, und er tauchte bis zur Taille unter Wasser. Genauso plötzlich schossen das Schiff und Roberts wieder empor. Der Hub war so stark, dass Roberts das Gefühl hatte, jemand wolle ihm die Leiter entreißen. In diesen Sekunden dachte er bereits, alles sei aus. Er wusste, dass er in den schweren Wollsachen und mit der Pumpgun über der Schulter unmöglich schwimmen konnte. Bilder von seiner Frau und seinen Kindern schossen ihm durch den Kopf. Dann stoppte die Aufwärtsbewegung genauso abrupt, wie sie begonnen hatte, und kehrte sich um. Als Roberts erneut unterzutauchen drohte, fanden seine Füße irgendwie auf einer Sprosse Halt. Irgendwo hörte er Schreie.

Vom Cutaway rief Gamat Solomons: «Steig rauf, steig rauf!»

Auch im Boot schrie jemand. «Komm zurück! Spring ins Boot zurück!»

Roberts ließ sich nicht weiter verunsichern, sondern kletterte die Leiter hinauf, bis Solomons ihn am Arm packte und auf das Deck zog. Dort wies ihn Malan an, am Bug Position zu beziehen, bei der Luke, die ins Schiffsinnere führte. Als er dort stand, merkte Roberts, dass er am ganzen Leib zitterte. Er wusste nicht, ob er fror oder unter Schock stand – oder beides.

Die anderen Männer aus Webbs Boot hatten keinerlei Schwierigkeiten. O'Dea, der als Dritter hinaufstieg, erreichte im Nu das Deck und begab sich zusammen mit Dawie Malan direkt auf die Brücke. Vor der Tür blieb O'Dea stehen; er nahm an, Malan werde vorausgehen, um die Abteilung zu sichern. Stattdessen stieß Malan die Tür auf und bedeutete O'Dea, er möge als Erster eintreten. So viel zu meiner Sicherheit, dachte sich O'Dea. Ohne Einwände zu erheben, trat er in den Raum, der von dichtem Zigarettenqualm erfüllt war, sodass selbst O'Dea – seit seinem sechzehnten Lebensjahr ein passionierter Raucher – zu husten begann. Ein kleiner Mann mit einem vollen Schopf grauer Haare, Vollbart und buschigen dunklen Brauen stand unbewegt in der Mitte der Brücke. Sein Gesicht war tief zerfurcht, und ihm fehlten einige Zähne. Er trug einen schmutzigen Trainingsanzug und sah erschöpft aus.

«Sind Sie der Kapitän des Schiffs?», fragte O'Dea.

«Ja.»

Cabrera trat vor und streckte die Hand aus. O'Dea schüttelte sie. Dann öffnete er eine kleine schwarze Brieftasche, um sich mit Dienstmarke und Papieren offiziell auszuweisen.

«Ihre Besatzung hat unseren Anweisungen Folge zu leisten», erklärte O'Dea. «Ich muss Sie darauf hinweisen, dass Sie das Recht haben zu schweigen; aber alles, was Sie sagen, kann aufgezeichnet und als Beweismittel verwendet werden. Haben Sie das verstanden?»

«Ja gewiss, gewiss …»

Dies war ganz offensichtlich der Mann, mit dem O'Dea in den vergangenen drei Wochen immer wieder gesprochen hatte. Aber angesichts seiner bisherigen Widerspenstigkeit überraschte Cabreras Freundlichkeit; über sein ausgezehrtes Gesicht ging sogar ein leichtes Lächeln. Auch sein übriges Erscheinungsbild war unerwartet. Obwohl bereits die flüchtigen Blicke aus der Ferne hatten erkennen lassen, dass der Kapitän ein älterer Mann sein müsse, hatte sich Duffy immer noch vorgestellt, der schneidige Seemann, der die *Southern Supporter* um die halbe Antarktis gelockt hatte, sei jung und agil. In Wirklichkeit war Cabrera klein und übergewichtig. Er hatte die ledrige Haut eines Menschen, der sein Leben lang auf See gearbeitet hatte, erinnerte aber trotzdem eher an den Weihnachtsmann als an einen Piraten.

Die Brücke, die sich fast über die gesamte Breite des Schiffs erstreckte, sah in etwa so aus, wie O'Dea es erwartet hatte. Der Raum war äußerst schmal; ganze 1,20 Meter lagen zwischen den Fenstern an der Vorderseite und der rückwärtigen Kunstholztäfelung; auf einem kleinen Regal stand eine dreißig Zentimeter hohe Statue der Jungfrau Maria. Der Fußboden, der nach vorn leicht anstieg, war mit Zigarettenstummeln und leeren Marlboroschachteln übersät. Der Stuhl des Kapitäns, der eher an einen Barhocker erinnerte, stand an der Steuerbordseite der Brücke. Von dort aus sah man den Cutaway ein und hatte bequemen Zugang zu einer Reihe hochmoderner elektronischer Geräte, darunter ein Radarsichtgerät, ein Computer, ein Echolot, zwei GPS-Einheiten, zwei Funkempfänger, ein Satellitentelefon, ein Gerät zum «Zerhacken» von Funksprüchen und ein Peiler zum Orten von Funkbaken. Die Elektronik entsprach dem allerneuesten Stand der Technik, doch alles andere wirkte total heruntergekommen. Ein Stuhl am anderen Ende der Brücke war mit brüchigem schwarzem Vinyl bezogen, und ein Stück eines Beins fehlte. Daneben hing ein elektrischer Heizkörper, der fast vollständig verrostet war. Auf dem Fensterbrett, direkt über einer großen Dose Nescafé, standen schmutzige metallene Kaffeebecher aufgereiht.

Im winzigen Kartenraum, der sich hinter der Brücke anschloss, gab es mehr als fünfhundert Karten, darunter etliche für die Gewässer um Heard Island; eine bathymetrische Karte gab detailliert Auskunft über die Beschaffenheit des Meeresbodens in jener Gegend. Das in Leinen gebundene Logbuch lag auf einem Regalbrett über dem Kartentisch; direkt daneben befanden sich diverse weitere Instrumente zur Kommunikation und Navigation; darunter waren ein zweites Satellitentelefon, Telex und Fax, drei Handfunkgeräte und eine weitere GPS-Einheit. O'Dea nahm das Logbuch sowie eine verschlossene Aktentasche, die auf dem Tisch lag, sofort an sich. Er wollte bereits gehen, als er noch etwas bemerkte – vier Schraubenlöcher in der Wand über dem Tisch und ein durchtrenntes Kabel, das hinter das Regalbrett geklemmt war. Er fragte sich, ob der Draht mit dem Positionsmeldesystem verbunden gewesen war, einem Gerät, das laufend und automatisch die Position eines Schiffes an die Behörden des Landes durchgibt, in dem das Schiff registriert ist.

O'Dea fragte Cabrera: «Wo ist das Fischereilogbuch?»

«Wir haben keins.»

O'Dea wandte sich an den jüngeren Mann, der hinter Cabrera stand, und wollte wissen: «Sind Sie der Fischmeister?»

Mit angewidertem Blick antwortete Antonio García Pérez: «Nein, nein. Erster Offizier. Kapitän ist Fischmeister.»

O'Dea gewann sofort einen negativen Eindruck von Pérez. Der wollte oder konnte ihm nicht direkt in die Augen sehen. Sein Gesicht war in einer finsteren Miene erstarrt. Alles an ihm deutete darauf hin, dass er ausgesprochen arrogant und möglicherweise sogar gefährlich war.

Scott Webb kam genau zu derselben Überzeugung. «Der sieht ausgesprochen fies aus», sagte er später zu O'Dea. «Den müssen wir unbedingt im Auge behalten.»

18. KAPITEL

Vancouver, Kanada

Der Fischmarkt auf Vancouvers Granville Island findet unter freiem Himmel statt und sieht aus wie viele andere Fischmärkte auch. Der Zementboden ist meist nass, und die Kunden müssen den Lieferkarren ausweichen, die sich durch die schmalen Gänge drängeln. Daniel Pauly, ein großer, bärtiger Mann mit schwarzer Hautfarbe und einem kaum wahrnehmbaren europäischen Akzent, besucht den Markt mindestens zweimal im Monat, kauft aber selten etwas. Er ist einer der führenden Fischkundler der Welt und geht nur auf den Markt, um zu sehen, was dort angeboten wird. In den letzten Jahren richtet er allerdings sein Augenmerk eher auf das, was *nicht* angeboten wird.

Pauly meint, sein Berufszweig trage eine Mitschuld an der weltweiten Dezimierung der Fischbestände und er wolle daran etwas ändern. Als Erstes, sagt er, müssten die Menschen das ganze Ausmaß des Problems erkennen. Er deutet auf einen gelblichen Fisch und erklärt: «Das ist ein Klippenbarsch. Er gehört zu den langsam wachsenden Fischen, die früher in großen Mengen entlang der Küste von British Columbia anzutreffen waren. Dort sind kaum noch welche übrig. Stattdessen sind *diese* hier.» Über einen kleinen sardinenähnlichen Fisch sagt er: «Das ist der Stint. Er galt immer als Köderfisch, doch vor zehn Jahren fing man an, ihn zu essen. Und da ist ein Buntbarsch – der kommt aus Taiwan. Die Hummer dort drüben sind aus Kuba und die Tigergarnelen aus Thailand. Die Kammmuscheln stammen wahrscheinlich aus Südamerika.»

Pauly ist weder Lee Lantz noch Antonio Pérez je begegnet, aber er würde wohl anerkennen, dass beide ihrer Zeit weit voraus sind, weil sie begriffen haben, dass die Zukunft ihrer Branche davon abhängt, dass in der südlichen Hemisphäre neue Arten entdeckt werden – als Ersatz für die schwindenden Bestände auf der nördlichen Halbkugel. «Darum geht es im Grunde», erklärt Pauly. «Der nördlichen Hemisphäre gehen die Fische aus; sie ist zu einem riesigen ‹Schwarzen Loch› geworden, das immer mehr Meerestiere aus dem Süden schluckt.»

Der nächste Stand scheint allerdings ein ganz anderes Bild zu vermitteln. Dort liegen etliche Arten Lachs sowie Schnappbarsche und Kabeljau auf Eis – allesamt «heimische» Tiere, wie auf kleinen Schildern zu lesen ist Über den Lachs sagt Pauly: «Den gibt es in British Columbia noch, allerdings nicht so, wie Sie vielleicht glauben – das meiste, was Sie hier sehen, ist Zuchtlachs. Die Hälfte des Lachses, der in British Columbia in den Verkauf kommt, wird inzwischen gezüchtet. Und das ist kein ‹heimischer› Kabeljau; in dieser Region gibt es gar keinen echten Kabeljau – und auch keinen Schnappbarsch.»

Der Mann hinter dem Stand hört dies und sagt: «Der Kabeljau ist von hier!»

«Nein, keineswegs», kontert Pauly. «Hier gibt es überhaupt keinen Kabeljau. Ich weiß nicht, woher der stammt.»

Paulys direkte, unverblümte Art und seine Neigung, Diskussionen mit definitiven Aussagen abzuwürgen, führen bisweilen zu heftigen Auseinandersetzungen. Pauly sagt, die Probleme seien zu dringlich, um die Zeit mit Haarspaltereien oder politischen Finessen zu vergeuden. Wenn Kollegen beispielsweise vorschlagen, er solle sich mit den Fischern zusammensetzen, die zu viele Fische fangen, lehnt er dies stets ab. «Worüber sollen wir reden?», fragt er. «Wenn ich zu schnell fahre, eröffnet der Polizist auch keinen *Dialog*. Er verpasst mir einen Strafzettel.»

Gleich neben dem angeblich heimischen Kabeljau entdeckt Pauly einen leuchtend orangefarbenen Fisch. «Ah, Granatbarsch», erklärt er und hört sich an, als begrüße er einen alten Freund. «Früher nannte man ihn Schleimkopf. Der wächst sogar noch langsamer als der Schwarze Seehecht und wird bis zu einhundertfünfzig Jahre alt. In zehn, zwanzig Jahren wird er ausgestorben sein.» Langlebige Fische wie den Granatbarsch oder den Schwarzen Seehecht vor dem Aussterben zu bewahren hat nach Paulys Ansicht den gleichen Stellenwert wie der Erhalt eines alten Baumbestands, etwa der majestätischen Zedern und Schierlingstannen im Stanley Park, einem Naturreservat nahe Vancouver. «Wäre der Stanley Park noch genauso schön», fragt er, «wenn wir eine Quote festlegten, wonach jedes Jahr vier Prozent der Bäume niedergemacht werden können? Oder wenn wir den Leuten erlaubten, Bäume zu fällen, aber nur am zweiten Sonntag jeden Monats? Oder wenn wir den Leuten empfehlen würden, kein Holz solcher Bäume zu kaufen? Natürlich nicht! Egal wie man vorginge, man hätte am Ende viel weniger Bäume. Wir schätzen und lieben den Stanley Park, weil es verboten ist, die Bäume anzurühren. Genau so müssten wir in den Ozeanen verfahren – Zonen schaffen, die der Natur vorbehalten sind, und andere für uns. Aber nein, wir glauben, wir können überall fischen und uns mit zaghaften Korrekturversuchen begnügen. Das geht nicht. Das hätte zur Folge, dass wir alles verlieren.»

Als Pauly in den 1970er Jahren mit seiner Arbeit begann, waren die Wissenschaftler im Fischereiwesen eher daran interessiert, Methoden zu entwickeln, um mehr Fische zu fangen, als sie zu schützen. Wie die Fischer in Ribeira konnten sie sich einfach nicht vorstellen, dass die Fische in den Weltmeeren je knapp werden würden. Während Pauly in den folgenden zwanzig Jahren Fischgründe auf der ganzen Welt studierte, stellte er immer wieder fest, dass der Mensch massiv in die Fischbestände eingegriffen hatte. Die einzige Lösung bestand seiner Meinung nach darin, die Prioritäten seines Berufszweigs umzukehren. Und so wurde er zum Umweltschützer. Er gehört jedoch nicht zu den fundamentalistischen Ökos, die

die Welt nur aus der Sicht der Tiere betrachten. Ihm geht es um Raubbau, Ressourcenverschwendung und die unwiederbringlichen Verluste, die eingetreten sind, seit die Populationen vieler begehrter Speisefische um mehr als neunzig Prozent gegenüber dem Stand von vor fünfzig Jahren dezimiert wurden. Ließe man die Fischbestände sich erholen und würde man sie effizienter nützen, erklärt Pauly, könnten die Fische eine verlässliche – und letztlich umfassendere – Quelle für Nahrung und Arbeit werden. Es geht ihm auch um soziale Ungerechtigkeit, besonders gegenüber Menschen in Entwicklungsländern, die sich keinen Fisch mehr leisten können. «Nehmen Sie Angola», sagt Pauly, als wir den Markt verlassen. «Das Land exportierte riesige Mengen Fisch, selbst als es mitten in einer großen Hungersnot steckte.»

Pauly kann mitunter anstrengend sein. Er ist charmant und oft witzig, und seine Gedanken und Äußerungen sind stets interessant, aber er spricht wie in Maschinengewehrsalven. Und seine Schlussfolgerungen sind durchweg so düster und deprimierend, dass er manchmal der Schwarzseherei bezichtigt wird, was ihn allerdings empört. «Man muss sich mit den Fakten auseinander setzen», fordert er. «Ist es wahr, dass heute nur noch ein Zehntel dessen an großen Fischen in den Meeren schwimmt, was dort noch vor ein paar Jahrzehnten unterwegs war? Die Antwort lautet ‹Ja› – und das ist das Einzige, was zählt. Wenn die Leute bloß sagen, sie glauben nicht an die einfache faktische Folgerung – dann zum Teufel mit ihnen! Es geht hier nicht um einen theologischen Diskurs!»

Als wir uns zum Mittagessen in ein Restaurant unweit des Marktes setzen, entdeckt Pauly auf der Speisekarte doch noch einen kleinen Hoffnungsschimmer – Heilbutt in einer Brühe aus Kokosnuss, Ingwer und süßem Chili. Der Heilbutt war bereits überfischt, weswegen sich Young's Market einst nicht genügend Nachschub für seine gefrorenen Fischstäbchen sichern konnte, doch die Population hat sich seither wieder erholt. Dies ist eines der seltenen Beispiele dafür, was vernünftige Fischwirtschaft zu leisten vermag. «Der Heilbutt ist ein wunderschöner Fisch», schwärmt Pauly, «und es gibt kaum ein besser verwaltetes Fanggebiet als die Heilbuttgründe vor der nordamerikanischen Pazifikküste.»

Pauly ist sich darüber im Klaren, dass die meisten Menschen sehr wenig über den Fisch wissen, den sie kaufen und essen. Das, so meint er, sei ein Teil des Problems. «Alle sehen, dass es Unmengen von Fisch auf dem Markt gibt, aber sie erinnern sich nicht mehr daran, was es früher dort alles gab. Und deswegen meinen sie, es könne gar nicht so schlimm sein. Doch sie irren sich. Wir stecken in einer *Krise!* Sie kommt nicht erst – sie ist längst da.»

Während er dies sagt, fängt er plötzlich zu würgen an, und seine sonst kräftige Stimme versagt. Er hebt die Arme – in der einen Hand ein leeres Wasserglas – und winkt dem Kellner, hört aber nicht auf zu reden. «Wenn man sagt, die Populationen seien um neunzig Prozent zurückgegangen, verschleiert man im Grunde das Problem», erklärt er mit einem kaum hörbaren Krächzen, «denn die Fischbestände gehen nicht nur zurück – sie verschwinden ganz. Im Hudson gab es früher Alsen und riesige Störe. Die sucht man heute vergeblich. Aber wenn die Regierung die Zahl der bedrohten Fischgründe zählt, werden dann die Alsen und Störe im Hudson mitgezählt? Nein! Man zählt nur das, was gezählt werden kann, und vergisst das, was bereits verschwunden ist.»

Nachdem Pauly einen Schluck Wasser nachgegossen hat, findet er seine Stimme wieder und rattert noch schneller weiter, als wolle er die verlorene Zeit wettmachen. «Die Nordsee ist ein absolutes Katastrophengebiet; man findet dort noch zwei bis drei Prozent dessen, was es früher an großen Fischen gab. Vor Neuengland ist es genauso schlimm. Wir haben jedes Jahr sechzig Prozent der atlantischen Kabeljaubestände gefangen, bis die Fischgründe regelrecht zusammenbrachen. Das ist so, als würde man Jahr für Jahr sechzig Prozent seines Kapitals von der Bank abheben. Damit kann man eine Zeit lang auf großem Fuß leben. Man kann ordentlich konsumieren, aber irgendwann ist Schluss.»

Paulys globale Sichtweise und auch sein Eifer entspringen wohl seiner ungewöhnlichen Lebensgeschichte. Geboren wurde er 1946 in Paris als Sohn einer weißen Französin und eines schwarzen amerikanischen Soldaten, den Pauly erst Jahre später kennen lernte. Als Fabrikarbeiterin fiel es der Mutter schwer, allein für das Kind zu sorgen, und so vertraute sie den Zweijährigen einem befreundeten schweizerischen Ehepaar an, das versprach, sich ein paar Monate lang um den Jungen zu kümmern. Die Retter in der Not entpuppten sich jedoch als wahre Scheusale, denn sie weigerten sich, den Jungen zurückzugeben. Die Mutter, so argumentierten sie, habe keinerlei Rechte, weil ihr Sohn ein uneheliches Kind sei. Und dem Knaben erzählten sie, seine Mutter habe ihn, genau wie sein Vater, einfach im Stich gelassen. Obwohl sie versprochen hatten, Pauly wie ihren eigenen Sohn zu behandeln, machten sie ihn eher zu einer Art Lakaien; sie zwangen ihn, das Haus zu putzen und als Bote für eine Bäckerei zu arbeiten, die seinen Lohn direkt dem Ehepaar auszahlte. Er durfte in die Schule gehen, aber als einziges schwarzes Kind weit und breit fühlte er sich stets als Außenseiter.

Als Pauly siebzehn war, verließ er sein «Zuhause» und fuhr mit dem Zug in eine deutsche Kleinstadt, wo ein Pfarrer ihm eine Stelle als Hilfspfleger in einem Krankenhaus verschaffte. Ein Jahr später erhielt sein Lebenslauf erneut einen Knick, als nämlich die französische Armee ihn aufspürte und verlangte, dass er nach Frankreich zurückkehrte, um seinen Wehrdienst zu leisten. Vielleicht weil er kaum Französisch sprach, wurde er freigestellt und nach langem bürokratischem Hin und Her schließlich seiner Mutter übergeben. Bis dahin hatte Pauly nicht gewusst, wie er sie ausfindig machen konnte. Sie hatte inzwischen einen Franzosen geheiratet, der Pauly ein paar Jahre zuvor ohne dessen Wissen adoptiert hatte. Pauly erfuhr auch, dass es sieben Halbgeschwister gab. Obwohl er in all den Jahren zuvor nichts gehabt hatte, was ihn an seine Mutter erinnerte, nicht einmal ein Foto, mochte er dem schweizerischen Ehepaar doch nie glauben, dass sie ihn im Stich gelassen habe. Diese

Überzeugung bestätigte sich im Nachhinein, als sie ihm von den Drohbriefen der Ersatzeltern erzählte. Sie hatte an jedem seiner Geburtstage am Tisch einen extra Platz für ihn gedeckt.

Nachdem Pauly fast ein Jahr in Frankreich verbracht hatte, kehrte er nach Deutschland zurück, weil er seine Freundin wiedersehen und seine Abendschule abschließen wollte. Während der Schulzeit schwebte ihm vor, vielleicht einmal Literatur oder Geschichte zu studieren, doch man schrieb inzwischen das Jahr 1964, und er war ganz vom Idealismus jener Zeit beseelt. Er traf schließlich zwei Entscheidungen, die in Zusammenhang miteinander standen: Er wollte etwas tun, um Menschen in Entwicklungsländern zu helfen, und er wollte nach Afrika gehen. Er hatte bis dahin noch nie etwas kennen gelernt, das sich als «schwarze» Kultur bezeichnen ließe. Er hatte nicht einmal einen anderen Schwarzen getroffen, solange er in der Schweiz lebte. In seiner Abendschule waren nur Weiße, und auch seine Mutter und seine sieben Halbgeschwister waren weiß.

Als Pauly sich mit dreiundzwanzig an der Universität von Kiel einschrieb, hatte er einen anderen, konkreteren Plan gefasst – er wollte Agronomie studieren. Um seinen Lebensunterhalt zu bestreiten, musste er diverse Teilzeitjobs übernehmen – einer davon war am Institut für Meereskunde. Dort musste Pauly Meeresgrundproben untersuchen und die darin lebenden Tiere zählen, hauptsächlich Würmer, Muscheln und anderes Getier – zweifellos eine der niedersten Arbeiten, die die Welt der Wissenschaft zu bieten hatte. Es war ein mühsames Hantieren mit Löffeln und Pinzetten. Nachdem Pauly etliche Pfund des Materials gesichtet hatte, kam ihm eine bessere Idee: In einer mechanischen Vorrichtung mischte er die Proben mit Wasser und pumpte sie durch einen Filter. So ließen sich innerhalb von fünfzehn Minuten fünf Liter Schlick bearbeiten; für die gleiche Menge hatte man zuvor mehrere Stunden gebraucht. Pauly wurde dem Institutsleiter vorgestellt – eine ungewöhnliche Ehre für einen einfachen Studenten. Der Professor drängte Pauly dazu, einen Artikel über seine Erfindung zu schreiben, was er auch tat. Endlich hatte Pauly das Gefühl, wenigstens beruflich ein Zuhause gefunden zu haben.

Nach wie vor war unklar, wohin ihn sein weiterer Berufsweg führen würde. Vor Abschluss seines Studiums in Kiel ging er für ein halbes Jahr nach Ghana, wo er Lagunen darauf untersuchte, ob sie sich für Aquakultur eigneten – das Ergebnis seiner Arbeit zeigte, dass diese Gewässer für jegliche Fischzucht zu verschmutzt waren. Auf jener Reise wurde ihm bewusst, dass er viel zu viel Zeit in Europa verbracht hatte, um sich in Afrika je wirklich heimisch zu fühlen. Inzwischen hatte er auch die Vereinigten Staaten besucht und dort seinen Vater kennen gelernt, der in Kalifornien als Kraftwerkstechniker arbeitete, sowie eine Tante, die in Arkansas lebte. Er konnte sich nicht vorstellen, in Amerika zu bleiben, besonders nachdem seine Tante ihn ermahnte, auf den Straßen im Zentrum von Little Rock nicht zu rennen. Er erinnert sich noch an ihre Worte: «Schwarze Kids können hier nicht rennen. Wenn du als Schwarzer rennst, schießt sofort die Polizei auf dich!» Er ging schließlich nach Indonesien und arbeitete dort für eine deutsche Institution, die die Einheimischen bei der Entwicklung von Fischzuchtanlagen unterstützte.

Im Jahr 1979 verschlug es Pauly auf die Philippinen, wo er für das Internationale Zentrum für das Management lebender Meeresressourcen arbeitete, das mit Geldern der Rockefeller-Stiftung gegründet worden war. Das Zentrum sollte dazu beitragen, in den südostasiatischen Ländern die Ausbeute an Meerestieren zu verbessern. Im Grunde waren die Fangmengen in der gesamten Region bereits in den vorangegangenen zwanzig Jahren permanent gesteigert worden, und Pauly glaubte, dieses Niveau lasse sich nicht dauerhaft halten, denn er ging davon aus, dass viele Fischbestände bereits vernichtet waren. Ein klares Indiz dafür war die Armut der Fischer; auf den Philippinen brachten viele nach einem langen Tag harter Arbeit ganze zwei oder drei Pfund Fisch nach Hause, weniger als die Hälfte dessen, was sie zehn Jahre zuvor gefangen hatten.

Verantwortlich für diese Entwicklung war, wie in vielen anderen Teilen der Welt, die Einführung von Schleppnetzen. Bereits im Mittelalter zogen Fischer in Segelbooten Netze hinter sich her, doch erst mit der industriellen Revolution nahm diese Technik problematische Dimensionen an. Englische Fischereifahrzeuge wurden ab 1860 mit Dampfmaschinen und ab 1880 mit Drahttrossen für die Schleppnetze ausgestattet. Damals begriff niemand die möglichen Auswirkungen dieser Mechanisierung. Als der berühmte Naturforscher Thomas Huxley, der einst englischer Fischereikommissar war, 1883 eine Rede vor Naturwissenschaftlern und Vertretern der Fischindustrie hielt, räumte er die Möglichkeit ein, dass einige Fischgründe irgendwann «erschöpft» sein könnten, und sprach auch von der Gefahr, dass in manchen englischen Flüssen ob der Umweltverschmutzung der Lachs aussterben würde, doch für die Fischgründe in den Meeren sah er keine Probleme. «Wahrscheinlich sind alle großen Meeresfischgründe unerschöpflich», erklärte er, «das heißt, nichts von dem, was wir tun, wirkt sich ernsthaft auf die Zahl der Fische aus.»

Die Technologie sollte Huxley Lügen strafen. Nach dem Ersten Weltkrieg gehörten Dieselmotoren und Eismaschinen an Bord von Fischdampfern zum allgemeinen Standard – damit konnten die Fischer schneller zu fernen Fanggebieten gelangen und ausgedehntere Fangfahrten unternehmen. Eine weitere Welle technischer Neuerungen nach dem Zweiten Weltkrieg brachte Radar, akustische Fischortungsgeräte, Fischverarbeitungsfabriken an Bord, Netze aus synthetischen Fasern und mechanisch gekühlte Laderäume.

Besonders bereitwillig übernommen wurden die neuen Technologien in Südostasien, wo die Bevölkerungsexplosion und die Hebung des Lebensstandards die Nachfrage nach Fisch sprunghaft ansteigen ließen. Führend waren die Philippinen. Mit Booten und Motoren, die das amerikanische Militär nach dem Zweiten Weltkrieg zurückgelassen hatte, stellten die Fischer ganze Flotten von Trawlern zusammen, die Zugang zu bisher unerschlossenen Fanggebieten fanden. Thailand stand den Filipinos in nichts nach; dort stieg die Zahl der Trawler von ungefähr hundert im Jahr 1960 auf fast dreitausend im Jahr 1966. Die gesamte Fangmenge des Landes steigerte sich von 146 000 Tonnen im Jahr 1960 auf 1 343 000 Tonnen im Jahr 1970. Im selben Zeitraum wurden die Fangmengen auch in Indonesien, Malaysia, Vietnam und auf den Philippinen annähernd verdoppelt. (In Vietnam ging die Fangquote nach 1970 indes stark zurück, weil die Hälfte der vietnamesischen Trawler zur Evakuierung von Flüchtlingen eingesetzt wurde.)

Die verbesserten Fangtechniken verschleierten die wahren Verhältnisse, doch ein kritischer Blick auf die Zahlen machte deutlich, dass die Fischer ein einseitiges Wettrüsten begonnen hatten, das auf keinen Fall ad infinitum weitergehen konnte. Hatten thailändische Trawler 1963 noch ungefähr fünfhundert Pfund Fisch in der Stunde gefangen, erbeuteten sie vier Jahre später nur noch halb so viel. Dies bedeutete, dass die Fischbestände halbiert worden waren und viel schneller aus dem Meer geholt wurden, als sie brauchten, um sich zu regenerieren – und trotzdem wurde der Fischfang nicht eingeschränkt. Im Gegenteil, jedes Jahr wurden weitere Trawler vom Stapel gelassen. Ende der 1970er Jahre verfügte Thailand über mehr als sechstausend Schleppnetzfangschiffe. Und während die Fahrzeuge anfangs nur tagsüber im Einsatz waren, operierten sie bald rund um die Uhr.

Mit den Populationen wurden auch deren Habitate zerstört. Viele philippinische Fischer verwendeten Sprengstoffe, ein weiteres Vermächtnis des Zweiten Weltkriegs. Dieses preiswerte Mordinstrument erreichte jeden Fisch in einem Radius von dreißig Metern, sodass man die toten Fische nur noch mit Keschern einsammeln musste. Die Explosionen töteten jedoch auch Jungfische und zerstörten Korallenriffe. Trawler richteten mindestens ebenso viel Schaden an. Stellenweise bestand fast die Hälfte des Fangs aus so genanntem Ausschuss, für wertlos erachteten Fischen, die entweder ins Meer zurückgeworfen oder an Tiere verfüttert wurden. Manche

Leute behaupteten zwar, die Trawler nützten dem Ozean, indem sie den Meeresboden «pflügten», doch das Gegenteil ist wahr. Die Korallenriffe, die von Trawlertrossen niedergerissen werden, sind für viele Fischarten lebenswichtig, weil sie zum einen von nahrungsreichen Gewässern umspült werden und zum anderen Schutz vor Räubern bieten.

«Können Sie sich vorstellen», fragt Pauly, «dass jemand Ihnen erzählt, er habe eine tolle Methode des Fischfangs entdeckt, bei der ein großes Netz über den Meeresboden gezogen wird, wobei nicht nur jeder Fisch gefangen, sondern auch das gesamte Habitat zerstört wird? Das wäre genau so, wie wenn Ihnen jemand erzählte, er jage Wild, indem er den ganzen Wald abholzt.»

19. KAPITEL Südatlantik **27. August 2003**

Bereits bevor Duffy die schmale Tür zur Brücke der *Viarsa* aufstieß, hatte er beschlossen, Cabrera nicht die Hand zu reichen. Er wollte jede Möglichkeit nutzen, die neue Ordnung zu demonstrieren, besonders während der ersten direkten Begegnung.

«Ich bin Zollinspektor Stephen Duffy. Ich habe bereits etliche Male mit Ihnen gesprochen. Erinnern Sie sich?»

«Ja, klar.»

Dann zeigte Duffy dem Kapitän seinen Dienstausweis und eine Liste mit den Namen der Mitglieder des Enterkommandos. Cabrera setzte sich eine Brille auf und sah sich die Namen genau an. «Diese Leute unterstehen meinem direkten Befehl», erklärte Duffy. «Sie und Ihre Besatzung müssen ihre Anweisungen befolgen. Ich möchte, dass Sie weiterhin das Kommando über Ihr Schiff und Ihre Besatzung führen. Aber bezüglich der Weiterfahrt werden Sie meinen Weisungen folgen. Haben Sie das verstanden?»

«Ich führe also das Kommando, kann aber nicht hinfahren, wo ich will?», fragte Cabrera.

«So ist es.»

«Ich führe das Kommando und habe nichts zu sagen?»

«Sie führen das Kommando, aber ich habe das Sagen. Sind Sie bereit, das zu akzeptieren?»

«Ja, ich habe keine andere Wahl.»

«Gut. Ich möchte jetzt Proviant für meine Leute auf Ihr Schiff bringen, wir werden also ein paarmal mit meinen Booten übersetzen. Sorgen Sie dafür, dass sich Ihre Männer ruhig verhalten, dort bleiben, wo sie sind, und nicht weiter vorkommen als bis zum Hauptmast. Wir werden zunächst nach Kapstadt fahren. Von dort werden wir das Schiff wahrscheinlich nach Fremantle in Australien bringen. Haben Sie das so weit verstanden?»

«Ja.»

«Bringen Sie Ihr Schiff jetzt bitte auf einen Kurs von 040 Grad und eine Geschwindigkeit von vier Knoten.»

«Meine langsamste Fahrt sind sechs Knoten.»

«Okay. Laufen Sie Ihre Minimalgeschwindigkeit und Kurs 040.»

Nachdem Cabrera die Anweisungen an Pérez weitergegeben hatte, der das Schiff steuerte, fügte Duffy hinzu: «Sie können jetzt Ihre Eigner anrufen, und ich glaube, es wäre ratsam, dies zu tun. Sie können ihnen alles mitteilen, was ich Ihnen gesagt habe.»

Während des fünfminütigen Telefongesprächs, das folgte, redete vor allem der Kapitän. Er wahrte einen gemäßigten Ton; erst gegen Ende klang er erregt. Anschließend teilte Cabrera Duffy mit, dass der Eigner sich mit DINARA, dem uruguayischen Amt für Gewässerverwaltung, in Verbindung setzen werde. Das Amt, das von einem autokratischen Mann namens Yamandú Flangini geleitet wurde, erteilte Fanglizenzen, kommandierte staatliche Kontrolleure auf Fischereifahrzeuge ab und überwachte das automatische Positionsmeldesystem des Landes.

Duffy nickte und sagte: «Ich muss wissen, ob Sie irgendwelche Waffen an Bord haben.»

«Wir haben keine Schusswaffen. Wir haben überall auf dem Schiff Fischmesser, aber keine Schusswaffen.»

Während Scott Webb das Gespräch verfolgte, beobachtete er Pérez, der in einer Hand eine Zigarette und mit der anderen das kleine hölzerne Steuerrad hielt. Da bemerkte er, dass ein Papierstreifen aus dem Telex rollte. Der Text war zwar in Spanisch, aber Webb verstand so viel, dass die uruguayische Marine eine Nachricht geschickt hatte, weil die *Viarsa* ihre Seenotfunkboje aktiviert hatte, einen schwimmfähigen Seenotsender, der normalerweise nur im Fall ernster Gefahr eingesetzt werden darf. Webb wandte sich an Cabrera und sagte: «Sie müssen darauf antworten und durchgeben, dass Sie nicht in Seenot sind, dass Sie von australischen Beamten geentert wurden und Ihre Sicherheit nicht gefährdet ist.»

«Kein Problem», erwiderte Cabrera. Unklar blieb, wer das Seenotsignal ausgelöst hatte. Der Kapitän übernahm das Ruder und beauftragte Pérez, an einem Computer in der Mitte der Brücke eine Mitteilung zu schreiben.

O'Dea wollte unbedingt dahinterkommen, wie es möglich gewesen war, die Position der *Viarsa* so ungenau durchzugeben, dass die uruguayischen Behörden anfangs behaupten konnten, das Schiff befinde sich im Atlantik. Weil Uruguay zu den Unterzeichnern der Konvention zum Schutz des Meereslebens in der Antarktis gehört, müssen dort registrierte kommerzielle Fangschiffe mit dem Vessel

Stephen Duffy auf der Brücke der *Viarsa*

Monitoring System (VMS) ausgestattet sein, das automatisch per Satellit die Position eines Schiffs durchgibt.

«Haben Sie ein Vessel Monitoring System?», wollte O'Dea wissen.

«Nein.»

«Wie weiß Ihre Regierung dann, wo Sie sind?», fragte O'Dea den Kapitän.

Cabrera deutete auf den Computer, an dem Pérez die Mitteilung über das irrtümlich gesendete Notsignal schrieb, und sagte: «Wir geben die Positionen einfach ein und schicken sie dreimal am Tag nach Uruguay.»

«Das entspricht aber nicht den Vorschriften.»

Cabrera zuckte mit den Schultern. In dem Moment klingelte das Satellitentelefon. Cabrera nahm den Hörer ab und sprach ein paar Sätze auf Spanisch, doch die meiste Zeit hörte er zu. Dann sagte er, «*Sí, sí, sí*», und blickte zu Duffy, der neben ihm stand. Er hielt die Hand über die Sprechmuschel und erklärte, Captain Flangini, der Leiter der DINARA, sei dran und wolle mit Duffy sprechen. «Er will wissen, was mit unserem Schiff los ist», fügte Cabrera hinzu.

«Sie können ihm weitergeben, was ich Ihnen gesagt habe – das Schiff wird nach Australien gebracht», erwiderte Duffy. Cabrera sprach wieder eine Zeit lang spanisch, bevor er erneut die Hand auf den Hörer hielt und sagte: «Der Direktor hat eine Dolmetscherin und möchte, dass Sie mit ihr reden.» Duffy übernahm den Hörer. Am anderen Ende der Leitung stellte sich eine Frau als «Carmen» vor und sagte: «Es gibt Probleme zwischen den Regierungen Uruguays und Australiens wegen der Zeitverschiebung. Wir haben Schwierigkeiten, Vertreter Ihrer Regierung zu erreichen.»

«Ich verstehe», erwiderte Duffy.

«Wegen dieser Probleme möchte der Direktor, dass Sie Ihre Aktion stoppen. Sie können auf dem Schiff bleiben, aber es muss nach Montevideo kommen. Der Direktor möchte klarstellen, dass Ihr Vorgehen ungerechtfertigt ist.» In dem Moment hörte Duffy im

Hintergrund einen Mann auf Spanisch reden – wie ein Schnellfeuergewehr. Duffy vermutete, das müsse Flangini sein, der die Dolmetscherin dazu drängte, sein Anliegen mit mehr Nachdruck zu übermitteln. «*Sí, sí, sí*», versicherte die Dame, so als wolle sie zu verstehen geben, dass sie mehr Zeit brauche, um die Mitteilungen zu übersetzen, aber der Mann hörte gar nicht auf zu reden.

«Bitte sagen Sie dem Direktor, dass ich seinem Wunsch nicht nachkommen kann», erklärte Duffy. «Ich bringe das Schiff nach Südafrika und dann nach Australien, damit es dort auf illegalen Fischfang untersucht werden kann.»

Als die Dolmetscherin dies übersetzt hatte, erfolgte ein weiterer Ausbruch auf Spanisch. «Mein Chef sagt, das dürfen Sie nicht!», übermittelte Carmen. «Sie machen sich der Piraterie schuldig. Das Schiff steht unter Arrest der uruguayischen Regierung und muss hierher zurückkehren.»

«Hören Sie», erwiderte Duffy, «laut Seerecht untersteht das Schiff meinem Befehl, und es wird wegen des Verdachts des illegalen Fischfangs untersucht. Ich werde nicht weiter mit dem Direktor sprechen. Falls er irgendwelche Beschwerden vorbringen will, sollte er dies über diplomatische Kanäle tun.»

Duffy legte auf und fragte Cabrera: «Wo sind Ihre anderen Aufzeichnungen und das Fischereilogbuch?»

Cabrera wiederholte, was er bereits O'Dea gesagt hatte: «Ich führe kein Fischereilogbuch.»

«Nun, können Sie mir sagen, wie viel Fisch an Bord ist?»

«Nein.»

«Wie können Sie ein Fangschiff auf See befehligen und nicht wissen, wie viel Fisch Sie an Bord haben? Das ist doch nicht möglich!»

Daraufhin ging Cabrera in den Kartenraum, öffnete eine Schublade und nahm einen braunen Aktenordner heraus, der etliche grüne Formulare enthielt, auf denen Positionen und Fangmengen verzeichnet waren. «Das hier haben wir», murrte er. Den Blättern zufolge hatte die *Viarsa* am 2. August 6,8 Tonnen und am 3. August

8,3 Tonnen Schwarzen Seehecht gefangen, und seither nichts. Die Standorte, an denen angeblich gefischt worden war, lagen alle außerhalb der australischen Fischereizone – und waren mit Bleistift eingetragen.

«Wo stammen diese Positions- und Gewichtsangaben her?», wollte Duffy wissen.

«Die Positionen gebe ich an, die Gewichtsangaben macht der Kontrolleur.»

«Wo ist der Kontrolleur?», fragte Duffy. «Er soll heraufkommen.»

Eduardo Morello Schultz, ein glattrasierter junger Mann, lag auf seiner Koje in einem beengten Raum vorn im Vorschiff, der als «Kabine Nr. 2» gekennzeichnet war und den er mit drei Offizieren teilte. Die Konvention zum Schutz des Meereslebens in der Antarktis schreibt vor, dass jedes Fischereifahrzeug einem staatlichen Kontrolleur jederzeit Zugang zum gesamten Schiff gewährt und dass dieser Kontrolleur alle Einzelheiten zu jeder Langleine dokumentiert – wo und wann welches Fanggerät eingesetzt wurde und welche Fischarten und Mengen gefangen wurden.

Als Schultz auf der Brücke erschien, staunten O'Dea und Webb darüber, wie jung der Mann war. Er sieht aus wie eine verängstigte kleine Maus, dachte Webb insgeheim. Der Kontrolleur beherrschte so viel Englisch, dass Webb und O'Dea sich anfangs direkt mit ihm unterhalten konnten; nur gelegentlich musste Cabrera übersetzen. Der Kontrolleur erklärte, das Schiff führe etwa 2600 Kisten Seehecht mit, die ungefähr fünfundachtzig Tonnen wogen.

«Woher bekommen Sie die Daten für Ihre Berichte?», fragte O'Dea.

«Der Kapitän teilt mir mit, welche Fänge gemacht wurden, und gibt mir ein Papier mit den Positionen.» Dies widersprach natürlich Cabreras Behauptung, der Kontrolleur teile *ihm* die Fangmengen mit. Die Aussage des Kontrolleurs schien Cabrera und Pérez zu verärgern, die beide nahe genug standen, um alles mitzubekommen.

Die beiden begannen, aufgeregt auf Spanisch zu reden. Pérez, der an der Wand hinter dem Steuerrad lehnte, spielte mit einem Stück Schnur, das er zu einem Henkersknoten knüpfte – das jedenfalls war Webbs Eindruck. Als Schultz in die Richtung blickte, senkte er den Kopf und verbarg sein Gesicht in den Händen.

«Die bedrohen ihn offensichtlich», sagte Webb zu O'Dea. «Reden wir draußen mit ihm.»

Webb führte den Kontrolleur auf das kleine Deck an der Brückennock und sagte: «Die Kerle schüchtern Sie ein, nicht wahr?»

«Der Kapitän ist verrückt», meinte Schultz. «Er ist mit uns ins Eis gefahren, er hat unser Leben aufs Spiel gesetzt. Und jetzt setzt er mich unter Druck.»

«Was meinen Sie damit? Hat er Sie bedroht?»

Der Kontrolleur beantwortete diese Frage nicht direkt, erklärte

Ricardo Cabrera (links), Kapitän der *Viarsa*, ist nicht einverstanden mit Duffys Plan, das Schiff nach Südafrika zu bringen

aber, Cabrera sei besonders penibel in Bezug auf die Positionen – die Längen- und Breitengrade –, die nach Uruguay gemeldet wurden.

«Möchten Sie, dass wir Sie von dem Schiff bringen?»

«Nein, nein, nein. Dann wüssten sie, dass ich Ihnen helfe.»

«Wo sind Ihre Aufzeichnungen?»

«In meiner Kabine», antwortete Schultz. «Ich weiß, Sie sind Regierungsbeamter, und ich kann Ihnen helfen, aber das darf niemand mitkriegen. Wenn wir in meine Kabine gehen, kann ich Ihnen zeigen, wo meine Sachen sind, aber es darf nicht so aussehen, als würde ich Ihnen helfen.»

Webb war begeistert von der Aussicht, einen kooperativen Zeugen zu haben, der aus erster Hand Erkenntnisse über illegales Fischen besaß. «Kein Problem», sagte er. «Holen wir Ihre Unterlagen.»

«Sie müssen zuerst mit Captain Flangini sprechen. Er hat mir gesagt, Sie hätten kein Recht, meine Papiere anzurühren, deshalb sollten Sie ihn anrufen und direkt mit ihm reden. Wenn er sagt, ich soll sie Ihnen aushändigen, werde ich Ihnen alles geben.»

Webb erklärte sich zwar bereit anzurufen, allerdings nur als Geste des guten Willens. Er beabsichtigte, die Dokumente aufzuspüren und zu konfiszieren, egal, was Flangini sagte. Schultz rief Captain Flangini über Satellitentelefon an. Nachdem er ein paar Minuten mit ihm geredet hatte, gab er Webb den Hörer. Carmen, Flanginis Dolmetscherin, war am anderen Ende der Leitung.

«Wir müssen die Aufzeichnungen Ihres Kontrolleurs einsehen», erklärte Webb. «Wir haben ihm gesagt, dass wir die Papiere beschlagnahmen werden.»

Nachdem Carmen mit ihrem Chef auf Spanisch Rücksprache gehalten hatte, sagte sie: «Der Kontrolleur ist kein Mitglied der Besatzung. Er ist Regierungsbeamter. Jegliche Information in seinem Besitz ist Eigentum der uruguayischen Regierung – und jede Maßnahme, sie ihm wegzunehmen, ist illegal. Es muss ihm gestattet werden, mit seinen Dokumenten nach Uruguay zurückzukehren. Er darf nicht nach Australien gebracht werden.»

«Wir werden die Unterlagen sicherstellen und nach Australien mitnehmen.»

Nach einer weiteren Pause meldete sich Carmen: «Ihre Durchsuchung ist gesetzwidrig!»

Webb schnitt ihr das Wort ab: «Tut mir leid, aber das Schiff wurde in unserer Zone angetroffen. Wir werden nach Indizien suchen, und dazu zählen auch die Aufzeichnungen des Kontrolleurs.» Nachdem Webb aufgelegt hatte, sagte er zu Schultz: «Wir werden die Dokumente beschlagnahmen, egal, ob Sie sie uns freiwillig aushändigen oder wir sie erst suchen müssen. Wir werden sie auf jeden Fall bekommen.» Kurz darauf stiegen Webb, O'Dea und Schultz eine steile Treppe zu den Mannschaftsquartieren hinab. Über einen schmalen Gang, der durch die Mitte des Schiffs führte, gelangten sie zu Schultz' Kabine. Nachdem die drei die Tür hinter sich geschlossen hatten, deutete Schultz auf eine Schublade und sagte: «Da sollten Sie hineinsehen, aber ich möchte nicht dabei sein, während Sie suchen.»

«Wie kamen Sie zu den Positionen des Schiffs?», wollte O'Dea wissen.

«Der Kapitän lässt mich nie auf die Brücke. Er gibt mir immer ein kleines Stück Papier mit den Längen- und Breitengraden. Ich weiß, dass die Positionen falsch sind, aber er sagt mir, ‹Die tragen Sie ein›. Alles andere stimmt – die Fangmengen und das verwendete Fanggerät.»

Dann stellte O'Dea die entscheidende Frage: «Was tat das Schiff an dem Tag, bevor wir Sie aufspürten?»

«Weiß ich nicht.»

«Wie ist es möglich, dass Sie das nicht wissen?»

«Ich war krank. Ich habe die Kabine vier oder fünf Tage vorher nicht verlassen.»

«Okay, aber selbst hier drin hätten Sie gehört, wie die Motoren laufen, und daraus schließen können, ob gefischt oder gefahren wurde, oder nicht?»

«Nein, ich war sehr krank. Ich war nur hier in der Kabine.»

O'Dea hätte schwören können, dass das gelogen war, und hielt Schultz für absolut unglaubwürdig – entweder hatte er von Anfang an mit den Piraten unter einer Decke gesteckt, oder er beschloss später, gemeinsame Sache mit ihnen zu machen. Webb, der ihn weniger kategorisch verurteilte, forderte Schultz auf, die Kabine zu verlassen. Dann durchsuchten die Inspektoren Schränke, Schubladen und sogar die Kojen. Sie stellten etliche Gegenstände sicher, die Schultz zu gehören schienen – einen Toshiba-Laptop, eine Kodak-Digitalkamera und diverse Akten.

Als O'Dea die Matratze der Koje direkt über der von Schultz hochhob, entdeckte er noch etwas – ein in schwarzes und braunes Kunstleder eingebundenes Tagebuch. Auf der ersten Seite stand ein Name, José González Pérez. O'Dea und Webb wussten, dass so einer der Offiziere des Schiffs hieß, ein Spanier, der nicht mit Antonio Pérez verwandt war. O'Dea suchte sofort nach den Einträgen unmittelbar vor Beginn der Verfolgung. Die Notizen waren in Spanisch, aber O'Dea erkannte einige Worte, darunter *pesca*. Er bemerkte auch, dass etliches durchgestrichen worden war.

Als sie die Kabine verließen, deutete Schultz, der im Korridor gewartet hatte, auf einen Schrank und flüsterte: «Da sollten Sie ebenfalls hineinsehen. Da drin habe ich einige Papiere versteckt.» Webb meinte, alles, was Schultz vor seinen Kabinengenossen verbarg, müsse interessant sein. Hinter einem Staubsauger fand er einen weiteren Satz Fangdokumente. Jede Seite war mit den Worten «*posiciones falsas*» überschrieben, was wohl «falsche Positionen» bedeutete, wie Webb vermutete. Er ging davon aus, dass diese Markierungen von Schultz stammten und darauf schließen ließen, dass jener bei dem Komplott nicht voll mitspielte und vielleicht sogar bereit war, gegen die Besatzung auszusagen. O'Dea blieb skeptisch. Die Dokumente entpuppten sich als zusammengefasste Fangberichte; jede Seite enthielt Angaben über Fangmengen und Positionen über einen Zeitraum von vier Tagen. Als O'Dea die Blätter näher betrachtete, fiel ihm sofort auf, dass sich die überschriebenen Positionen im Atlantik befanden, dort wo die uruguayische Regierung das Schiff anfangs verortet hatte.

O'Dea deutete auf die handgeschriebenen Notizen und fragte Schultz: «Wieso haben Sie ‹falsche Positionen› auf diese Seiten geschrieben?»

«Der Kapitän hat mir vor ein paar Tagen gesagt, sie seien falsch.»

«Hat er Ihnen erklärt, weshalb er Ihnen falsche Positionen genannt hatte?»

«Er sagte, er hätte mir falsche Positionen genannt, weil niemand wissen solle, wo seine besten Fanggebiete liegen.»

O'Dea konnte nicht glauben, dass Schultz so wenig Gespür dafür hatte, wo sich das Schiff befand, und dem Kapitän abnahm, man sei im Atlantik. Noch etwas schien merkwürdig: Einerseits hatte Schultz behauptet, er habe die Brücke nicht betreten dürfen, andererseits hatte er ausgesagt, er habe das Satellitentelefon benutzt, das im Kartenraum neben einem der GPS-Geräte stand. Da sich am GPS-Gerät über eine digitale Anzeige die Position der *Viarsa* ablesen ließ, musste er gewusst haben, dass sich das Schiff nicht einmal in der Nähe des Atlantiks befunden hatte.

Wieder oben auf der Brücke, sagte Webb: «Ich glaube nach wie vor, wenn wir ihn vor den anderen schützen und ein wenig bemuttern, rückt er vielleicht alles raus und gibt es uns sogar schriftlich.»

«Das bezweifle ich», erwiderte O'Dea. «Ich würde diesem Bürschchen nicht mal bis zur nächsten Ecke trauen.»

O'Dea hatte den Eindruck gewonnen, dass auch das Logbuch nicht glaubwürdig war. Laut dem ersten Eintrag zur derzeitigen Fahrt war die *Viarsa* am Nachmittag des 30. Juni in Mauritius ausgelaufen. Zumindest diese Angabe hielt O'Dea für einigermaßen zuverlässig, denn er fand ein authentisch aussehendes Dokument, das an jenem

Tag von den mauritischen Behörden ausgestellt worden war. Mauritius wird oft von Seehechtfängern angelaufen; es liegt relativ nah an diversen Fanggebieten, verfügt über Hafenanlagen, in denen die Fische in Container umgeladen werden können, und es ist regelmäßiger Zielhafen von Containerschiffen. Misstrauisch war O'Dea jedoch bei den nachfolgenden Einträgen in dem Logbuch, wonach die *Viarsa* auf dieser Fahrt größtenteils auf hoher See, also außerhalb von Hoheitsgewässern, unterwegs war.

Anders als bei den meisten Logbüchern, in denen sich für jeden Tag mehrere Einträge finden, oft von verschiedenen Leuten, schienen alle Notizen in diesem Buch mit derselben Handschrift und demselben Stift gemacht worden zu sein. Für jeden Tag war nur eine einzige Position genannt. Und scheinbar war beim Schreiben nie ein Fehler unterlaufen, jedenfalls war nichts durchgestrichen. Bei der Durchsuchung der Brücke stieß O'Dea auf eine weitere Un-

O'Dea in den Mannschaftsquartieren der *Viarsa* auf der Suche nach Beweismitteln

gereimtheit: Die Tage vor dem 4. August waren mit Fernschreiben und Wetterberichten dokumentiert, die in einem Ordner abgeheftet waren, doch für die Zeit danach ließen sich derartige Unterlagen nicht mehr finden.

O'Dea wollte möglichst viele weitere Dokumente sicherstellen und fragte den Kapitän nach den Ausweispapieren der Crew. Cabrera öffnete die verschlossene Aktentasche, die O'Dea gleich bei An-Bord-Kommen konfisziert hatte, und nahm einen Umschlag mit Pässen und eine Liste heraus, in der die Nationalität, Qualifikation und bisherige Tätigkeit jedes Besatzungsmitglieds vermerkt waren. Auf der Liste standen sechzehn Chilenen, dreizehn Spanier, vier Uruguayer, drei Portugiesen, drei Peruaner und ein Rumäne. Einer der Chilenen, ein 34-Jähriger namens Roberto Enrique Reyes Guerrero, war einst auf der *South Tomi* gefahren; O'Dea fragte sich, ob Guerrero wohl an Bord war, als das Schiff seinerzeit aufgebracht worden war.

Den ganzen Abend über durchsuchten O'Dea und Webb weitere Abteilungen des Schiffs. Sie begannen im «Auslegebereich» am Heck, wo die Haken an den Nebenleinen mit Köderfischen bestückt, die Nebenleinen an der Hauptleine befestigt, an der Hauptleine Steigleinen und Baken angebracht und die Langleinen ins Wasser gelassen werden. Die einzelnen Komponenten waren in rauen Mengen vorrätig. Die hellgrünen Nebenleinen lagen sorgfältig zusammengerollt in roten Plastikschalen; die fünfundzwanzig Haken von acht Zentimeter Länge hingen jeweils an einer Seite heraus. Die Schalen stapelten sich bis unter die Decke. In einem zwei Meter hohen Holzverschlag lagerten zahllose Hauptleinen. Über den Leinen fanden sich etliche Bojen, die meisten orange, doch einige waren dunkelblau gestrichen – damit sie von einem Patrouillenboot nicht so leicht auszumachen waren, vermutete O'Dea.

Es war offenkundig, dass hier sorgfältig und hart gearbeitet wurde – jeder einzelne Haken musste von Hand mit einem Köder bestückt werden. Und die Arbeitsbedingungen waren schrecklich. Wie die «Fabrik» war auch der Auslegebereich unbeheizt. Wenn eine Langleine ausgelegt werden soll, öffnet man eine zweiflügelige Stahltür, die knapp anderthalb Meter hoch und fast so breit wie das ganze Schiff ist, sodass die Arbeiter weitgehend ungeschützt den Elementen ausgesetzt sind. Den Mittelpunkt der Abteilung bildet ein großer Tisch, auf dem Haken durch die Mäuler der etwa fünfzehn Zentimeter langen Köderfische getrieben werden. Wenn gefischt wird, transportiert man pro Tag ungefähr eine Tonne Köderfisch in Kisten auf einem langen Förderband vom Bug zum Auslegebereich am Heck.

Sobald die Haken einer Nebenleine mit Ködern bestückt sind, wird am Ende der Leine ein drei bis vier Pfund schwerer Granitbrocken befestigt, damit die Leine senkrecht von der Hauptleine herabhängt. Sobald ein Abschnitt der Hauptleine mit einer Nebenleine versehen ist, lässt man sie durch die Öffnung ins Wasser. Ist die gesamte Hauptleine ausgelegt, manövriert das Schiff so lange, bis eine weitere Langleine ausgebracht oder eine eingeholt wird. Die Arbeiter, die zwischen dem Auslegebereich und der Fabrik pendeln, sind praktisch pausenlos im Einsatz.

O'Dea und Webb folgten dem Förderband vom Auslegebereich zur Fabrik. Dort hatte man einigermaßen aufgeräumt und sauber gemacht, doch der Boden war immer noch mit Gebein übersät, und es stank bestialisch. Achtern schloss sich ein Lagerraum an, gefüllt mit weißen Pappkartons mit der Aufschrift «Langleinenfisch, auf See eingefroren». Von Schwarzem Seehecht war nicht die Rede. Die Beschriftung verriet auch nichts darüber, wo die Fische gefangen worden waren. Neben dem Lagerraum gelangte man durch eine schwere Holztür in die Schnellgefrierkammer; dort liefen um diverse Regale Kondensatorrohre, die dafür sorgten, dass die zerlegten Fische in den Kisten so schnell wie möglich eingefroren wurden.

Zum Kühllagerraum gelangte man über eine steile Leiter. O'Dea und Webb stiegen mit Taschenlampen hinab und entdeckten auch dort ein ganzes Netz von Kühlrohren, die sich an der Decke und den Wänden entlangschlängelten. In etwa einem Drittel des Raums waren bis unter die Decke weiße Kartons gestapelt. O'Dea öffnete eine Kiste und sah, dass sie vier ausgenommene Seehechte enthielt.

Webb tastete sich Richtung Bug vor und stieß auf ein Schott, das sich quer über die gesamte Schiffsbreite zog und zwei große Türen hatte. Er öffnete eine und gelangte in eine weitere Kühlkammer; diese war mit Stapeln brauner Kartons mit der Aufschrift «*sardinas*» gefüllt. Es handelte sich offenbar um Köderfisch – allerdings viel mehr, als die *Viarsa* gebraucht hätte, um einen gesamten Laderaum voll Seehecht zu fangen. Webb vermutete, dass das Schiff einen Extravorrat mitführte, der möglicherweise an ein Schwesterschiff weitergegeben werden sollte. Oder vielleicht plante die *Viarsa*, ihre Seehechtbeute auf See auf ein anderes Schiff umzuladen, um die Herkunft der Fracht zu verschleiern, und die Fangfahrt fortzusetzen, ohne sich die Zeit zu nehmen, zwischendurch einen Hafen anzulaufen.

20. KAPITEL

Vancouver, Kanada

Daniel Pauly weiß, dass die rücksichtslose und vernunftwidrige Zerstörung der Meeresfauna durch den Menschen kein neues Phänomen ist. Ein treffendes Beispiel ist der Walfang. Die Jagd auf die größten Lebewesen der Erde begann vor mehr als tausend Jahren, denn Wale bildeten eine reiche Quelle an Fetten, Ölen und anderen Rohstoffen, die als Nahrungsmittel und Lampenbrennstoff sowie zur Seifenherstellung und schließlich für diverse Fertigungsprozesse Verwendung fanden.

Besonders verlockende Ziele waren die «richtigen» Wale, die so genannt wurden, weil sie langsam schwimmen und leicht zu fangen sind, sehr viel Speck aufweisen und nicht sinken, wenn sie getötet werden. «Die Siedler schauten auf die breiten Rücken der Glattwale und hatten keinen Blick für ihre Eleganz und Schönheit; sie sahen schwimmende Öltanks. Was diese natürlichen Ölfabriken noch verlockender machte, war der Umstand, dass sie absolut wartungsfrei funktionierten», schreibt Richard Ellis in *Der lebendige Ozean.** Als sich die «richtigen» Wale immer schwerer finden ließen, wurden die Walfänger weniger wählerisch und jagten fast jeden Wal, den sie sichteten. Die einzigen Arten, die in nennenswerter Zahl überlebten, waren entweder zu schnell, um gefangen zu werden, oder unmöglich zu bergen, weil sie sanken, sobald sie tot waren.

* Richard Ellis, *The Empty Ocean*, Island Press, Washington 2003; deutsch *Der lebendige Ozean*, **mare**buchverlag, Hamburg 2006.

Ab 1868 brachte jedoch eine neue Technik alle Wale in Gefahr – mit Geschützen abgeschossene Harpunen. Nicht nur reichten diese viel weiter als ihre von Hand geworfenen Vorläufer; sie waren darüber hinaus mit Schläuchen ausgestattet, durch die Luft in den Wal gepumpt wurde, damit selbst das schwerste Exemplar sich über Wasser hielt.

Eine Walart nach der anderen wurde gejagt, bis die Bestände derart dezimiert waren, dass sich die Jagd nicht mehr lohnte. Es war offensichtlich, dass das systematische Abschlachten irgendwann ganze Walpopulationen und auch die davon abhängigen Industrien auslöschen würde, doch die Walfänger reagierten auf die von ihnen verursachte Verknappung, indem sie ihre Anstrengungen verdoppelten. «Jeder schien zu wissen, dass die Wale ausgerottet wurden, aber keiner wollte es wahrhaben», schreibt Ellis. «Außerdem war klar, wenn eine Nation den Walfang einstellte oder einschränkte, würden andere nachrücken.»

Seit dem Zweiten Weltkrieg gilt für viele Fischwirte die Faustregel, dass bei den meisten Arten die maximale dauerhaft haltbare Fangquote erreicht werden kann, wenn die Population etwa um die Hälfte reduziert wird. Diese Formel dürfte bei Umweltschützern wohl kaum auf Zustimmung stoßen, doch das Grundprinzip wird von den Ichthyologen, auch von Männern wie Pauly, weitgehend anerkannt. Die Formel funktioniert, denn wenn eine Population dezimiert wird, wachsen die Jungfische schneller heran als sonst und erreichen in größerer Zahl die volle Reife. Verringert sich die Population jedoch auf weniger als die Hälfte, sind nicht mehr genügend Fische da, um den Fortbestand zu sichern. Nach Paulys Bank-Analogie haben die Fischer dann so viel Kapital verbraucht, dass der Saldo nicht mehr genügend Zinsen abwirft, um die Abhebungen wettzumachen.

Das größte Problem besteht darin, dass eine unaufhaltsame Kettenreaktion einsetzt. Die Fangziffern steigen explosionsartig, während die erste Hälfte der Population dezimiert wird. Und da die Einkommen und Erwartungen der Fischer mindestens ebenso stark steigen, schaffen sie sich weitere Boote und bessere Fanggeräte an. Genau dies geschah in den 1950er und 60er Jahren im Pazifik wie auch im Atlantik. Angeheizt wurde diese Dynamik durch die Einführung modernerer Techniken sowie die staatliche Subventionierung des Baus neuer Fangschiffe. «Das war die Zeit der Arglosigkeit», sagt Pauly. «Und als die Hälfte der Fische verschwunden war, hatte die Industrie so viel Geld in ihre Flotten investiert, dass sie über den Punkt hinausschoss, wo sie hätte innehalten sollen. Eine weiche Landung war unmöglich.»

Im Atlantik zeigten sich die ersten Hinweise auf eine Krise 1971, als die riesige peruanische Sardellenfischerei zusammenbrach. Die Warnung blieb jedoch unbeachtet, weil man anfangs glaubte, El Niño sei dafür verantwortlich (was tatsächlich teilweise der Fall war). Ein deutlicheres Zeichen folgte ein paar Jahre später; 1976 ging die Gesamtfischfangmenge im Nordatlantik gegenüber dem Vorjahr zurück.

Selbst zu diesem Zeitpunkt hielt man es für regelrecht absurd, dass die Fische in den Meeren knapp werden könnten. Wegen ihrer Größe glaubte man noch immer, die Meere seien eine geheimnisvolle Wildnis mit praktisch unbegrenzten Ressourcen. Zu dieser Vorstellung hatten über Jahrzehnte hinweg auch die Dokumentarfilme eines Jacques Cousteau beigetragen. Selbst Paulys Kollegen begriffen nur sehr langsam, welchen Einfluss der Mensch auf die Fischgründe der Ozeane hatte. Dies erkannte Pauly, als er eine Studie aus dem Jahr 1986 las, in der gefolgert wurde, dass die von Fischern eingebrachten Meeresfrüchte nur 2,2 Prozent aller «Meereserzeugnisse» ausmachten. Diese seltsam anmutende Statistik stützte sich auf den Verzehr von Phytoplankton, jener mikroskopischen Pflanzen, die die Grundlage der Nahrungskette von Meerestieren bilden. Der Mensch verzehrt kein pflanzliches Plankton, aber wir essen Fische, die Plankton verzehren. Oder wir essen Fische, die

Fische fressen, welche Phytoplankton verzehren. Indem man abschätzt, welcher Prozentsatz an Plankton von gefischten Meerestieren konsumiert wird, lässt sich grob errechnen, welcher Anteil am «Output» der Meere vom Menschen konsumiert wird. Pauly war sich sicher, dass der Wert von 2,2 Prozent absolut unhaltbar sein musste – zum Beispiel deswegen, weil die Autoren nicht genügend differenzierten zwischen den relativ flachen Gewässern über den Kontinentalsockeln, wo etwa neunzig Prozent aller Fische gefangen werden, und dem Rest der Meere, der schon immer weitgehend «unfruchtbar» war.

In einer eigenen Studie stellten Pauly und sein Kollege Villy Christensen fest, dass die von Fischern ausgebeuteten Meeresfrüchte in Wahrheit acht Prozent des Phytoplanktons konsumieren. Vor allem aber errechneten sie, dass die in den Gewässern über den Kontinentalsockeln gefangenen Fische fünfundzwanzig bis fünfunddreißig Prozent des dortigen Phytoplanktons für ihre Ernährung beanspruchen – annähernd die maximal mögliche Menge, da ein Großteil des Planktons auf den Meeresboden absinkt und den Fischen nicht zur Verfügung steht. Paulys Studie, die in *Nature* erschien – neben *Science* die führende naturwissenschaftliche Fachzeitschrift –, trug maßgeblich dazu bei, zumindest in Wissenschaftlerkreisen Thomas Huxleys Vorstellung zu widerlegen, wonach die Ozeane ein gigantisches Vorratslager seien, dem der Mensch unmöglich zu viel entnehmen könne.

Die Beweise für dieses «zu viel» mehrten sich, denn die Fangmengen im Nordatlantik gingen stetig zurück, besonders zu Beginn der 1990er Jahre, als die Kabeljaugründe, von denen Antonio Pérez und seine Vorfahren gelebt hatten, zusammenbrachen und gesperrt wurden. Sonderbarerweise stiegen die weltweit registrierten Gesamtfangmengen bis in die 1990er Jahre. Pauly und viele andere Wissenschaftler bezweifelten indes die Zahlen, die von der FAO *(Food and Agricultural Organization)* vorgelegt wurden – die UN-Organisation für Nahrung und Landwirtschaft kann nur begrenzt hinterfragen, was ihr von den Mitgliedsstaaten gemeldet wird. Pauly vermutete, dass eine der größten Fischfangnationen der Welt, China, die Zahlen durch überzogene Fangmeldungen verfälschte, weil nämlich die chinesischen Bürokraten, die für die Fangstatistiken verantwortlich waren, auch die Fischindustrie verwalteten und nach deren Produktivität entlohnt wurden.

Pauly und ein anderer Kollege, Reg Watson, analysierten mit diversen statistischen Modellen die Fischwirtschaft Chinas und stellten dabei fest, dass die von China gemeldeten Fangmengen ungefähr doppelt so hoch ausfielen wie die Ausbeute vergleichbarer Gewässer in anderen Ländern. Und als sie die globalen Zahlen so weit korrigierten, dass sie den vermutlich wahren Ertrag Chinas widerspiegelten, kamen sie zu dem Schluss, dass die weltweiten Fangmengen 1988 ihren Höchststand erreichten und seither stetig zurückgingen. Dieser Abwärtstrend vollzog sich trotz der Einführung technischer Neuerungen – GPS ermöglichte es den Fischern, mit unfehlbarer Genauigkeit zu ihren ertragreichsten Fanggründen zurückzufinden; mit neuem Gerät ließen sich Fische aus immer tieferen Gewässern heraufholen; und anhand detaillierter Karten der Meeresböden konnten die Fischer die Habitate von Tiefseefischen wie dem Schwarzen Seehecht ausfindig machen.

Im Jahr 1994 zog Pauly mit seiner Frau und den beiden Kindern nach Vancouver, wo er Direktor des Fischereizentrums der Universität von British Columbia wurde. Seine Empörung über die Behandlung der Meeresfauna hatte ihn inzwischen zu einem eindringlichen Kritiker seiner eigenen Zunft werden lassen. Weil die meisten Fischkundler für die Fischindustrie selbst oder für staatliche Einrichtungen tätig sind, war Pauly zu der Überzeugung gelangt, dass sie nicht bereit oder imstande sind, das Gesamtbild zu sehen. «Die meisten meiner Kollegen studieren eine einzige Art, die in einem bestimmten Fluss oder Meeresarm lebt», sagt er. «Und so halten alle das, was sie in ihrem speziellen Fischgrund sehen, für einen einmaligen Sonderfall. Niemand will etwas verallgemeinern. Das war okay, als es noch genügend Fische gab. Da musste niemand die Puzzleteile zusammenfügen. Aber heute ist es anders.»

Es überrascht nicht, dass sich Pauly mit seiner Kritik bei vielen Kollegen unbeliebt gemacht hat. «Daniel ist ein unglaublich kreativer und kluger Bursche», sagt Ray Hilborn, ein Ichthyologe an der Universität von Washington, «aber nur sehr wenige von denen, die aktiv in der Fischereiaufsicht tätig sind, würden ihn als konstruktive Kraft ansehen», weil er so durchweg negativ ist. «Er will nicht anerkennen, dass heute viele Fischgebiete gut gemanagt sind, dass Fortschritte erzielt werden und dass wir recht genau wissen, wie wir Fischgründe zu verwalten haben, wenn wir mit geeigneten Kontrollen und Anreizen herangehen können.»

Viele andere räumen ein, dass Paulys Kritik vollkommen gerechtfertigt ist. So äußerte sich beispielsweise Alan Longhurst mit deprimierender Offenheit in einer E-Mail an Pauly: «Mich überrascht, dass du die Fischkunde überhaupt noch ernst nimmst. Die Fischkunde hat versagt, und die Fischindustrie hat versagt. Es braucht jemanden von deiner Kompetenz, der aufsteht und dies laut sagt.»

Pauly hat die Hoffnung nicht aufgegeben, doch die Probleme sind so dringlich geworden, dass er sich inzwischen vorrangig für Gesetzesänderungen einsetzt, vor allem in seiner Funktion als Forschungsleiter des *Sea Around Us*-Projekts, das von den Pew Charitable Trusts finanziert wird. Das Projekt ist nach Rachel Carsons Bestseller* über die Ozeane benannt und wurde initiiert, als die Pew-Stiftung Pauly und verschiedene andere Meeresforscher zu beschreiben bat, was sie tun würden, um zu einer profunden Einschätzung der Gesundheit unserer Meere zu gelangen. Josh Reichert, der die Umweltprogramme der Stiftung leitet, legte zu Beginn der Konferenz in der Stiftungszentrale in Philadelphia seine Absichten

* Rachel Carson, *Sea Around Us;* deutsch *Geheimnisse des Meeres*, List, München 1960.

dar: «Kein Umweltverband versucht, die Meerespolitik der Regierung zu beeinflussen. Alle reden über Umweltverschmutzung und Zersiedlung, weil man das sieht. Weil aber niemand sieht, was in den Meeren vorgeht, macht keiner den Mund auf. Das wollen wir ändern.»

Pauly machte sofort Eindruck auf Reichert, nicht zuletzt weil er schwarz ist – eine Seltenheit bei Meeresforschern. Vor allem aber unterschied sich Pauly durch seine Haltung von den anderen Wissenschaftlern, die meist für aufwendige Studien mit jahrelangen Datenerhebungen plädieren. «Wir brauchen keine weiteren Daten!», erklärt Pauly mit Nachdruck. «Die Fischer liefern uns ständig Stichproben der Ozeane. Aus dem Nordatlantik liegen uns Informationen aus über einhundert Jahren vor. Wir müssen endlich die Daten analysieren, die wir bereits haben.»

Ein paar Monate bevor Pauly mit Reichert zusammentraf, hatte er einen Artikel in *Science* veröffentlicht, in dem er anhand der Statistiken der FAO nachwies, dass die Fischer inzwischen weit kleinere Fischarten fangen als noch vor Jahren, darunter auch den bis dato für den Fang als völlig ungeeignet eingeschätzten Stint, auf den er bei unserem Gang über den Fischmarkt hingewiesen hatte. Weil die Populationen der größten und traditionell begehrtesten Fische – Thunfisch, Kabeljau und Schwertfisch – geschrumpft waren, hatten sich die Fischer offensichtlich anderen Arten zugewandt. Pauly zufolge drohte dieser grundlegende Wandel die Ökosysteme der Meere irreversibel zu beeinträchtigen. Er sprach von «sich die Nahrungskette hinunterfischen» und sagte mit einem Anflug von Sarkasmus voraus, dass wir irgendwann «Quallensandwiches» und «Planktonsuppe» essen würden.

Die Pew-Stiftung stellte zunächst zwei Millionen Dollar für das *Sea Around Us*-Projekt bereit und sicherte Pauly damit eine Finanzierungsquelle, die von der Fischindustrie und von staatlichen Einrichtungen völlig unabhängig war. Sein Fischereizentrum gilt inzwischen als Kaderschmiede der progressiven Forschung. «Daniel ist ein bemerkenswerter Mensch mit einer ungewöhnlichen Lebensgeschichte, der zu Recht großen Einfluss gewonnen hat», erklärt Stuart Pimm, ein bekannter Ökologe. Pauly ist jedoch alles andere als zufrieden. «Wir produzieren ungeheuer viel an Forschung und werden von unseren Kollegen anerkannt. Nach den Maßstäben, die Wissenschaftler normalerweise an sich anlegen, sind wir also höchst erfolgreich. Aber ist das der geeignete Maßstab? Offensichtlich nicht, denn in der Realität geschieht nichts. Die wenigen Menschen, die sich für die Natur einsetzen, gelten als Randgruppe.»

Pauly gibt auch laufend Empfehlungen an die Politik; vor allem rät er, mindestens zwanzig Prozent der Ozeane als «Meeresschutzgebiete» auszuweisen, in denen das Fischen dauerhaft verboten wird. Er meint, die Gewässer um Antarktika seien besonders gefährdet und ein Fisch, der seit neuestem dort gejagt wird – der Antarktische Seehecht –, müsse geschützt werden, bevor er ebenso rücksichtslos dezimiert werde wie der Patagonische Seehecht oder der Granatbarsch.

Pauly fordert auch eine Änderung jener Gesetze, denen es zu verdanken ist, dass die Eigner von Piratenfischern wie der *Viarsa* nicht persönlich belangt werden können. «Die operieren wie Drogendealer», erklärt er. «Wir kennen sie, wir wissen, welche Schiffe ihnen gehören und was sie damit anstellen, aber wir kriegen sie nicht zu fassen, wenn sie in einem Land wie Spanien leben.» Das müsste nicht so sein, sagt er und verweist auf andere Formen der Kriminalität. «Im Fall der Kinderpornographie haben die Nationen beschlossen, kein Pardon zu geben. Wir verfolgen die Täter, egal, wo sie leben. Aber die Fische sind uns nicht wichtig genug, um hier ebenso zu verfahren – und genau das müssen wir ändern.»

21. KAPITEL Südatlantik **27. August 2003**

Aus Antonio Pérez wurden Duffy und O'Dea noch immer nicht schlau. Wenn sie ihm eine Frage stellten, ignorierte er sie, oder er tat, als verstehe er sie nicht. Die Australier vermuteten, dass er besser Englisch konnte, als er behauptete. Sicher waren sie sich nur, dass er nicht das war, als was er sich ausgab. Alles deutete darauf hin, dass er nicht der Erste Offizier der *Viarsa* war, wie er wiederholt beteuert hatte. Über seine Vorgeschichte und bisherige Beteiligung an der Seehechtjagd war wenig zu erfahren, doch auf einer Besatzungsliste, die Keith Johnson ein paar Tage zuvor geschickt hatte, war Pérez als Fischmeister genannt, und die Aktentasche im Kartenraum enthielt ein Zertifikat, das Pérez als lizenzierten Fischmeister auswies. Anderen Dokumenten in der Mappe war zu entnehmen, dass Ricardo Cabrera zeit seines Lebens auf Schiffen gearbeitet hatte, meist jedoch auf Frachtern und Tankern. Auf Fischereifahrzeugen war er erst seit drei Jahren tätig.

Die Australier wussten, dass auf den meisten großen Fischereifahrzeugen der Fischmeister das Sagen hat. Er ist für die wichtigsten Entscheidungen zuständig – wohin das Schiff fährt, wo und wann Fangleinen ausgelegt werden und welches Fanggerät benutzt wird. Dem Kapitän ist eine untergeordnete Rolle zugedacht. Dementsprechend verdienen Fischmeister deutlich mehr als Kapitäne, und sie logieren in der besten Kabine. Duffy und Webb vermuteten, dass Pérez seine Bedeutung herunterspielte, weil er eine härtere Strafe fürchtete, sofern klar wurde, dass er der Fischmeister war.

Es erwies sich jedoch als schwierig, ihm seine Funktion nachzuweisen. O'Dea und Duffy gingen davon aus, dass eine Kabine direkt hinter der Brücke Pérez gehörte, doch der behauptete, sich eine viel kleinere Kammer mit den zwei anderen Offizieren der *Viarsa* und dem uruguayischen Kontrolleur zu teilen. Die Kabine hinter der Brücke war eindeutig die beste Unterkunft, und auf einem Messingschild über der Tür stand «*Patrón de pesca*» zu lesen. Dies war die einzige Einzelkabine auf dem Schiff, und sie verfügte über reichlich Stauraum – Schubfächer unter der Koje und neun eingebaute Schrankfächer. Eine der Schubladen war mit Magazinen gefüllt, ausschließlich Pornoheften und Motorradzeitschriften.

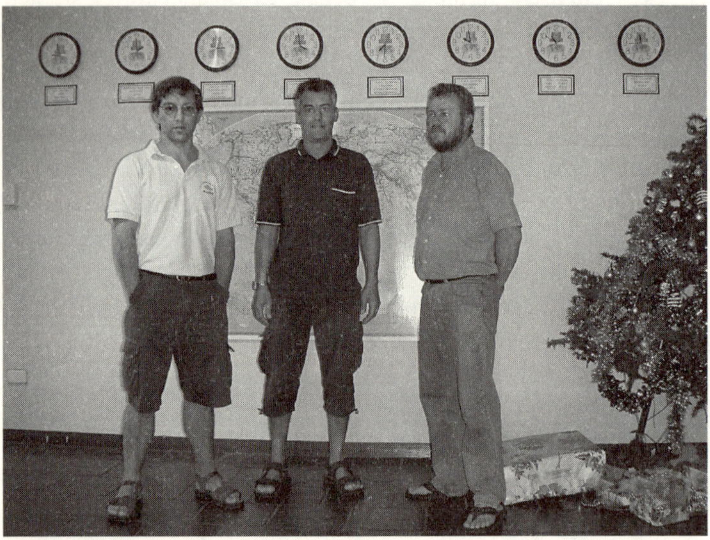

**Die wichtigen Männer auf der *Viarsa* (von links):
José González Pérez, dessen Tagebuch einen Hinweis darauf enthielt, dass die *Viarsa* in australischen Hoheitsgewässern gefischt hatte; Antonio Pérez, Fischmeister und eigentlicher Chef an Bord; und der Erste Offizier Francisco Fernández Oliveiria**

Der Raum war in etwa so ausgestattet wie die übrigen Quartiere. An der Innenseite der Tür hing ein Kalender, auf dem ein Tag nach dem anderen mit einem schwarzen Stift durchgestrichen worden war. An der Decke über dem Bett klebte ein Poster mit einer nackten Frau. Ein weitaus kleineres Abbild der Jungfrau Maria hing neben der Tür an der Wand, gleich neben einem Poster mit den Spielern von Real Madrid. Das Fußballerposter war eines der Indizien, die darauf hinwiesen, dass Pérez diese Kabine bewohnte. An der Rückwand der Brücke hing nämlich ein gerahmtes Foto von Zinedine Zidane, mit einer Widmung an Pérez. Duffy ging davon aus, dass auf der Brücke wohl kaum ein persönliches Souvenir an der Wand klebte, das nicht dem Boss gehörte. In einem der Schränke fand er auch ein Paar Jeans, in deren Taschen Pérez' Führerschein und Kreditkarten steckten. Und Webb entdeckte in der Viermannkabine einen Stock tiefer eine Dokumentenmappe, die Cabreras Eigentum war.

Kurz nachdem Duffy den Führerschein gefunden hatte, stellte er Pérez zur Rede. «Soviel ich weiß, sind Sie der Fischmeister.»

«Nein, Erster Offizier. Ricardo ist Fischmeister und Kapitän.»

«Wir meinen, Sie sind der Fischmeister und das ist Ihre Kabine», erklärte Duffy, indem er auf die entsprechende Tür zeigte.

«Nein, nein, nein.»

«Wieso befand sich dann Ihre Brieftasche dort?»

«Ich verstehe Ihr Englisch nicht.»

«Wir haben Informationen, dass Sie der Fischmeister sind, aber wenn Sie auf ‹Erster Offizier› bestehen – bitte.»

Duffy hatte einen weiteren Grund, sich für die Kabinenaufteilung zu interessieren. Da die Crew der *Viarsa* sämtliche Kojen des Schiffs belegte, war nicht klar, wo die Australier und Südafrikaner schlafen sollten. Ursprünglich hatte Duffy die Belegschaft einer Sechserkabine bitten wollen, ihre Kojen frei zu machen; er überlegte es sich jedoch anders, denn eine solche Maßnahme hätte möglicherweise für Unruhe und Feindseligkeiten gesorgt.

Die Südafrikaner hatten sich, zumindest vorübergehend, in der Fabrik und im Förderbandkorridor einquartiert. Die beiden Räume waren miteinander verbunden und konnten durch zwei Mann gesichert werden – ein wichtiger Aspekt, zumal die *Viarsa*-Crew dem Enterkommando zahlenmäßig fünf zu eins überlegen war. Aber ansonsten war dies eine unattraktive Lösung. In der Fabrik herrschte ein schrecklicher Gestank, es war kalt, und der Boden war nass. Dort wo die Fische ausgenommen wurden, bestand der Fußboden aus Metallrosten, unter denen Wasser hindurchfloss, um Abfälle wegzuspülen – doch das Wasser schwappte ständig über die Ränder und lief über den gesamten Boden. Nur ganz vorn im Vorschiff war der Boden trocken. Dort hatten einige der Südafrikaner zusammengerollte Tampen ausgebreitet, die eine Art Matratze abgeben sollten. Darüber legten sie Pappkartons, auf denen sie sich mit Schlafsäcken und Decken niederließen. Das Ganze sah einigermaßen bequem, fast behaglich aus, war in Wirklichkeit jedoch höchst ungemütlich, denn die Unterlage drückte und verrutschte ständig. Gert du Toit hatte eine andere Idee; er räumte eines der Becken aus, in denen die Seehechte während der Verarbeitung gelagert wurden, und schlug es mit etlichen Kartons und einem Schlafsack aus.

Die Südafrikaner quartieren sich im Förderbandkorridor ein

Bevor sich die Ersten zum Schlafen legten, entdeckte Webb in der Kabine des Fischmeisters eine Plastiktüte mit acht Patronen Kaliber 223-Schnellfeuermunition, wie sie in halbautomatischen Gewehren verwendet wird. Webb brachte sie sofort zu Duffy und ließ Cabrera kommen.

«Können Sie mir erklären, wofür die sind?», fragte Duffy.

«Weiß ich nicht», erwiderte der Kapitän, ohne Duffy direkt anzusehen. «Hab ich noch nie gesehen.»

«Falls jemand ein Gewehr herausholt, gibt es Ärger.»

«Ich habe kein Gewehr an Bord.»

«Hat es *früher* ein Gewehr auf diesem Schiff gegeben?»

«Nein, ich habe noch nie eine Waffe auf dem Schiff gehabt.»

«Ich weiß nicht, ob ich Ihnen glauben soll. Ich muss es wissen: Gibt es ein Gewehr auf diesem Schiff?»

«Nein, *im Augenblick* ist kein Gewehr auf dem Schiff.»

Duffy glaubte ihm. Er vermutete, dass ein Gewehr auf dem Schiff gewesen war, um die Robben abzuschießen, die sich manchmal über die Seehechte an den Langleinenhaken hermachen. Da Schiffe, die unter der Flagge eines Unterzeichnerstaates der Konvention zum Schutz des Meereslebens in der Antarktis fahren, keine Schusswaffen mitführen dürfen, ging er davon aus, dass das Gewehr irgendwann nach Beginn der Verfolgung über Bord geworfen worden war, um belastende Beweise zu beseitigen.

Trotzdem wiederholte Duffy seine Frage: «Sind irgendwelche Waffen an Bord?»

«Nein. Aber ich kann nicht für die Besatzung sprechen. Manchmal kauft sich jemand auf Mauritius eine Pistole.»

Duffy unterrichtete Harry Watts über die Munition und die Möglichkeit, dass Besatzungsmitglieder der *Viarsa* Waffen besaßen. «Sie müssen sehr vorsichtig sein», mahnte Duffy. «Und Ihre Leute sollten alles gründlich durchsuchen. Sehen Sie in den Lüftungsschächten nach, überall. Wenn irgendwelche Waffen an Bord sind, müssen wir sie finden.» Die Wachleute suchten mehrere Stunden, aber sie wussten, dass sie nicht jedes mögliche Versteck würden aufspüren können. Auch war ihnen klar, dass es auf dem Schiff Dutzende, wahrscheinlich sogar Hunderte von Messern gab. Überall lagen welche herum. Duffy fand sechs allein auf der Brücke; er konfiszierte sie und brachte sie in die Fabrik. Später rückte er eines wieder heraus, damit die Mannschaft Brot schneiden konnte.

Duffy schlief in jener Nacht nur sehr kurz. Erst als es bereits dämmerte, nickte er auf dem klapprigen Stuhl auf der Brücke ein. Nicht nur mögliche Waffen bereiteten ihm Sorge. Er fürchtete auch, ein Besatzungsmitglied könne versuchen, die *Viarsa* durch Öffnen eines Bodenventils zu versenken oder die Überführung nach Australien durch Beschädigung der Maschine zu verhindern. Deswegen wollte er sich ein Bild von den technischen Einrichtungen des Schiffs machen. Gleich nach dem Entern hatte er sich den Maschinenraum angesehen, doch es war eine gründlichere Inspektion mit Hilfe eines Experten erforderlich. Also bat er kurz nach Tagesanbruch Codrington, ihm den Ersten Maschinisten der *Southern Supporter*, Julian Grant, auf die *Viarsa* herüberzuschicken. Ein paar Stunden später traf Grant auf einem der 640er ein. Duffy stieg mit ihm über eine steile Metalltreppe in den Maschinenraum der *Viarsa* hinab.

Grant staunte über den ordentlichen Zustand. Die Abgasleitungen waren absolut dicht, und selbst die aufnehmbaren Stahlplatten, die den Boden bildeten, waren weder ölig noch verschmutzt. Maschinenräume sind bekanntermaßen schwer sauber zu halten, besonders auf älteren Schiffen. Da man alle Hände voll zu tun hat, bloß um die Maschine in Gang zu halten, zeugt die zusätzliche Bemühung um Sauberkeit von ungewöhnlicher Sorgfalt seitens des Maschinisten. Grant nahm alles unter die Lupe – Motor, Getriebe, Ventile und Antriebswelle. Alles war in Ordnung. Auch in der kleinen, aber gut bestückten Werkstatt, in die er blickte, fiel ihm auf, dass sämtliche Werkzeuge sauber und tadellos versorgt waren. Am meisten beeindruckte ihn jedoch die Bilge: Dieser Bereich eines Schiffes ist normalerweise voller Öl, Lumpen und allerlei Unrat. In der Bilge der *Viarsa* standen – was ganz normal war – ein paar Zentimeter Wasser, auf dem aber nur ein ganz dünner Ölfilm schwamm.

Der uruguayische Maschinist der *Viarsa,* Javier Russi Hontou, teilte Grant in gebrochenem Englisch mit, dass das Schiff keine nennenswerten technischen Probleme aufweise. Einer der Kompressoren, der den Hauptladeraum kühlte, sei defekt, erklärte er, aber er habe bereits begonnen, ihn zu reparieren. «Alles ist in sehr gutem Zustand», meldete Grant abschließend an Duffy. «Die brauchen ein paar Ersatzteile, Kraftstoff-Filter und Ölabscheider und so, aber ansonsten könnte das Ding praktisch ewig laufen.»

Duffy erkundigte sich nach dem Kraftstoffvorrat. Russi führte die Inspektoren wieder nach oben in den kleinen, verglasten Kontrollraum und deutete auf eine schematische Skizze des Schiffs, die die Lage der sechzehn Kraftstofftanks anzeigte. In jedem der Tanksymbole steckte ein kleiner Metallhaken, an dem eine farbige Markierung hing – grün für volle und rot für leere Tanks. Russi erklärte, alle Tanks bis auf einen seien weniger als halb voll. Die eine Ausnahme sei der Mittschiffs-Tank, ein Reservetank, der auch als Ballast fungiere. «Er ist voll, aber wir können ihn nicht nutzen, weil wir sonst unsere Stabilität verlieren.» Einem Zettel auf dem Schreibtisch waren die einzelnen Tankpeilungen zu entnehmen, die sich Duffy auf einen Block notierte.

Die Schiffe befanden sich etwa in der Mitte des Atlantiks, fast ebenso weit von Südamerika wie von Südafrika entfernt. Aus Russis Angaben schloss Duffy, dass die *Viarsa* etwas weniger Spielraum hatte als die *Southern Supporter,* aber es problemlos bis Südafrika schaffte, wenn auch mit den letzten Reserven.

Bevor Duffy den Kontrollraum verließ, nahm er das Maschinenlogbuch an sich, von dem er hoffte, dass es zur Aufklärung der Glaubwürdigkeit des Schiffslogbuchs beitragen könne. Jede Seite des Maschinenlogbuchs deckte einen Tag ab und war in verschiedene Kästchen eingeteilt. Die Vermerke in den Kopfzeilen waren in Spanisch, aber die meisten Einträge bestanden aus Zahlen. Die linke Spalte zeigte sechs verschiedene Zeitabschnitte an. Die nächste Spalte war mit «RPM» überschrieben – Duffy ging davon aus, dass die dreistelligen Zahlen darunter die Umdrehungen protokollierten, die die Antriebswelle pro Minute machte – Zahlen, mit denen sich die Fahrgeschwindigkeit des Schiffs in den einzelnen Zeitabschnitten errechnen ließ. Duffy musste nur herausfinden, welche Drehzahl welcher Geschwindigkeit entsprach. Im Lauf des Vormittags kam ihm eine Idee, wie er Cabrera zu dieser Frage aushorchen konnte, ohne ihn misstrauisch zu machen.

«Wir müssen langsamer fahren, damit wir ein paar Vorräte von der *Southern Supporter* herüberschaffen können», teilte Duffy dem Kapitän mit. «Was, sagten Sie, ist Ihre Mindestgeschwindigkeit?»

«Sechs Knoten.»

«Langsamer kann die Maschine nicht laufen?»

«Die Mindestdrehzahl ist zweihundert. Fährt man langsamer, setzt der Motor aus.»

«Langsamer geht also nicht?»

«Nein, das ist die Mindestdrehzahl. Um langsamer zu fahren, kuppelt man einfach die Welle aus.»

«Wie hoch ist die maximale Drehzahl?»

«Dreihundertvierzig.»

«Welche Geschwindigkeit erreichen Sie damit?»

«Ungefähr zehn Knoten.»

Nur mit Mühe konnte Duffy ein Grinsen unterdrücken. Er war überzeugt, Cabrera habe ungewollt Beweise geliefert, die seine frühere Behauptung widerlegten, wonach er mit Höchstgeschwindigkeit durch australische Gewässer gefahren sei, bis er am Morgen des 7. August von der *Southern Supporter* entdeckt wurde. Das Maschinenlogbuch deutete auf das Gegenteil hin – dass nämlich das Schiff in den sechsunddreißig Stunden vor Beginn der Verfolgung fast ausschließlich mit seiner *Mindest*geschwindigkeit gefahren war.

Cabrera hatte behauptet, dass sein Schiff am 6. August den ganzen Tag mit Höchstgeschwindigkeit gelaufen sei – bis auf die fünfzig Minuten, in denen angeblich mechanische Probleme aufgetreten waren. Dem Maschinenlogbuch war jedoch zu entnehmen, dass der Motor durchweg weniger als 235 RPM gemacht hatte. Nachdem die Jagd begonnen hatte, lag die Drehzahl dem Logbuch zufolge ausnahmslos über 320. Das Logbuch enthielt auch Temperaturmessungen der Abgase, und Duffy meinte, auch diese Anzeigewerte bestätigten, dass das Schiff vor Beginn der Verfolgung ganz langsam gefahren war.

Kurz vor Mittag inspizierte Duffy die Kombüse der *Viarsa.* Die Domäne des Schiffskochs war ein relativ kleiner Raum an der Steuerbordseite, ausgestattet mit einem großen Backofen und einem Herd, auf dem drei übergroße Kessel und ein riesiger Mixer standen. Duffy staunte, wie sauber und ordentlich die Pantry war. Auch der Inhalt des Kühlschranks verblüffte ihn, zumal das Schiff bereits seit fünf Wochen auf See war. Die Paprikawurst und der spanische Käse sahen besonders ansprechend aus.

Der Schiffskoch, ein Spanier namens José Carlos Nogueira Boubeta, bereitete gerade Schweinekoteletts zu. Er war über eins achtzig groß und untersetzt, bei weitem der Stämmigste unter der *Viarsa*-Crew. Und er war einer der wichtigsten Männer an Bord. Das Essen spielt auf See immer eine große Rolle; es ist häufig Gesprächsthema und entscheidend für die Aufrechterhaltung der Moral. Dies drückte sich auch in der Heuer des Schiffskochs aus: er bekam dreitausend Dollar im Monat, mehr als dreimal so viel wie die meisten anderen Besatzungsmitglieder.

Duffy dachte darüber nach, um wie viel besser die *Viarsa*-Crew verpflegt wurde als er selbst, und lobte: «Das riecht gut.»

Der Koch winkte ihn her und sagte: «Bedienen Sie sich!»

Duffy hob die Hand und erwiderte: «Nein, danke.»

Von der Küche trat Duffy in die Messe, einen engen, fensterlosen Raum, der wie eine Höhle wirkte. Die Decke war nur eins siebzig hoch. Duffy konnte nicht einmal aufrecht stehen. Drei lange Tische standen so dicht beisammen, dass man den Raum, selbst wenn er leer war, kaum durchqueren konnte. Da die Messe direkt zwischen dem Maschinenraum und der Hydraulik der Steueranlage lag, war es dort ziemlich laut. Wenn die Tür zum Maschinenraum offen stand, konnte man sich unmöglich unterhalten.

Neben der Messe schloss sich der Waschraum an, ebenfalls ein Vorbild an Sauberkeit – Waschbecken, Waschmaschinen und Wäschetrockner an einer Seite, und gegenüber jeweils vier Duschkabinen und Toiletten. Anders als auf anderen Schiffen waren hier nirgendwo undichte Rohre, Stockflecken oder Schimmel zu entdecken.

Gemeinsam mit Webb betrat Duffy nun den schmalen Korridor zwischen Messe und Auslegebereich. Dort lagerten in langen Regalen die Baken, mit denen die Position von Langleinen markiert wurde. In zwei Regalen fanden sich Baken, die durchgehend nummeriert waren, von eins bis siebzehn. Zwei Baken, Nummer dreizehn und fünfzehn, schienen zu fehlen. Webb und Duffy dachten dasselbe: Die fehlenden Baken hatten die Signale ausgesendet, die die *Southern Supporter* vor Heard Island empfangen hatte. Webb fotografierte die Regale und sagte: «Das lässt sich ausgezeichnet als Beweis verwenden!»

Dann zogen die beiden ihre dicken Jacken an und gingen nach draußen, um das Vordeck zu inspizieren. Besonders interessiert waren sie an diversen Ankern, die knapp zehn Meter vor der Brücke lagen. Sie dienten offensichtlich dazu, die Langleinen zu fixieren. Duffy deutete auf die Holzplanken unter den Ankern und sagte: «Sehen Sie sich die Einkerbungen und Rostflecken an. Drei oder vier scheinen zu fehlen.»

Mike O'Dea versuchte unterdessen herauszufinden, was mit dem VMS-Transponder geschehen war, der eigentlich die Position der *Viarsa* nach Uruguay senden sollte. Da Botschafter Amaro anfänglich behauptet hatte, das Schiff sei im Atlantik unterwegs, war das Gerät offensichtlich nicht in Betrieb gewesen. Oder es war manipuliert worden, entweder an Bord der *Viarsa* oder in Uruguay. O'Dea vermutete, dass der Transponder abgeschaltet oder sogar ganz entfernt worden war. Als er den gekappten Leitungsdraht und die Schraubenlöcher im Kartenraum untersuchte, hegte er den Verdacht, dass hier das Transpondergerät einst montiert gewesen war. Er stieg auf das Dach der Brücke und entdeckte dort ein Gewirr von Antennen und Kabeln, von denen einige durchgeschnitten waren, aber keinen Transponder.

Auf dem Dach stieß O'Dea auch auf ein weniger zweifelhaftes Indiz von Täuschung – das Unterscheidungszeichen der *Viarsa*, CXYU, das in großen weißen Lettern auf ein schwarzes Dach gemalt, aber durch diverses dort montiertes Gerät verdeckt worden war. Anhand dieses Zeichens wäre das Schiff leicht zu identifizieren gewesen; CX verwies auf Uruguay, und YU war die spezifische Kennung des Schiffs.

In den nächsten Stunden durchsuchten die Australier die Kabinen der Crew. Einige der Kammern hatten sechs, andere vier Kojen, aber alle waren winzig wie Käfige. Die Türen waren nur eins zwanzig hoch; um einzutreten, musste man über ein dreißig Zentimeter hohes Schott steigen und gleichzeitig den Kopf einziehen. Über den schmalen Kojen war so wenig Raum, dass sich Webb wie in einem U-Boot vorkam. Es drang kein Tageslicht herein, denn die Bullaugen waren zum Schutz vor Brechern mit Seeblenden verschlossen.

Die meisten Besatzungsmitglieder lagen auf ihren Kojen. Da sie keine Köder aufzuhaken oder Fische auszunehmen hatten, gab es nicht viel zu tun. Manche flochten aus Tampen und Bändseln korbähnliche Ornamente; eines davon war so groß, dass es als Lampenschirm hätte dienen können.

Dass die Männer ganz und gar untätig waren, bereitete Duffy Sorge. Müßiggang gepaart mit nervöser Anspannung konnte leicht zu offenem Widerstand und zu Handgreiflichkeiten führen. Er vermutete zwar, dass sich die Seeleute nicht als Kriminelle, sondern als Fischer betrachteten, doch ihre Papiere deuteten darauf hin, dass die meisten wiederholt auf Schiffen angeheuert hatten, die wohl illegalen Fischfang betrieben. Sie mochten ihre Arbeit dadurch rechtfertigen, dass sie glaubten, Länder wie Australien sollten nicht das exklusive Fangrecht in Gewässern wie denen um Heard Island besitzen, doch nach Duffys Überzeugung mussten sie sich irgendwie bewusst gewesen sein, dass sie die Grenze zwischen Recht und Unrecht überschritten hatten. Angesichts dieses Umstands fragte er sich besorgt, wie weit sie wohl gehen würden.

Die meisten Besatzungsmitglieder erhoben keine Einwände, als sie aufgefordert wurden, vor ihre Kabinen zu treten, damit die Australier ihre Schubladen und Kojen durchsuchen konnten. Als Webb jedoch die Kajüte eines Spaniers betrat, dem er den Spitznamen «Rattenschwanz» gegeben hatte, weil der Mann einen Pferdeschwanz trug, fing der an, laut auf Spanisch zu zetern. Einer der bewaffneten Südafrikaner, der im Gang postiert war, trat sofort auf den Fischer zu und herrschte ihn an: «Zieh deinen verdammten Schädel ein, sonst blasen wir ihn dir runter.»

Die Durchsuchung förderte wenig Brauchbares zutage – bis O'Dea ganz unten in einer mit Kleidung vollgestopften Schublade unter einer der Kojen auf etliche Papiere stieß, darunter ein Arbeitsvertrag. Auf dem Briefkopf stand «*Viarsa* Fishing Company». Dies war das erste Dokument, das einen Hinweis auf den Schiffseigner lieferte. O'Dea konfiszierte auch eine belichtete Filmrolle. Als der Mann, dem die Sachen gehörten, dies sah, wurde er nervös, schüttelte den Kopf und jammerte auf Spanisch.

«Er hat Schiss», gab ein anderer Mann Webb zu verstehen. «Man hatte uns befohlen, alles wegzuwerfen. Das dürfen Sie ihm nicht wegnehmen.»

«Wir müssen es sicherstellen», erwiderte O'Dea.

«Der Film ist privat.»

«Wir müssen ihn vorerst einziehen. Wir werden ihn später zurückgeben.»

Alles in allem versuchte Webb, nicht gerade den Bösen zu spielen, sondern sich mit den *Viarsa*-Leuten, die ein wenig Englisch sprachen, gut zu stellen – in der Hoffnung, der eine oder andere könnte auspacken und zugeben, dass das Schiff an den Tagen vor Beginn der Verfolgung fischte. Die diversen Indizien waren sicher dienlich, aber er brauchte einen handfesteren Beweis oder am besten eine Zeugenaussage, damit das Strafverfahren auf sicheren Beinen stand. Doch die meisten Crewmitglieder wollten nicht dabei gesehen werden, wie sie mit ihm redeten. Einzige Ausnahme war der rumänische Fischer Marius Vacareanu. Der große, muskulöse Mann lächelte stets freundlich und schien sich über die Gelegenheit zu freuen, sein Englisch aufzupolieren, indem er sich mit Webb unterhielt.

«Was verdienen Sie?», fragte ihn Webb einmal.

«Achthundert Dollar werden jeden Monat auf mein Konto überwiesen. Für mich ist das sehr viel Geld.»

Webb hoffte insgeheim, dass der Eigner inzwischen die Gehaltszahlungen eingestellt hatte, wodurch sich die Chance erhöhte, dass sich jemand gegen ihn stellte. Er fragte: «Werden Sie immer noch bezahlt?»

«Ich weiß es nicht. Als ich vor zwei Wochen mit meiner Frau sprach, sagte sie, das Geld für den letzten Monat sei eingegangen, aber niemand weiß, ob wir weiterhin bezahlt werden.»

Einen Tag später stellte Webb die große Frage: «Was ging vor sich, als das Schiff abgefangen wurde?»

«Ich weiß es nicht. Ich habe geschlafen.»

Dies lief im Grunde auf das Gleiche hinaus, was der Kontrolleur ausgesagt hatte – Webb vermutete, dass jedem eine eigene Ausrede eingeimpft worden war und Vacareanu die Anweisung befolgte.

Am Montag, den 1. September, sichtete Duffy kurz vor Sonnenaufgang Gough Island, das erste Land, das er seit dem Auslaufen aus Fremantle fünf Wochen zuvor zu sehen bekam. Die Schiffe sollten binnen vier Tagen Kapstadt erreichen, und die Nähe zu Südafrika schien Cabrera nervös zu machen. «Ich möchte, dass Sie mir ein paar Fragen beantworten, und ich will meinen Pass wiederhaben», sagte er zu Webb, kurz nachdem sie die Insel passiert hatten. «Wir müssen wissen, was Sie vorhaben.»

«Ihren Pass müssen wir einbehalten, aber Ihre Fragen kann ich versuchen zu beantworten.»

«Fahren wir nach Kapstadt?», wollte Cabrera wissen.

«Wir fahren nicht bis Kapstadt. Sie werden vor der Küste aufgetankt.»

Geplant war, dass die *Viarsa* Richtung Kapstadt fahren, aber mindestens fünfundzwanzig Meilen Abstand von der Küste halten sollte, um jegliche rechtlichen Verwicklungen zu vermeiden. Gegenüber Cabrera erwähnte Webb davon nichts, doch die Australier hegten zwei konkrete Befürchtungen: erstens, dass die Eigner der *Viarsa* ein südafrikanisches Gericht einschalteten, um zu verhindern, dass die Australier das Schiff nach Fremantle überführten; und zweitens, dass die südafrikanischen Behörden, die die *Viarsa* des Seehechtraubs in ihren Gewässern verdächtigten, das Schiff möglicherweise selbst beschlagnahmten und einen eigenen Prozess anstrengten.

Dann fragte Cabrera: «Werden wir ausgeschifft und nach Australien geflogen?»

«Nein, Sie werden nicht fliegen. Sie bleiben an Bord der *Viarsa*.»

Webb erwartete, dass sich Cabrera über die Aussicht ärgerte, weitere drei bis vier Wochen auf See verbringen zu müssen, aber der Kapitän zeigte keinerlei Reaktion auf diese Auskunft. Vielleicht erschien ihm eine Verlängerung der Fahrt auch nicht schlimmer als die möglichen Alternativen. Nachdem Cabrera seine Fragen gestellt hatte, wirkte er sogar einigermaßen entspannt, und das weitere Gespräch wurde weitaus persönlicher. Cabrera erzählte Webb von seiner zweiten Frau und ihrem elfjährigen Sohn.

Angesichts der guten Stimmung fühlte sich Webb ermutigt, seinerseits eine Frage zu stellen: «Eines müssen wir noch wissen: Wer ist der Eigner des Schiffs?»

«Die Gesellschaft heißt Navalmar.»

22. KAPITEL Nahe Kapstadt **4. September 2003**

Am frühen Donnerstagmorgen stieg Fregattenkapitän Paul Bartlett von der australischen Marine in eine kleine Barkasse, die ihn zur *Viarsa* bringen sollte. Der 45-jährige Commander war groß und breitschultrig, eine imposante Erscheinung. Der Mann erfreute sich großer Beliebtheit, weil er einen guten Draht zu Untergebenen hatte, ohne seine Autorität einzubüßen. Duffy und Bartlett kannten sich bereits; Bartlett, ein gebürtiger Engländer, war vor etlichen Jahren Waffenmeister auf einem britischen Zerstörer gewesen, auf dem Duffy im Rahmen eines militärischen Austauschprogramms gedient hatte. Bartlett wanderte später nach Australien aus und trat in die Royal Australian Navy ein.

Am 16. August hatte man ihm die Leitung eines siebenundzwanzig Mann starken Kontingents übertragen, das die *Viarsa* nach Fremantle überführen sollte. Solche Aufträge schätzte er besonders; er stellte sich gern ungewöhnlichen Aufgaben, und die Herausforderung, aus einer Gruppe von Männern, die noch nie zusammengearbeitet hatten, innerhalb kürzester Zeit ein Team zu formen, reizte ihn besonders. Bartlett und seine Crew, überwiegend Männer um die zwanzig, waren an Bord des südafrikanischen Marineschiffs *SAS Drackensberg* der *Viarsa* entgegengefahren.

Als Bartlett Duffy erblickte, lachte er und fragte zum Spaß: «Was zum Teufel machst du denn hier draußen?»

«Guten Tag, Paul», erwiderte Duffy. «Schön, dass du es einrichten konntest.»

Bartlett war zumindest anfangs angenehm überrascht vom Zustand der *Viarsa.* Wie die meisten Marineoffiziere glaubte er, kommerzielle Fangschiffe, besonders aus Entwicklungsländern, seien schlecht gewartet und nur begrenzt seetüchtig. Er zeigte sich erstaunt darüber, dass auf der *Viarsa* keinerlei Rost zu sehen war und alles sorgfältig gesichert zu sein schien. «Die sind offensichtlich recht stolz auf ihr Schiff», sagte er zu Duffy.

«Das stimmt. Komm, ich zeig dir alles», erwiderte Duffy und führte Bartlett und dessen Stellvertreter, Korvettenkapitän Steve Young, auf die Brücke, wo sie mit Kapitän Cabrera zusammentrafen.

«Commander Bartlett wird mich heute ablösen», erklärte Duffy dem Kapitän. «Er befehligt das australische Kontingent, das die *Viarsa* nach Australien geleiten wird. Verstehen Sie mich?»

«Ja, ja, gewiss», erwiderte Cabrera mit einem breiten Lächeln.

Bartlett lernte auch Antonio Pérez kennen, der wie gewöhnlich reserviert wirkte und nicht bereit war, dem australischen Offizier in die Augen zu sehen. Nachdem Bartlett und Duffy die Brücke verlassen hatten, meinte Bartlett: «Pérez wirkt verschlagen.»

Duffy nickte. «Ich habe ihm nie über den Weg getraut. Die übrige Besatzung war recht zurückhaltend und ist unseren Anweisungen weitgehend gefolgt. Ich bin sicher, die werden nichts versuchen. Bei Pérez lässt sich das schwer sagen.»

Dann führte Duffy den Commander in die Fabrik, wo sich dessen positiver Eindruck von dem Schiff plötzlich verflüchtigte. Da die Südafrikaner versucht hatten, das Wasser mit flachgepressten Pappschachteln aufzusaugen, lagen überall Berge durchgeweichter Kartonagen. Bartlett war entsetzt über die Unordnung, den Fischgestank und das zur Schlafstätte umfunktionierte Becken.

«Das sieht ja aus wie ein rostfreier Sarg», empörte er sich. «Hier schlafen wir auf gar keinen Fall.»

«Ich weiß», erwiderte Duffy. «Für eine dreiwöchige Reise ist das ziemlich scheußlich. Wir waren nur eine Woche hier.»

«Ich würde nicht einmal einen Tag hier bleiben!», tobte Bartlett. «Wir könnten ja ein paar Mannschaftsquartiere requirieren.»

«Viel Glück. Es sind einundvierzig Mann an Bord und einundvierzig Kojen. Ich wollte den Leuten das Leben nicht unnötig schwer machen. Es ist deine Entscheidung, aber ich glaube, du wirst kaum einen anderen sicheren Platz finden, ohne sie gegen euch aufzubringen.»

Nachdem Bartlett den engen Korridor entlanggegangen war, der durch die Mannschaftsquartiere führte, und in die winzigen Käfige geblickt hatte, schloss er sich widerwillig Duffys Einschätzung an. Inzwischen war ein Hubschrauber auf dem Deck der *Viarsa* gelandet und hatte den Rest von Bartletts Team abgesetzt, außerdem diverse Waffen nebst Schlafsäcken, Wasserflaschen und Proviant, der fünf Wochen für das siebenundzwanzigköpfige Kontingent reichte. Mehr als alles andere machten die Rationen deutlich, dass dies keineswegs eine Vergnügungsfahrt werden sollte. Der Inhalt der Packungen hatte wenig Ähnlichkeit mit dem, was die Etiketten – «Huhn in Curry» oder «Spaghetti mit Hackfleisch» – verhießen.

Kurz vor Mittag bedankten sich Duffy, O'Dea und Webb bei den südafrikanischen Fischereiinspektoren und Wachleuten und stiegen in den Helikopter, der sie für die Fahrt nach Kapstadt auf die *Drackensberg* brachte. Anschließend ließ Bartlett seine Männer vorn auf dem Deck der *Viarsa* antreten. «Vorerst bleiben wir alle hier an Bord», erklärte er, «aber später teilen wir uns in drei Wachen auf, damit jeder eine Chance hat, auf der *Southern Supporter* auszuspannen, die uns nach Kapstadt und dann nach Fremantle begleiten wird. Hier auf dem Schiff dienen uns die Fabrik und die Förderbandabteilung als Quartier. Die Kombüse werden wir nicht benutzen, wir ernähren uns von unseren eisernen Rationen. Und wir werden auch die hiesigen Duschen nicht benutzen. Trotzdem werden wir uns jeden Tag rasieren und militärisch korrekt auftreten.»

Dann ergriff Young das Wort, der für die Navigation verantwortlich sein sollte. «Die Fahrt von Kapstadt bis Fremantle wird etwa achtzehn bis fünfundzwanzig Tage dauern, höchstwahrscheinlich drei Wochen.» Im Gegensatz zu modernen Marineschiffen, die an die zwanzig Knoten laufen und denen alle Strömungen und Winde nichts anhaben konnten, fuhren *Viarsa* und *Southern Supporter* so langsam, dass Young plante, der Großkreisroute zu folgen und dabei die ostwärtigen Strömungen zu nutzen, von denen sich einst die holländischen Klipper von Afrika nach Indonesien treiben ließen. «Wir werden ziemlich weit nach Süden laufen», erklärte Young.

Für die Fahrt nach Kapstadt werden mit dem Hubschrauber Vorräte auf die *Viarsa* gebracht

«Auf diese Weise sind wir einen Knoten schneller, sodass wir einen Tag früher heimkommen.»

Früh am nächsten Morgen – es war Freitag, der 5. September, fast einen ganzen Monat nach Beginn der Verfolgungsjagd – lief die *Drackensberg* in den majestätischen Hafen von Kapstadt ein. Es war ein großartiger Anblick. Die Skyline der Stadt hob sich als goldene Silhouette gegen den Tafelberg ab, und die einzige Wolke am Himmel glitt langsam über den flachen Höhenzug, bis sie gleich einem Wasserfall über die Flanke des Berges abfiel.

«Herrlich!», schwärmte Duffy. «So kehrt man gern in die Welt zurück.»

Beamte aus Südafrika und Australien sowie Journalisten und Diplomaten aus Großbritannien, Spanien und Deutschland standen am Hafen, um das Schiff zu empfangen. Ian Wilcock, der australische Hochkommissar in Südafrika, bezeichnete die Operation während der folgenden Pressekonferenz als «mutig, einfallsreich und äußerst erfolgreich». «Die illegalen Fischereifahrzeuge, die unsere Ozeane ausrauben und gegen australisches, südafrikanisches und internationales Recht verstoßen, sollen wissen, dass wir hinter ihnen her sind. Sie können flüchten, aber sie können sich nicht verstecken – nicht einmal zwischen den Eisbergen.»

Kurz darauf nahm ein australischer Diplomat, Tim Huggins, Duffy beiseite. Zunächst gratulierte auch er ihm – aber irgendwie verhalten, sodass Duffy fürchtete, es werde irgendein Dämpfer folgen. Und so war es auch. Huggins erklärte, Eduardo Schultz dürfe wahrscheinlich mitsamt seinen Unterlagen nach Uruguay zurückkehren.

Duffy war sprachlos. Das war ein Schlag in die Magengrube. Schließlich wandte er ein: «Mit ihm steht und fällt der Prozess. Wie kann man auch nur in Erwägung ziehen, ihn gehen zu lassen?»

«Ich weiß, ich weiß», erwiderte Huggins. «Ich verstehe Ihre Enttäuschung vollkommen.»

«Wenn wir ihn nach Australien bringen, ohne dass die uruguayische Regierung ihn indoktrinieren kann, besteht die Chance, dass er kooperiert.»

«Hören Sie», sagte Huggins. «Ich bin noch nicht ganz im Bild. Justiz- und Fischereiministerium sind völlig Ihrer Meinung, aber die Entscheidung liegt beim Außenminister.»

«Ich sehe schon, wohin das Ganze führen wird.»

Empört rief Duffy Keith Johnson an. «Das können wir nicht zulassen», schnaubte er. «Das würde unsere ganze Arbeit wertlos machen.»

«Ich bin absolut Ihrer Meinung, aber wir haben es nicht in der Hand», entgegnete Johnson und wies darauf hin, dass die Aktion Teil einer größeren Verhandlung geworden sei, bei der es unter anderem um bevorstehende internationale Handelsgespräche gehe. «Es wird über alles Mögliche diskutiert, und das Blatt scheint sich zu wenden – gegen uns.»

Paul Bartlett war nicht minder frustriert. Die *Viarsa* war längst mit Vorräten beladen worden – hunderttausend Liter Kraftstoff, zwanzig Kilogramm Schmierfett sowie Seife und Zahnpasta, Kartoffeln, Fleisch, Obst und Gemüse. (Der Koch der *Viarsa* hatte auch um vierzig Liter Wein ersucht – die Hälfte weiß, die Hälfte rot –, den er angeblich zum Kochen brauchte, aber Duffy hatte den Wein von der Liste gestrichen.) Die Schiffe konnten jedoch nicht in See stechen, bevor sich die Behörden über Schultz einig geworden waren. Da die *Viarsa* mindestens fünfundzwanzig Meilen von der Küste entfernt bleiben musste, wo das Wasser zu tief zum Ankern war, kreuzte das Schiff ständig hin und her, was den Eindruck der Entschlossenheit unterhöhlte, den Bartlett auf die Crew der *Viarsa* zu machen hoffte.

Es war Freitag, und Bartlett vermutete – zu Recht, wie sich zeigen sollte –, dass mit einer Entscheidung erst nach dem Wochenende zu rechnen war. Bevor die *Viarsa* am Dienstag, den 9. September, endlich nach Fremantle aufbrach, wurde Kontrolleur Schultz mit einem kleinen Boot nach Kapstadt gebracht. Die Diplomaten hatten sich darauf geeinigt, ihn nach Uruguay zurückkehren zu lassen, doch sollte er zu einem späteren Zeitpunkt zur Vernehmung nach Fremantle kommen.

Bartlett teilte seine Leute in drei Teams auf – während jeweils eines Dienst hatte, war ein anderes in Bereitschaft, und ein drittes ruhte auf der *Southern Supporter* aus. Der Commander hielt eine Meuterei der *Viarsa*-Crew zwar für unwahrscheinlich, doch konnte er unmöglich die zahlenmäßige Unterlegenheit seiner Leute gegenüber den Fischern ignorieren beziehungsweise kleinere Auseinandersetzungen ausschließen. Seine Männer waren zwar in Besitz von Schusswaffen, doch auf der *Viarsa* wimmelte es von Messern – etliche waren eingesammelt und in der Fabrik weggeschlossen worden, doch immer noch lagen überall welche herum. Für den Bereitschaftsdienst war die Wahl der Australier auf den Förderbandkorridor als bevorzugter Schlafplatz gefallen; einzelne legten sich jedoch lieber in den stählernen «Sarg» oder die Hängematte, die in der Fabrik aufgespannt war.

Bartlett selbst streifte oft und lange durch das Schiff, um nach Anzeichen für mögliche Probleme Ausschau zu halten – Streitereien, offenen Feindseligkeiten oder auch konspirativen Aktivitäten. Er sammelte darüber hinaus Erkenntnisse durch zwei seiner Männer, die Spanisch sprachen. Der 35-jährige Luftwaffenfeldwebel Frank Alacantara, der bis zu seinem sechsten Lebensjahr in Madrid gelebt hatte, sollte sich an Bord umsehen und sich in möglichst viele Gespräche einbringen. Der ursprünglich als Krankenpfleger ausgebildete Alacantara eignete sich bestens für diese Aufgabe, und dank seiner grün-braunen Air-Force-Montur hatten die Fischer gleich begriffen, dass er sich von den anderen unterschied. «Die sind ganz froh, dass wir da sind», konnte er ein paar Tage nach der Abfahrt von Kapstadt berichten. «Sie meinen, der Kapitän habe sie einer großen Gefahr ausgesetzt, als er in das Eis fuhr, und sie waren wütend, weil sie nichts dagegen unternehmen konnten.» Den zweiten Spanisch sprechenden Mann hatte Bartlett angewiesen, seine Kenntnisse für sich zu behalten, damit er heimlich zuhören konnte, besonders wenn Cabrera und Pérez telefonierten.

Sorge bereitete Bartlett, dass zwischen den beiden Besatzungen zu viel Vertrautheit entstehen könnte. «Wir müssen eine gewisse Distanz wahren», erklärte er seinen Leuten. «Diese Burschen haben nichts zu tun. Sie werden mit euch reden und versuchen, euch Spanisch beizubringen. Das ist in Ordnung, aber wir müssen eine klare Grenze ziehen. Je mehr wir uns mit ihnen abgeben, desto schwerer lässt sich unsere Autorität aufrechterhalten. Und sollte es zu einem Zwischenfall kommen, werden sie nicht nachvollziehen können, weshalb jemand, der erst freundlich war, plötzlich die Knarre zieht. Vermeidet also persönliche Gespräche. Fragt jemand nach eurer Familie oder Heimat, so wechselt das Thema. Wenn ihr im Maschinenraum seid, redet über die Maschinen.»

Es war jedoch schwer zu entscheiden, wo genau die Grenze zu ziehen war. Beispielsweise verlangte eines Tages der Koch Carlos, dass Steve Young einen abgeschlossenen Schrank öffnete, weil er zwei Flaschen Brandy haben wollte.

«Ich brauche ihn zum Kochen», erklärte Carlos.

«Um *was* zu kochen?»

«Roastbeef.»

Young staunte über die Menge an Brandy, die der Koch verwenden wollte, und runzelte die Stirn darüber, dass die Crew der *Viarsa* so fürstlich bewirtet wurde, während sich die Australier mit kaum genießbaren Kampfrationen begnügen mussten.

«Das ist eine Menge Brandy für Roastbeef!», meinte Young.

«Außerdem brauch ich ihn für einen Kuchen.»

Eine Entscheidung musste getroffen werden. Young konnte nicht zu allem ja sagen, und das Ersuchen um Brandy schien eine gute Gelegenheit zu sein, ein Machtwort zu sprechen. Andererseits war die Sache angesichts der bislang reibungslosen Fahrt vielleicht gar zu trivial, um eine Konfrontation zu riskieren, und bot stattdessen eine Gelegenheit, zusätzliches Vertrauen zu schaffen. «Okay», sagte Young zu Alacantara, der dolmetschte. «Wenn er persönlich versichert, dass der Brandy nur zum Kochen verwendet wird und niemand davon trinkt, kann er ihn haben.» Am späteren Vormittag meldete Alacantara an Young, dass der Koch tatsächlich Rindfleisch flambiere. Kurz darauf brachte der Koch etliche Stücke Kuchen auf die Brücke. Young nahm reichlich. Es war das Beste, was er seit Tagen gegessen hatte, und der Brandy war durchaus herauszuschmecken.

Trotz Bartletts Warnungen vertiefte sich der Kontakt zwischen den Mannschaften zwangsläufig. Dieser Prozess verlief in kleinen Schritten, und oft diente die Verpflegung als Vehikel. Nach dem Brandykuchen brachte der Schiffskoch immer mal wieder frisch gebackenes Brot auf die Brücke. Und schon bald brühten die Australier ihren Kaffee nicht mehr selbst; der Kaffee der *Viarsa* war mit Milchpulver verfeinert und schmeckte deutlich besser.

Der einzige Unfreundliche unter den Crewmitgliedern der *Viarsa* war Pérez, der oft seinem Ärger freien Lauf ließ, besonders wenn jemand wegen des Zigarettenqualms auf der Brücke lüften wollte und die Tür öffnete. Es kam auch vor, dass Pérez den Kapitän barsch anfuhr, sodass Bartlett den Eindruck gewann, Cabrera müsse sich Pérez beugen und zwischen den beiden herrsche eine latente Spannung – vielleicht weil sich Cabrera kooperativer zeigte, als Pérez lieb war. Pérez wirkte nur dann locker, wenn er sich in gebrochenem Englisch mit den Australiern über Fußball unterhielt.

Am 2. Oktober teilte Young dem Kapitän mit, man werde am nächsten Tag Fremantle erreichen. «Wenn wir ankommen», fügte Young hinzu, «möchte ich, dass *Sie* das Anlegemanöver ausführen. Ich werde neben Ihnen stehen und Ihnen sagen, wo Sie hinmüssen, aber Sie übernehmen das Ruder.» Young wollte nicht selbst anlegen, weil die *Viarsa* bei langsamem Tempo äußerst schwierig zu manövrieren war und er keine Panne riskieren durfte, während seine

Frau und etliche hohe Regierungsvertreter von der Pier aus zusahen. Young hatte ferner dafür gesorgt, dass Alacantara die spanischen Bezeichnungen für einige seemännische Ausdrücke lernte – voraus, achtern, Backbord und Steuerbord –, und er wies ihn an, sich während des Manövers neben dem Ruder zu postieren. «Ich will sicherstellen, dass sie nicht versuchen, ihren letzten Trumpf auszuspielen, und mit dem Schiff eine Landungsbrücke rammen oder sonstige Dummheiten machen», erklärte Young.

Das Anlegemanöver verlief ohne Zwischenfälle. Anschließend reichten sich Young und Cabrera die Hand und verabschiedeten sich mit freundlichem Lächeln. «Ich danke Ihnen für die sichere Fahrt», sagte Young. Und da ihm der Kapitän fast ein wenig leidtat, fügte er hinzu: «Und viel Glück.»

Als die Besatzung der *Viarsa* ein paar Tage später zu einer Befragung ins Büro der australischen Fischereiverwaltung in Fremantle gebracht wurde, nannte Cabrera seinen Namen und sein Alter und gab zu Protokoll: «Ich bin uruguayischer Staatsbürger und werde auf keine Ihrer Fragen antworten.» Die anderen Crewmitglieder äußerten sich ähnlich.

Auch Eduardo Schultz zeigte sich nicht sonderlich hilfsbereit, als er ein paar Wochen später in Begleitung der uruguayischen Generalkonsulin Anna María Estévez und eines Anwalts der DINARA in O'Deas Büro erschien. Der Anwalt erklärte, Schultz werde mit Hilfe eines Dolmetschers auf Fragen antworten, könne jedoch nicht unter Eid aussagen; und die Befragung dürfe nicht aufgezeichnet werden. O'Dea wusste, dass Schultz' Aussagen ohne Vereidigung vor Gericht nicht als Beweis herangezogen werden konnten, aber es blieb ihm nichts anderes übrig, als zu nehmen, was er bekam. Eine eidliche Aussage ließ sich nicht erzwingen.

«Können Sie uns sagen», fragte O'Dea, «wie Sie zu den Positionskoordinaten der *Viarsa* kamen, die nach Montevideo gemeldet wurden?»

«Ich meldete einfach das, was mir der Kapitän des Schiffs auftrug zu melden.»

«Entspricht das der üblichen Praxis auf uruguayischen Schiffen?»

«Nein, das war das einzige Mal, dass so verfahren wurde.»

Immerhin, dachte O'Dea, war dies eine Bestätigung seitens eines uruguayischen Beamten, dass Cabrera die Vorschriften missachtet hatte – aber es war kein konkreter Beweis für illegalen Fischfang.

«Meinen Sie nicht, Sie hätten Captain Flangini anrufen und davon unterrichten sollen?»

Schultz zuckte mit den Schultern.

«Nach Ihren Positionsmeldungen», fuhr O'Dea fort, «hielt sich das Schiff im Atlantik auf. Sie müssen gewusst haben, dass dies nicht stimmte!»

Diese Unterstellung erzürnte Schultz; er regte sich furchtbar auf und tobte auf Spanisch. Anschließend erklärte die Dolmetscherin: «Er sagt, er sei nicht hier, um sich beschuldigen zu lassen, denn er habe nichts Unrechtes getan.»

«Aber Sie haben Ihre Positionsberichte an DINARA von der Brücke geschickt», legte O'Dea nach. «Sie müssen doch die tatsächlichen Positionen auf den GPS-Geräten dort gesehen haben.»

An dieser Stelle schaltete sich die Generalkonsulin ein, die fließend Englisch sprach. «Dies ist kein Verhör. Er hat seine Gründe dargelegt. Sie sollten ihm keine Vergehen vorwerfen.»

O'Dea sah Schultz direkt in die Augen und sagte: «Sie verschwenden bloß unsere Zeit.»

«Sie behaupten, ich lüge!»

Obwohl O'Dea davon ausging, dass Schultz bei seiner Aussage bleiben werde, die er bereits auf dem Schiff gemacht hatte, wollte er noch einen letzten Versuch unternehmen: «Okay, im Grunde interessiert uns nur eine Frage: Was geschah an den letzten Tagen, bevor wir Sie aufspürten?»

«Das kann ich Ihnen nicht sagen. Ich war krank.»

O'Dea versuchte gar nicht erst, seine Wut zu verbergen, und erklärte: «Sie hatten versprochen, uns zu helfen! Es fällt mir sehr schwer zu glauben, dass Sie zu krank waren, um Ihre Kabine zu verlassen, und dass Sie tatsächlich keine Ahnung hatten, was vor sich ging, bevor wir Sie entdeckten.»

Ohne O'Dea anzublicken, erwiderte Schultz: «Ich habe geschlafen, als Sie zum ersten Mal auftauchten. Ich hatte meine Kabine an den vorausgegangenen vier Tagen höchstens ein- oder zweimal verlassen.»

«Aber Sie mussten doch gewusst haben, ob das Schiff fuhr oder fischte!»

«Er hat Ihre Frage bereits beantwortet», warf der Anwalt ein. «Bedaure – so ist das nun mal.»

O'Dea schüttelte den Kopf und sagte: «Dann hat es keinen Sinn, dass wir uns weiter unterhalten.»

Webb, der im Hintergrund saß, war außer sich. Bislang hatte er immer noch gehofft, Schultz werde mit der Wahrheit herausrücken. Nachdem die Uruguayer gegangen waren, explodierte er: «Es hätte nie so laufen dürfen! Er hätte direkt nach Australien mitkommen müssen, dann hätten wir ihn vernehmen und der Beihilfe und Vertuschung einer Straftat anklagen können.» Nun sah Webb ein, dass O'Dea von Anfang an Recht gehabt hatte – Schultz war durch und durch korrupt. Am Tag darauf lieferte Schultz in O'Deas Büro ein dreiseitiges Memorandum ab, in dem er seine Behauptung wiederholte, er wisse nicht, ob die *Viarsa* fischte, als sie sich in der australischen Fischereizone aufhielt.

«Werden Sie zum Prozess kommen und aussagen?», wollte O'Dea wissen.

«Nein, nein, nein. Ich muss Geld verdienen. Ich kann nicht noch einmal kommen.»

Die uruguayische Regierung war nicht viel hilfreicher als ihr Kontrolleur. Captain Flangini zog in aller Öffentlichkeit Australiens Recht in Zweifel, innerhalb von zweihundert Meilen um Heard

Island exklusiv fischen zu dürfen, weil die Insel völlig unbewohnbar sei. Der Minister für Landwirtschaft, Viehzucht und Fischereiwesen, Martín Aguirrezabala, räumte zwar ein, dass sich die Besatzung der *Viarsa* «etlicher Vergehen» schuldig gemacht habe, einschließlich der Manipulation der gemeldeten Positionen, beteuerte jedoch, es sei «inakzeptabel», die Crew als «Piraten» zu bezeichnen, denn die uruguayischen Ermittlungen hätten dies in keiner Weise bestätigt. Nach einer parlamentarischen Untersuchung entzog DINARA fünf Seehechtfangschiffen die Flagge, setzte die Lizenzen für drei weitere vorübergehend aus und verschärfte einige der Fischereibestimmungen. Die uruguayischen Beamten räumten jedoch zugleich ein, dass ihre Maßnahmen diese Schiffe nicht daran hindern würden, weiterhin Seehecht zu fangen, weil sie jederzeit in einem anderen Land registriert werden könnten.

«Wenn diese Unternehmen irgendwo nicht kriegen, was sie wollen, gehen sie einfach woandershin», erklärte Pedro Mó Amaro, der uruguayische Botschafter in Australien. «Sie ändern den Namen ihrer Firma und benennen ihre Schiffe um, aber im Grunde ändert sich gar nichts.»

23. KAPITEL

Perth, Australien **5. Oktober 2004**

Ricardo Cabrera staunte nicht schlecht. Elf Monate nachdem er nach Australien gekommen war, saß er in einem Gerichtssaal in Perth mit offenem Mund weit vorgebeugt auf der Anklagebank. Jeder Stuhl war besetzt, und in den Gängen und am Eingang standen die Menschen so dicht gedrängt, dass die Anwälte nur mit Mühe zu ihren Plätzen kamen. Unter den Anwesenden waren Journalisten, Beamte aus Australien und Spanien sowie zahlreiche Einwohner Perths, die in der Presse über die Jagd erfahren hatten und die Seehechtpiraten mit eigenen Augen sehen wollten. Unter den Zuschauern war eine Frau, die weit hinten saß und ebenso verwirrt schien wie Cabrera. Sie wusste nicht recht, wen sie in dem Kapitän sehen sollte – ihren Großvater, den sie innig liebte, oder den Umweltganoven, über den sie in den Zeitungen gelesen hatte. Während sie sein Gesicht studierte und seine tiefen Falten, die ausgehöhlten Augen und sein dichtes graues Haar betrachtete, wusste sie nur, dass er ein interessantes, vielleicht sogar undurchsichtiges Leben geführt hatte.

Cabrera strengte sich an, jedes Wort zu verstehen, und blickte ständig zwischen dem Richter und seinem Anwalt hin und her, die beide die feierlichen Roben und Rosshaarperücken trugen, wie sie vor australischen Gerichten immer noch obligatorisch sind. Als Cabrera aufgefordert wurde, sich zu seiner Schuld zu äußern, stand er auf, schüttelte heftig den Kopf und erklärte: «Nicht schuldig.»

Antonio Pérez, der neben dem Kapitän saß, wirkte blass und angespannt. Er hatte merklich abgenommen. Ihm schmeckte das Essen in Australien nicht, zumindest das nicht, was ihm im Flying Angels Club vorgesetzt wurde, jener Seemannspension in Fremantle, wo er und die anderen Angeklagten bis zum Prozessbeginn wohnten. Wie immer wurde man nicht aus ihm schlau. Manchmal schien er wütend, dann wieder warf er den Kopf zurück und verzog den Mund zu jenem fiesen Grinsen, über das sich Duffy und O'Dea bereits auf der *Viarsa* geärgert hatten. Im Grunde spiegelte Pérez' wechselnder Gesichtsausdruck seine innere Haltung wider. Ursprünglich hatte er befürchtet, das Verfahren sei ohnehin bloß eine Farce und werde zu einem reinen Schauprozess ausarten. Nach mehreren Gesprächen mit seinem Verteidiger, Phillip Laskaris, einem energischen Anwalt, der seine Mandanten mit der gleichen Verbissenheit verteidigte, mit der Pérez Fische fing, hoffte er, vielleicht doch eine faire Chance zu bekommen. Als er aufgefordert wurde, sich zu seiner Schuld zu äußern, erhob er sich, sah direkt den Richter an und erklärte ebenfalls «Nicht schuldig».

Es stand einiges auf dem Spiel, nicht zuletzt Australiens Glaubwürdigkeit im Kampf gegen den illegalen Fischfang großen Stils. Der australische Staat hatte mindestens acht Millionen Australische Dollar investiert, um die *Viarsa* zu verfolgen und nach Australien zu bringen, und auch das Verfahren selbst drohte hohe Kosten zu verursachen. Der Staatsanwalt, Hilton Dembo, der am linken Ende des langen Tisches vor der Richterbank saß, hatte sich monatelang auf den Prozess vorbereitet und mehr als zwanzig Zeugen nach Perth geladen. Mike O'Dea, Mike Flanagan und Scott Webb saßen direkt hinter Dembo. Neben ihnen stapelten sich mehr als zwanzig Aktenordner mit von ihnen zusammengetragenem Material. Auch Steve Duffy saß im Gerichtssaal. Er war kurz zuvor aus der Zollbehörde ausgeschieden und in die Vereinigten Arabischen Emirate gezogen, wo er am Aufbau einer Küstenwache mitwirkte – aber er war auf Regierungskosten zu der Gerichtsverhandlung nach Australien zurückgeflogen. Die australischen Steuerzahler bestritten auch die Aufenthaltskosten und Unterhaltszahlungen für Cabrera und Pérez sowie zwei weitere Angeklagte, Francisco Fernández Oliveiria und José González Pérez, die beiden anderen Offiziere der *Viarsa*.

Der fünfte Beschuldigte, Roberto Enrique Reyes Guerrero, durfte als Einziger bis zum Beginn der Verhandlung in seine Heimat zurückkehren. Er diente zwar nur als einfacher Matrose auf der *Viarsa*, war aber angeklagt worden, weil er schon auf der *South Tomi* gearbeitet hatte, als jene etliche Jahre zuvor wegen illegalen Fischfangs in australischen Gewässern aufgebracht wurde.

Die Verhandlung selbst verursachte weitere Kosten – ungefähr vierzigtausend Australische Dollar pro Tag. Im Gerichtssaal arbeiteten zwei Dolmetscher, drei Wächter, ein Justizbeamter, ein Gerichtswachtmeister, ein Sheriff und natürlich ein Richter – der erfahrene Amtsrichter Paul Healy. Darüber hinaus wirkten im Hintergrund: drei Schreibkräfte, die ein lückenloses Protokoll der Sitzungen erstellten, sowie ein Techniker, der dafür sorgte, dass die Mikrophone funktionierten.

Die Beschuldigten hatten ein Geschworenen-Verfahren beantragt. Also saßen zur Linken der Richterbank, gegenüber den Angeklagten, achtzehn Geschworene, davon sechs Ersatzgeschworene. Richter Healy hatte sich auf eine ungewöhnlich lange Verhandlung eingestellt – er hatte vier Wochen angesetzt, wusste aber, dass das Verfahren länger dauern könne – und deswegen eine große Zahl Ersatzgeschworene vereidigt. Bis auf drei verhältnismäßig junge Männer waren die Geschworenen durchweg weiblichen Geschlechts. Die Verteidiger hatten befürchtet, Männer mittleren Alters würden instinktiv dazu neigen, ausländische Fischer, die wegen illegalen Fischfangs in australischen Gewässern angeklagt waren, für schuldig zu befinden, und deswegen fast alle infrage kommenden männlichen Geschworenen abgelehnt.

Bevor der Staatsanwalt überhaupt seine Anklage verlesen konnte, starteten die Verteidiger eine breit angelegte Offensive in der Absicht, große Teile der Beweisführung auszuschließen, die die Anklage vorzulegen plante. Zunächst behaupteten die Verteidiger, die heiße Jagd der *Southern Supporter* sei unterbrochen worden. Laskaris zitierte Einträge in Stephen Duffys Logbuch, wonach die *Southern Supporter* am 18. August der *Viarsa* nicht ins Eis folgte, und zog daraus den Schluss, die Verfolgung sei nicht gesetzeskonform gewesen.

«Die *Southern Supporter* hat die Verfolgung zu diesem Zeitpunkt entweder abgebrochen oder unterbrochen», behauptete Laskaris. «Die Jagd wurde abgeblasen!»

«Das glaube ich nicht», flüsterte Duffy, der ganz hinten im Gerichtssaal saß.

Auch der Richter war anderer Meinung. «Für mich klingt das nicht wie der Abbruch der Verfolgung.»

Laskaris machte ferner geltend, Australien habe nicht das Recht, Besitzansprüche auf die Fischgründe um Heard Island zu erheben, denn die Insel sei ein Tausende von Meilen vom australischen Festland entferntes «exterritoriales Gebiet», das sich für «keine Besiedelung durch den Menschen und für keine wirtschaftliche Aktivität» eigne. Schließlich behauptete er, es sei keineswegs klar, dass die Angeklagten überhaupt an Bord der *Viarsa* gewesen seien, als sich diese innerhalb der australischen Fischereizone aufhielt.

Der Richter war offensichtlich verblüfft über diesen letzten Punkt und fragte: «Wo waren sie dann – sind sie geschwommen?!»

«Nein, sie sind nicht geschwommen.»

«Nun, wo waren sie dann?»

«Auf einem Schiff.»

«Es gab also noch ein *anderes* Schiff, das plötzlich auf rätselhafte Weise auftauchte?»

Der Richter war offenkundig verärgert. Er wusste, dass die *Southern Supporter* einige Stunden vor Beginn der Verfolgung andere Schiffe in der Gegend gesichtet hatte, doch Laskaris' Behauptung, die Angeklagten hätten irgendwo anders als an Bord der *Viarsa* sein können, schien absurd. Healy wies darauf hin, dass Cabrera in seinen Funkgesprächen mit O'Dea zugegeben hatte, er und die *Viarsa* hätten sich zu Beginn der Verfolgung in der australischen Zone aufgehalten. Und er merkte an, dass Cabrera und die übrige Besatzung auf dem Schiff waren, als dieses geentert wurde. «Wenn das Schiff in der australischen Fischereizone war, kann man wohl folgern, dass die Leute an Bord des Schiffs ebenfalls in der australischen Fischereizone waren, oder nicht?»

«Nein.»

«Wieso nicht?»

«Die Anklage muss dies in jedem einzelnen Fall *nachweisen*», erwiderte Laskaris. «Das Eingeständnis des Kapitäns ist kein Beweis gegen die Angeklagten, das heißt, dieses Eingeständnis kann nicht als Glied in der Indizienkette verwendet werden.»

Die Weigerung des Verteidigers, selbst das Offensichtliche anzuerkennen, schien zwar unnötig ermüdend, doch die Verfahrensordnung ließ ein solches Vorgehen zu. Die australische Justiz räumt den Beschuldigten zahlreiche Rechte ein, und Laskaris, der in der Vergangenheit neben einigen Fischern hauptsächlich Wirtschaftsverbrecher verteidigt hatte, beabsichtigte, jedes einzelne dieser Rechte voll auszuschöpfen. Auf jeden Fall bezeugten seine Behauptungen den Eifer, mit dem er sich für seine Mandanten einsetzte. Richter Healy wies schließlich sämtliche Argumente zurück, aber dennoch stand die Verteidigung nicht mit leeren Händen da – indem Laskaris die Initiative ergriffen hatte, schien er die Zügel in der Hand zu halten.

Er erhob so viele Einwände, dass Duffy, der erste Zeuge, in der ersten Woche des Verfahrens ganze vier Minuten lang aussagte. Kurz nachdem Duffy am Montag der zweiten Woche wieder in den Zeugenstand getreten war, wurden er und die Geschworenen erneut aufgefordert, wegen einer weiteren Einwendung den Gerichtssaal zu verlassen. Duffy hatte angefangen zu schildern, wie am 25. August Leinen über das Deck der *Viarsa* gespannt worden waren. Gerade als er ausführen wollte, die Crew der *Viarsa* habe die Leinen gespannt, damit kein Hubschrauber an Bord landen konnte, erhob Curt Hofmann, einer der beiden anderen Verteidiger, Einspruch und behauptete, solch eine «Interpretation» sei «voreingenommen», denn es gebe «viele weitere mögliche Szenarien». Diesmal entschied der Richter zugunsten der Verteidigung, worüber sich Duffy empörte. Er habe keine «Interpretation» geliefert; es gebe keine andere Erklärung für die Leinen. Der Richter gestattete Duffy zwar, die Leinen zu beschreiben und auszusagen, dass sie aus keinem ersichtlichen technischen Grund erforderlich gewesen zu sein schienen, doch er untersagte ihm zu behaupten, sie seien gespannt worden, um eine Hubschrauberlandung zu vereiteln.

Die Verteidiger machten weitere Punkte, als sie Duffy ins Kreuzverhör nahmen. «Sie haben niemanden beim Fischen gesehen, ist das richtig?», wollte Laskaris wissen.

«Das ist richtig», räumte Duffy ein.

«Sie haben niemanden auf der *Viarsa* eine Fangleine auslegen sehen?»

«Nein.»

«Eine Leine einholen?»

«Nein.»

«Und niemand sonst auf der *Southern Supporter* hat dergleichen gesehen?»

«Soweit ich weiß, nein.»

«Sie haben keine Hochfrequenz-Netzbaken im Wasser gefunden?»

«Nein, wir haben nicht gestoppt.»

Dann versuchte Laskaris, Duffys Seemannserfahrung für die Verteidigung auszuschlachten, und unterstellte, nur der Kapitän der *Viarsa* könne für die Gesetzesverstöße des Schiffs zur Verantwortung gezogen werden, wenn denn welche begangen wurden – die anderen Angeklagten führten nur Befehle aus. «Sie kennen das oberste Gebot, das auf See gilt», führte Laskaris aus, «auf einem

Marineschiff ebenso wie auf einem Handelsschiff: Der Kapitän ist der Kapitän.»

«Ja.»

«Der Kapitän eines Schiffs besitzt unglaubliche Macht über Besatzung und Passagiere?»

«Richtig.»

«Wenn Sie Kapitän der *Viarsa* wären und bei einer Verfolgung durch ein Schiff wie die *Southern Supporter* entschieden, nicht zu stoppen, würden Sie erwarten, dass jedes Mitglied der Besatzung Ihre Anweisungen genau befolgt?»

«Das dürfte man erwarten», räumte Duffy ein.

«Und wie würde man es nennen, wenn sie es nicht täten?»

«Meuterei.»

«Es spielt keine Rolle, was die australische Regierung denkt», fuhr Laskaris fort. «Die Besatzungsmitglieder der *Viarsa* müssen auf jeden Fall befolgen, was ihnen der Kapitän befiehlt, ist das richtig?»

«Ja.»

Dann gab Laskaris zu verstehen, auch Cabrera habe keine andere Wahl gehabt und sich einer höheren Autorität als der eines australischen Patrouillenschiffs beugen müssen. «Versetzen Sie sich in folgende Lage», erklärte der Anwalt. «Sie sind Kapitän eines australischen Fangschiffs, sind um Südamerika herumgefahren und stoßen plötzlich auf ein uruguayisches Patrouillenschiff. Als Kapitän jenes australischen Fangschiffs bekommen Sie aus Canberra die Anweisung, in den Hafen von Fremantle zurückzukehren. Wenn Sie unter australischer Flagge fahren, würden Sie diese Anweisung befolgen, nicht wahr?»

«Ja, gewiss.»

«Wenn das uruguayische Schiff Sie aufforderte anzuhalten, würden Sie nicht anhalten, oder?»

«Sehr wahrscheinlich nicht.»

Mark Trowell, der dritte Verteidiger, unterhöhlte die Anklage von einer anderen Seite, indem er die Rolle anfocht, welche die

Südafrikaner während des Enterns spielten. Trowell, einer der führenden Strafverteidiger Westaustraliens, hatte schon viele prominente Mandanten vertreten, unter anderen den bekannten Autor und Kunstkritiker Robert Hughes, der wegen Gefährdung des Straßenverkehrs angeklagt worden war. Schlagfertig und schonungslos, wie aus dem Schnellfeuergewehr, schoss Trowell seine Fragen auf den Zeugen Duffy ab und behauptete unter anderem, die Südafrikaner seien «Söldner» gewesen.

«Ich glaube, die Bezeichnung ‹Söldner› passt hier nicht», entgegnete Duffy.

«Der Begriff gefällt Ihnen nicht, aber Sie wissen, dass er zutrifft, nicht wahr?»

«Nein.»

Trowell ließ nicht locker. «Die Südafrikaner bemächtigten sich des Schiffs, nicht wahr?»

«Nein.»

«Wer stieg als Erster auf die Leiter?»

«Ein Südafrikaner.»

«Wer stieg als Zweiter auf die Leiter?»

«Ein Südafrikaner.»

«Und nachdem die das Schiff in Beschlag genommen und gesichert hatten, kam dann Mr. O'Dea an Bord?»

«Nein, so war es nicht.»

«Nein?»

«Nein.»

Duffy ließ sich zwar nicht aus der Fassung bringen, aber rückwirkend betrachtet erschien ihm seine Aussage als das reinste Debakel. «Ich fühle mich am Boden zerstört», sagte er, nachdem Trowell ihn in die Mangel genommen hatte. «Ich glaube, ich habe mich wie ein Idiot benommen.» Es war zufällig Duffys vierundvierzigster Geburtstag, aber die Lust zum Feiern war ihm gehörig vergangen. Er hatte den Eindruck, die Verteidigung habe das Verfahren an sich gerissen und die Fakten zählten inzwischen weniger als juristische

Finessen. «Es ist einfach nicht fair», erklärte er. «Die Angeklagten haben so viele Rechte, dass ich allmählich am australischen Rechtssystem zweifle.»

Tempo und Gepräge des Verfahrens änderten sich auch nicht, als am folgenden Tag Mike O'Dea im Zeugenstand Platz nahm. Geschworenen-Prozesse sind meist sehr zäh. In diesem Fall begannen die Sitzungen offiziell um 10.00 Uhr und dauerten bis 16.00 Uhr. Nach Abzug von Mittags- und Kaffeepausen blieben selten mehr als vier Stunden pro Tag für die eigentliche Verhandlung. Die Tatsache, dass für die Angeklagten jedes Wort ins Spanische übersetzt werden musste, trug zusätzlich zur Zermürbung bei. Die Dolmetscher baten die Zeugen, langsam zu sprechen, und verlangten manchmal gesonderte Pausen.

Die größte Belastung bedeuteten indes die Einsprüche. Der 26. Oktober, O'Deas fünfter Aussagetag, mag als Beispiel dienen. Die Sitzung begann erst um 10.23 Uhr, weil zwei Geschworene zu spät kamen. Zwölf Minuten nachdem O'Dea angefangen hatte, auf Fragen zu antworten, wurden die Geschworenen gebeten, den Saal zu verlassen, weil Laskaris einen verfahrensrechtlichen Einwand erhoben hatte. Um 10.42 Uhr kamen die Geschworenen wieder herein, doch ganze vier Minuten später, gerade als O'Dea zu schildern begann, wie er das Tagebuch gefunden hatte, das mutmaßlich José González Pérez gehörte, erhob Laskaris einen weiteren Einwand. Die Geschworenen marschierten erneut in den kleinen schalldichten Raum, in dem sie bereits einen Großteil der Sitzungen verbracht hatten. Sie waren erkennbar irritiert ob des mangelnden Fortschritts; einige lachten verständnislos.

Das Tagebuch war ein wichtiges, vielleicht sogar entscheidendes Beweisstück. Sein Verfasser hatte darin vermerkt, dass die *Viarsa* in den Stunden unmittelbar vor Beginn der Verfolgungsjagd gefischt hatte. «Es ist ein grundlegendes Beweisstück für die Anklage, weil es deren ansonsten schwache Tatbestandsbegründung stützt», erklärte Laskaris dem Richter. «Jedoch wirft dieses Beweisstück erhebliche Probleme auf.» Erstens wies er darauf hin, dass der mutmaßliche Verfasser nie zu dem Tagebuch befragt worden sei und nie zugegeben habe, dass es ihm gehöre. Zweitens stammte der Hinweis, dass sich das Tagebuch in José Pérez' Koje befinde, von dem uruguayischen Kontrolleur, der in diesem Verfahren nicht als Zeuge auftrat. «Größte Vorsicht ist bei der Zulassung dieses Dokuments geboten», erklärte Laskaris mit Nachdruck. «Mir scheint, die Anklage versucht, es gleichsam durch die Hintertür einzuschmuggeln.» Die Debatte über die Zulässigkeit des Tagebuchs als Beweisstück zog sich bis in den Nachmittag hin, sodass die Geschworenen am Ende über den gesamten Tag nur sechzehn Minuten an Zeugenaussagen gehört hatten. Am folgenden Morgen wies der Richter Laskaris' Einwand zurück. «Welchen Gebrauch die Geschworenen von dem Tagebuch machen werden, hängt davon ab, welche Beweise sich daraus ergeben», entschied Healy, «aber das Tagebuch ist eindeutig zulässig.»

Als die Geschworenen am Mittwoch wieder auf ihren Bänken saßen, nahm Trowell den Zeugen O'Dea ins Kreuzverhör und befragte ihn zunächst zu dem Funkgespräch, das O'Dea am ersten Tag der Verfolgung mit Cabrera über die Funkbojen geführt hatte.

«Wie viele Bojen, glaubten Sie, befanden sich im Wasser?», wollte Trowell wissen.

«Das konnte ich nicht sagen.»

«Wieso sprachen Sie dann von ‹Bojen›, als Sie sich mit Cabrera über Funk verständigten?»

«Ich weiß es nicht.»

«Es könnte auch nur *eine* Boje gewesen sein, nicht wahr?»

«Ja.»

«Könnte sie sich auch an Bord der *Viarsa* befunden haben?»

«Ja, ich denke, das wäre möglich.»

Kurz darauf schloss der Richter die Vormittagssitzung. Beim Mittagessen in einem nahe gelegenen Restaurant räumte Laskaris ein, die Entscheidung des Richters bezüglich des Tagebuchs sei ein Schlag ins Kontor der Verteidigung. Die Frage, wie sie darauf reagieren sollten, war nicht das einzige Problem, vor dem die Anwälte standen. Curt Hofmann erwog, O'Dea zu fragen, ob er sich unter Druck gesetzt fühle, auf eine Verurteilung hinzuwirken, weil der australische Staat Millionen für die Verfolgung ausgegeben habe. «Das ist aber heikel», sagte Hofmann nachdenklich. «Wenn ich den Geschworenen sage, wie viel die Regierung ausgegeben hat, fühlen sie sich vielleicht erst recht genötigt, unsere Jungs für schuldig zu erklären.» Die Anwälte waren sich außerdem der Tatsache bewusst, dass ihre Arbeit zusätzlich erschwert wurde, weil ihre Mandanten und der Eigner des Schiffs, der die Verfahrenskosten trug, nicht dieselben Interessen verfolgten. Laskaris' Bemühung, die Schuld allein Cabrera anzulasten, indem er darauf hinwies, dass die anderen dem Kapitän Folge leisten mussten, mochte zwar den anderen Angeklagten zugute kommen, entsprach jedoch nicht dem Interesse des Eigners, der das Schiff und den Erlös aus dem Verkauf der Ladung zurückfordern wollte. Für den Eigner war nur ein vollständiger Freispruch akzeptabel.

«Wir müssen sie alle rauspauken», sagte Laskaris. «Wenn auch nur einer für schuldig befunden wird, verliert der Eigner das Schiff.»

Nach der Mittagspause kam Trowell erneut auf die Bojen zurück und fragte O'Dea: «Es waren noch zwei weitere Schiffe in der Gegend, ist das richtig?»

«Ja.»

«Sie können nicht ausschließen, dass eine Funkbake, die sich im Wasser befunden haben mochte, möglicherweise nicht der *Viarsa* gehörte, sondern einem der beiden anderen Schiffe?»

«Nein, kann ich nicht.»

Anschließend versuchte Trowell, den Verdacht in Zweifel zu ziehen, die Besatzung der *Viarsa* habe die Identität des Schiffs durch Übermalen des Namens verschleiern wollen und die Buchstaben irgendwann auf See wieder angebracht. «Wollen Sie unterstellen», fragte er, «dass Besatzungsmitglieder mitten in der Nacht Zahlen und Buchstaben auf die Seiten und das Heck des Schiffs malten? Das dürfte ein bisschen schwierig gewesen sein, meinen Sie nicht?»

«Es wäre vermutlich nicht die ideale Zeit, bei Nacht.»

«Würden Sie Ihr Haus nachts anstreichen, ohne Licht?»

«Nein.»

«Wie ich vom Kapitän der *Viarsa* weiß», fuhr Trowell fort, «hatte man Schmierfett, das heißt Motorschmiere, auf die Kennzeichnungen aufgebracht. Deswegen schienen sie geschwärzt. Sie sollten auf diese Weise vor der Witterung geschützt werden, der man ausgesetzt war, und irgendwann wurden sie einfach wieder abgespritzt. Maßen Sie sich wirklich an, zu sagen, dass es nicht so gewesen sein könnte?»

«Nun, ich habe noch nie von einem derartigen Verfahren gehört.»

«Haben Sie schon mal gehört, dass jemand nachts und ohne Licht Namen und Kennzeichen auf ein Schiff gemalt hat?»

«Nein, das nicht.»

«Aber Sie ziehen es vor, zu glauben, man hätte diese Dinge nachts aufgemalt?»

«Ja.»

«Na schön. Diese Spanier besitzen ja erstaunliche Fähigkeiten ...»

Nun wandte sich Trowell einem Thema zu, auf das er bereits seit Beginn des Verfahrens hingearbeitet hatte – Eduardo Morello Schultz. Die Tatsache, dass der staatliche Kontrolleur nicht vor Gericht erscheinen sollte, bot unwiderstehliche Möglichkeiten, Pluspunkte zu sammeln. Ursprünglich hatte Trowell den Eindruck erwecken wollen, Schultz habe den Befehl über das Schiff geführt und die übrige Besatzung habe seinen Anweisungen folgen müssen. Da der Kontrolleur für die uruguayische Regierung arbeitete, schien dies durchaus plausibel und seitens der Anklage kaum zu widerlegen. Das übertriebene Ausschlachten der Rolle des Kontrolleurs barg jedoch gewisse Risiken. Zwar hatte Schultz gegenüber O'Dea geäußert, er wisse nicht, ob das Schiff gefischt habe, als es sich in der australischen Fischereizone aufhielt – eine offensichtlich wertvolle Aussage für die Verteidigung –, aber er hatte auch Dinge gesagt, die der Verteidigung schaden konnten. Beispielsweise hatte er O'Dea mitgeteilt, Cabrera habe ihm bewusst falsche Positionen genannt und ihn gezwungen, diese an die uruguayischen Behörden zu melden.

Trowells Strategie liefert ein gutes Beispiel dafür, welchen Vorteil diejenigen genießen, die sich erstklassigen Rechtsbeistand leisten können. Trowell wollte O'Dea dazu bringen, den Geschworenen unfreiwillig die für die Verteidigung vorteilhaften Aspekte in Schultz' Aussage darzulegen, und zugleich verhindern, dass der Zeuge und die Staatsanwaltschaft irgendwelche ungünstigen Dinge zutage förderten. Wichtig war, O'Dea zu Schultz zu befragen, ohne dass die Anklage dessen Aussage in die Beweisführung einbrachte. Trowell begab sich auf einen schmalen Grat. Er konnte zulassen, dass O'Dea die Erklärung, die der Kontrolleur bei seinem Aufenthalt in Fremantle abgegeben hatte, noch einmal durchlas, um sein Gedächtnis aufzufrischen; aber er durfte ihn nicht allzu intensiv zu dem Thema ins Kreuzverhör nehmen beziehungsweise das Dokument laut vorlesen lassen – sonst hätte der Staatsanwalt das Recht gehabt, es in die Beweisführung aufzunehmen.

Als einleitenden Schachzug fragte Trowell: «Schultz sagte Ihnen, er habe zwischen dem 3. und 8. August keinen Fischfang beobachtet, ist das richtig?»

«Er sagte, er sei krank gewesen.»

«Er sagte, er habe vom 3. bis 8. August 2003 auf dem Schiff keinen Fischfang gesehen beziehungsweise keine mit Fangaktivitäten einhergehenden Geräusche gehört. Das hat er doch gesagt, nicht wahr?»

O'Dea fühlte sich in der Falle. Er spürte, dass die Verteidigung Schultz' Rolle und Aussage zu ihrem Vorteil nutzte, und konnte nichts dagegen tun. Er zögerte, bevor er auf die Frage antwortete, und blickte durch den Raum, so als suche er nach einem besseren Ausweg. Schließlich sah er zu Boden und murmelte: «Das hat er gesagt, ja.»

Als die Verteidiger an jenem Tag zum Mittagessen gingen, meinten sie alle drei, das Blatt habe sich gewendet. Wie konnten die Geschworenen nach dem, was der Kontrolleur – immerhin ein Staatsbeamter – gesagt hatte, zu einem Schuldspruch kommen? Die Einschätzung der Anwälte war einmütig: Die Chancen auf Freispruch für alle Angeklagten stünden besser als fifty-fifty. Das sei jedoch nicht in erster Linie ihr Verdienst. Sie glaubten, Dembo verliere den Fall wegen mangelhafter Vorbereitung, taktischer Fehler und peinlicher Schnitzer. Beispielsweise beschrieb er Schultz als vertrauenswürdige Person, die er gern als Zeugen zugegen gehabt hätte. Dadurch würde es für den Staatsanwalt schwierig, im weiteren Verlauf der Verhandlung protokollierte Aussagen des Kontrolleurs in Zweifel zu ziehen. Auch schienen die Befragungen des Anklägers erstaunlich unfokussiert zu sein. Dembo forderte Duffy und O'Dea auf, erschöpfende und weitgehend sich überlappende Schilderungen von scheinbar unwichtigen Aspekten der Verfolgung zu liefern, bemühte sich aber kaum, die entscheidenden Themen herauszuarbeiten oder wichtige Fakten hervorzuheben. Er wirkte häufig defensiv und war mehr damit beschäftigt, auf die Behauptungen der Verteidigung zu reagieren, als eigene Punkte geltend zu machen.

«Staatsanwälte geraten manchmal aus dem Tritt», spottete Hofmann, und die Verteidiger wollten alles tun, um hier förderlich zu wirken. Trowell war der Rädelsführer. Als erfahrener Strafverteidiger vor höheren Gerichten und designierter Kronanwalt versuchte er im Gerichtssaal häufig, sich als Intellektueller zu präsentieren – aber als die drei nach dem Mittagessen zum Gerichtsgebäude zurückgingen, benahm er sich eher wie ein Rabauke auf dem Schulhof. Mit diabolischer Freude rieb er sich die Hände und fragte: «Was tun wir Dembo heute Nachmittag Gutes?»

Das Theaterspiel begann, sobald die Geschworenen den Gerichtssaal betreten hatten. Trowell flachste mit den Angeklagten so laut, dass jeder es hören konnte. «Und – amüsieren Sie sich? Sind Sie bereit für das nächste Kapitel des Romans ‹Damals im Südpolarmeer›?» Als die Angeklagten lachten, trat Trowell einen Schritt vor und flüsterte: «Staatsanwälte können so was nicht ausstehen.» Er glaubte, mit den Witzeleien setze er nicht nur die Gegenseite weiter unter Druck, sondern lasse auch die Angeklagten menschlicher erscheinen.

Der Versuch, Dembo aus der Fassung zu bringen, eskalierte an jenem Nachmittag. In Anwesenheit der Geschworenen und des Richters kritisierte die Verteidigung die Art, wie Dembo Fragen stellte, und warf ihm nicht nur vor, irreführende Beweismittel vorzulegen, sondern sogar, dass er die Geschworenen langweile. Solche Winkelzüge gehören zum Alltagsgeschäft, aber Trowell und Laskaris trieben es ein wenig zu weit: Schließlich drohten sie gar, den Staatsanwalt mit dem Vorwurf der Unprofessionalität vor dem Gericht bloßzustellen. Etwa eine Stunde nach der Mittagspause bot sich Laskaris die Gelegenheit, Dembo an den Haken zu nehmen. Dembo hatte O'Dea einige harmlose Fragen zur Besatzung der *John Ross* gestellt. Als der Fischereiinspektor sagte, er wisse nicht, welcher Nationalität die Männer angehörten, fragte der gebürtige Südafrikaner Dembo: «Sprachen sie so wie ich, oder hörten sie sich eher an wie …»

«Hörten sie sich an wie jemand aus Simbabwe?», warf Laskaris ein. «War das Ihre Frage, Herr Kollege?»

«Ich bin nicht aus Simbabwe.»

«Oder aus Rhodesien?»

«Ich bin weder aus Simbabwe noch aus Rhodesien! Setzen Sie sich und verkneifen Sie sich Ihre rassistischen Bemerkungen!»

Da es keineswegs auf der Hand lag, weshalb Dembo – der im Übrigen weiß war – Laskaris' Bemerkungen für rassistisch hielt, erhob sich Laskaris und erklärte: «Ich erhebe Einspruch.»

«Setzen Sie sich», fauchte Dembo.

Trowell und Laskaris waren jedoch nicht bereit lockerzulassen. Als sie in der nächsten Pause auf dem Gang vor dem Gerichtssaal standen, sprachen sie absichtlich laut darüber, dass Dembo seine juristische Laufbahn während der Apartheid in Südafrika begonnen hatte. «Jetzt, wo sich die Verhältnisse geändert haben, behauptet jeder, er sei Freiheitskämpfer gewesen», sagte Trowell mit Blick auf Dembo, der in Hörweite stand. Der Staatsanwalt schaute finster zurück und machte sich davon.

O'Dea beendete seine Aussage am 2. November, genau einen Monat nach Beginn des Prozesses. Ursprünglich hätte das Verfahren an jenem Tag abgeschlossen sein sollen, doch die Geschworenen hatten erst drei Zeugen gehört. Die Angeklagten wussten nicht, was sie davon halten sollten. «Manche Tage laufen besser, manche schlechter», meinte Antonio Pérez. «Jeder Tag ist anders.»

Der folgende Tag, ein Mittwoch, lief für die Angeklagten gut. Phillip Shelverton, ein australischer Fischereiinspektor, sollte dem Gericht erklären, was mit den Baken geschehen war, die man auf der *Viarsa* beschlagnahmt hatte, doch Trowell wusste, dass Shelverton den Kontrolleur Schultz von Kapstadt nach Montevideo begleitet hatte und bei dessen Befragung durch uruguayische Beamte in der DINARA-Zentrale zugegen gewesen war – und genau das machte er zum Thema. Auf Trowells erste Frage antwortete Shelverton, die Besprechung sei in Spanisch geführt worden. «Ich bin mir nicht ganz sicher, was genau gefragt und was geantwortet wurde», behauptete er. Doch nach weiterem Bohren gab Shelverton zu, dass während der gesamten Befragung eine Dolmetscherin neben ihm gesessen hatte.

«Erinnern Sie sich, dass sie Ihnen mitteilte, Schultz habe erklärt, soweit er wisse, sei kein Fanggerät eingeholt worden, während sich die *Viarsa* in der australischen Fischereizone aufhielt?», fragte Trowell.

«Ich erinnere mich, dass sie mir das mitteilte», räumte Shelverton ein.

«Erinnern Sie sich auch, dass sie Ihnen mitteilte, Schultz habe erklärt, er hätte es gesehen, falls Fanggerät eingeholt worden wäre?»

«Ja, daran erinnere ich mich.»

Dies war ein wichtiger Sieg für die Verteidigung. Die Geschworenen bekamen den Eindruck, der Kontrolleur – ein Regierungsbeamter, der allein die Aufgabe hatte, die Fangaktivitäten der *Viarsa* zu überwachen – habe ausgesagt, die *Viarsa* hätte innerhalb der australischen Zone nicht gefischt. Somit hatte sich seine Aussage gegenüber dem, was er O'Dea auf der *Viarsa* mitgeteilt hatte, entscheidend geändert; dem australischen Inspektor hatte der Kontrolleur erzählt, er sei so krank gewesen, dass er nicht sagen könne, ob die *Viarsa* innerhalb der australischen Zone gefischt habe. Bei der Befragung durch Beamte in Montevideo hatte er erklärt, er hätte es mitbekommen, wenn gefischt worden wäre – von Kranksein war keine Rede mehr gewesen. Entscheidender war jedoch, dass Shelverton, ein australischer Beamter und Kollege O'Deas, bei dem Versuch entlarvt worden war, das Gericht hinsichtlich einer wichtigen Besprechung irreführen zu wollen – vermutlich weil das Wissen um die tatsächlichen Hintergründe der Anklage geschadet hätte.

Die Verteidigung rief nur einen einzigen Zeugen auf – Ricardo Cabrera. Die Anwälte hatten beschlossen, ihn auf Englisch aussagen zu lassen. Da er die Sprache nicht vollkommen beherrschte, bestand zwar die Gefahr, dass er auf Fragen antwortete, ohne sie genau zu verstehen, doch die Anwälte hielten es für wichtiger, dass der Kapitän sympathisch auf die Geschworenen wirkte. Dass er in ihrer Sprache redete, war entscheidend. Geschworene neigen dazu,

Angeklagte mit einnehmendem Wesen freizusprechen, und Trowell hoffte, sie würden in Cabrera einen schillernden alten Seebären sehen – vielleicht auch einen Gauner, aber einen liebenswürdigen.

«Ich fahre seit siebenunddreißig Jahren zur See», erklärte Cabrera dem Gericht. Er habe bis 1965 an einer Seemannsschule in Montevideo seine Ausbildung absolviert und sei seither in der Handelsmarine tätig. Die Fahrt, die ihn in diesen Gerichtssaal führte, habe am 30. Juni begonnen; die *Viarsa* sei von Mauritius zur «North East Bank» ausgelaufen, einem Seehechtfanggebiet in internationalen Gewässern nördlich der australischen Fangzone. Nachdem er dort fast einen ganzen Monat lang gefischt hatte, so der Kapitän, wollte er zur «Williams Bank» weiterfahren, einem anderen Seehechtfanggebiet außerhalb aller Hoheitsgewässer. Wegen schlechter Wettervorhersagen habe er sein Ziel jedoch geändert und sei zur «Elan Bank» aufgebrochen, die südlich der australischen Zone lag. «Als ich entschied, statt zur Williams Bank zur Elan Bank zu fahren, beschloss ich, direkt die australische Fischereizone zu durchqueren», erklärte Cabrera.

«Können Sie den Geschworenen sagen», wollte Trowell wissen, «wie lange Sie vom Eindringen in die australische Fischereizone bis zu jener Stelle südsüdwestlich von Heard Island brauchten, von der hier immer wieder die Rede ist?»

«Ungefähr fünfundzwanzig Stunden.»

«Wann kamen Sie dort an?»

«Um fünf Uhr früh.»

«Das war am Morgen des Siebten?»

«Ja.»

«Hatten Sie irgendwelche mechanischen Probleme?»

«Ja, wir mussten stoppen», erklärte der Kapitän. «Wir hatten Probleme mit der Seewasserpumpe, wegen zu hoher Temperatur der Hauptmaschine. Wir stoppten ungefähr fünfzig Minuten.»

Dembo hatte zuvor schon versucht, anhand des Maschinenlogbuchs der *Viarsa* nachzuweisen, dass das Schiff nicht zu dem Zeitpunkt in die australische Zone eingedrungen sein konnte, den der Kapitän nannte – am 6. August um vier Uhr früh –, um dann bis zu der Stelle zu gelangen, an der sie früh am nächsten Morgen – angeblich wegen Reparaturarbeiten – gestoppt haben wollten. Die für diesen Zeitraum verzeichneten Drehzahlen waren zu gering, um jene von Cabrera genannte Position erreicht haben zu können, so Dembos These. Gegenüber Trowell erläuterte Cabrera indes, das Schiff sei durchaus imstande gewesen, in jenen fünfundzwanzig Stunden die schätzungsweise 239 Meilen zurückzulegen, selbst wenn die Maschine nicht volle Kraft lief – die starken Winde und der hohe Seegang von Norden hätten die Fahrt beschleunigt.

«Bevor Sie von der *Southern Supporter* gesichtet wurden», fragte Trowell als Nächstes, «haben Sie da in der australischen Fischereizone gefischt?»

«Nein, nein. Ganz und gar nicht.»

«Hatten Sie Baken im Wasser?»

«Nein, nein, keine Baken im Wasser. Ganz und gar nicht. Ich habe nicht gefischt und auch keine Baken ausgesetzt. Nichts. Bin nur durchgefahren.»

Des Weiteren erklärte Cabrera, sämtliche Funkbaken der *Viarsa* hätten sich an Bord befunden. Die beiden Baken, die nach Meinung Webbs und Duffys in den Regalen fehlten – Nummer dreizehn und fünfzehn –, seien defekt gewesen und gegen zwei Exemplare ausgetauscht worden, die nicht der Nummernfolge der anderen entsprachen. «Die beiden defekten Baken», so der Kapitän, «waren im vorderen Gerätespind, und ich ließ sie durch die Nummern sechzehn und siebzehn ersetzen.»

Auf manche Fragen antwortete Cabrera ungehalten, bisweilen verdrehte er den Satzbau, doch es gelang ihm, den Eindruck eines zivilisierten Zeitgenossen zu erwecken. Er gestand ohne weiteres, mit allen Mitteln versucht zu haben, der *Southern Supporter* zu entkommen. Dies habe nichts mit der Frage zu tun gehabt, ob er gegen Gesetze verstoßen habe, beteuerte er. Er musste befürchten, die Australier würden – unabhängig davon, ob er in ihrer Zone gefischt hatte oder nicht – den Fang und das Schiff beschlagnahmen, und das hätte das Ende seiner Laufbahn bedeutet. Außerdem, so erklärte er, habe ihm die uruguayische Regierung befohlen, nicht zu stoppen. Schultz habe ihn angewiesen weiterzufahren, und Captain Flangini habe persönlich angerufen und ihm aufgetragen, nach Uruguay zurückzukehren. Diese Anweisung, so fuhr er fort, sei später durch zwei Faxmitteilungen an das Schiff bestätigt worden, eine von der uruguayischen Marine und eine von DINARA. «Ich hatte keine Wahl», beteuerte Cabrera. «Ich musste weiterfahren und einen uruguayischen Hafen ansteuern.»

Als Dembo den Zeugen ins Kreuzverhör nahm, versuchte er mit allen Mitteln, die Schilderung des Kapitäns in Zweifel zu ziehen und darzulegen, dass Antonio Pérez die Fäden in der Hand hielt. Cabrera ließ sich jedoch nicht beirren. Er behauptete, er sei zugleich Kapitän und Fischmeister, obwohl er erst seit drei Jahren auf Fangschiffen gearbeitet und – im Gegensatz zu Pérez – nie eine Lizenz als Fischmeister erworben hatte. Er erklärte, Uruguay erlaube es dem Kapitän automatisch, auch als Fischmeister zu fungieren; eine besondere Qualifikation sei nicht erforderlich. Die Beweisführung des Staatsanwalts zu Pérez' Rolle war alles andere als überzeugend, und da Dembo kaum Wert darauf gelegt hatte zu erläutern, in welcher Weise sich die Hierarchie auf Fangschiffen von den vertrauteren Kommandostrukturen auf anderen Schiffen unterschied, war nicht damit zu rechnen, dass die Geschworenen Dembo abnahmen, Cabrera habe mit drei anderen Männern eine Kabine geteilt, während der viel jüngere Pérez das beste Quartier des Schiffs belegte. Je länger Dembo auf dem Thema herumhackte, desto mehr schien er sich selbst eine Hürde aufzubauen, die zu überwinden immer unmöglicher wurde.

«Ich muss Sie erneut fragen», sagte Dembo schließlich. «War die Kabine, in der sich Kleidung, eine Brieftasche und einige persönliche Dokumente und Karten fanden, die Kabine von Mr. Pérez?»

«Nein, nein.»

«Und war nicht Mr. Pérez in Wahrheit der Fischmeister?»

«Nein, nein, da muss ich widersprechen. Bedaure, Mr. Dembo, aber die Kabine, die beste Kabine auf dem Schiff, war die neben dem Kartenraum – und das war meine Kabine, während der gesamten Fahrt.»

Ebenso standfest behauptete Cabrera, die Kennzeichnungen des Schiffs seien mit Schmierfett überstrichen gewesen, um die Farbe zu schützen. «Das ist ganz normal, wenn wir im südlichen Indischen Ozean fischen, weil die Witterung der Farbe schadet», meinte er. Er erklärte nicht, wieso Naturkräfte, die stark genug sind, Farbe von einem Schiff zu entfernen, nicht auch eine Schicht Schmiere wegzuwaschen vermögen.

Cabrera räumte eine einzige Unwahrheit ein. Er sagte, die Seile, die über das Deck der *Viarsa* gespannt worden waren – die, wie er gegenüber O'Dea behauptet hatte, den Mast sichern sollten –, hätten tatsächlich die Landung eines Hubschraubers verhindern sollen, genau wie Duffy es hatte darlegen wollen. Dieses Eingeständnis mochte zwar Cabreras Glaubwürdigkeit gefährden, doch Laskaris beeilte sich zu betonen, dass auch O'Dea gelogen habe. O'Dea habe gegenüber Cabrera behauptet, er habe Fanggerät im Wasser gefunden, obwohl dies gar nicht stimmte; und er habe ferner gesagt, es hätten sich keine anderen Fangschiffe in der Gegend aufgehalten, obwohl die *Southern Supporter* zwei weitere solcher Schiffe gesichtet hatte. «Mr. O'Dea hat Kapitän Cabrera unablässig und systematisch belogen», stellte Laskaris vor den Geschworenen klar; Cabrera habe sich in dieser Hinsicht nicht mehr vorzuwerfen als der Regierungsvertreter.

In seinem Schlussplädoyer konzentrierte sich Dembo ganz auf das Tagebuch von José González Pérez. Die Einträge vom 4. bis 6. August waren durchgestrichen und überschrieben worden, doch der Staatsanwalt las die, wie er sagte, ursprüngliche Notiz vom 6. August vor: «Wir nahmen die Fangaktivitäten wieder auf, bereiteten das Fanggerät vor. Wir beschlossen den Tag bei gutem Wetter, ohne Vorkommnisse und mit gutem Fang.»

Die Verteidiger betonten in ihren Schlussplädoyers, die Anklage habe kein einziges direktes Beweisstück vorlegen können, und sie behaupteten, sämtliche Indizienbeweise – ausgenommen allenfalls das Tagebuch – seien schwach und fragwürdig. Hofmann erklärte, Duffy und O'Dea könnten nicht gewusst haben, wie lange die *Viarsa* vor Beginn der Verfolgung bei Heard Island gelegen habe, denn es sei leicht möglich gewesen, sie mit einem der anderen Schiffe zu verwechseln, die ebenfalls vor Ort waren. «Wenn es auch andere Kontakte gab, können Sie dann bar jeden Zweifels sicher sein, dass es sich um die *Viarsa* handelte?», gab Hofmann zu bedenken. «Im Grunde wissen wir gar nicht eindeutig, welches Schiff die *Viarsa* war», bevor diese am Morgen des 6. August auf dem Radarbildschirm der *Southern Supporter* auftauchte. «Vor diesem Zeitpunkt lässt sich nichts mit Bestimmtheit sagen.»

Laskaris erinnerte die Geschworenen daran, dass Stephen Duffy selbst erklärt habe, er wäre vor der *Southern Supporter* geflüchtet, wenn er in Cabreras Haut gesteckt hätte. «Duffy sagte unmissverständlich, wäre er Kapitän eines Fangschiffs in der gleichen Situation wie die *Viarsa*, würde er nicht stoppen, falls man ihn verfolgte. Falls ihn ein uruguayisches Patrouillenschiff verfolgte, würde er nicht stoppen. Das ist ein sehr wichtiger Punkt.» In Bezug auf das belastende Tagebuch räumte Laskaris ein, dass es wohl José Pérez gehöre und anscheinend belege, dass die *Viarsa* in der australischen Zone fischte, doch er behauptete, die Dolmetscher, die das Tagebuch übersetzten, hätten möglicherweise einen Fehler gemacht. Er wies auch darauf hin, dass der Regierungsbeamte Eduardo Schultz, der die offiziellen Protokolle führte, keine Fangaktivität bezeugt habe.

Die Geschworenen begannen ihre Beratung am Montag, den 29. November, fast acht Wochen nach Eröffnung des Verfahrens.

Es galt, zu einem einstimmigen Urteil zu gelangen. Die Verteidiger hofften auf eine kurze Beratung, was ihrer Meinung nach auf Freisprüche hindeuten würde. Die größte Sorge bereitete ihnen das Tagebuch. In den meisten Strafverfahren geben nur ein oder zwei Beweisstücke den Ausschlag, und in diesem Fall fürchteten die Anwälte, das Tagebuch werde für das Urteil entscheidend sein. «Es ist das Trojanische Pferd», meinte Laskaris am späten Montagabend.

Am Dienstagvormittag wurde klar, dass die Geschworenen in Schwierigkeiten steckten. In einer Notiz teilte die Obmännin dem Richter mit: «Eine Geschworene hat absolut klargestellt, dass sie ihren Standpunkt nicht ändern wird. Sie weigert sich, an Diskussionen teilzunehmen, und hat sich von der Gruppe isoliert. Ohne ihre Mitwirkung besteht kaum Hoffnung, dass irgendjemand anderes bereit ist, seinen Standpunkt zu ändern. Und jede weitere Diskussion ohne sie scheint zwecklos.» Der Richter bat die Geschworenen in den Gerichtssaal und erklärte ihnen, sie hätten «die Pflicht, sich aufmerksam und objektiv die Ansichten aller anderen Mitgeschworenen anzuhören».

Der Mittwoch begann mit einem Hoffnungsschimmer. Die Obmännin verlangte, dass einige Abschnitte des Protokolls vorgelesen wurden, in denen es primär um die Behauptung der Staatsanwaltschaft ging, die *Viarsa* habe sich vor Beginn der Verfolgung zehneinhalb Stunden lang mehr oder weniger an ein und derselben Stelle vor Heard Island aufgehalten. «Wir ziehen diesen Zeitraum von zehneinhalb Stunden in Zweifel», erklärte die Obmännin in einer Notiz. Die Verteidiger fühlten sich ermutigt. Die Geschworenen schienen sich auf Hofmanns Argument zu konzentrieren, wonach sich nicht schlüssig nachweisen lasse, dass sich die *Viarsa* während des gesamten Zeitraums in der fraglichen Gegend aufgehalten habe. Das war ein entscheidender Punkt. Falls die Geschworenen zu dem Urteil kamen, dass das Schiff zehneinhalb Stunden an derselben Stelle geblieben war, mussten sie Cabreras Behauptung verwerfen, die *Viarsa* könne gar nicht gefischt haben, weil sie erst fünfundzwanzig Stunden zuvor in die australische Zone eingedrungen sei.

Die Geschworenen setzten ihre Beratung am Mittwoch den ganzen Tag hindurch fort. Als der Richter am Donnerstag eine weitere entmutigende Notiz erhielt, bat er die Geschworenen erneut in den Gerichtssaal und fragte: «Sind Sie, die Geschworenen, in *irgendeinem* der Anklagepunkte zu einem Urteil gekommen, bei dem Sie sich alle einig sind?»

«In einem», erklärte die Obmännin.

«Also gut», sagte der Richter. «Dann nehmen wir dieses Urteil, sofern Sie sich alle einig sind.»

In diesem Augenblick begannen zwei Frauen unter den Geschworenen, eine in der vorderen und eine in der hinteren Reihe, die Köpfe zu schütteln. Und die Obmännin fing an zu schluchzen. «Wir hatten …» Mehr brachte sie nicht heraus.

«Bitte diskutieren Sie das nicht jetzt», mahnte der Richter. «Falls Sie sich in einem Anklagepunkt einig sind – einig in irgendeinem Anklagepunkt in Bezug auf irgendeinen der Angeklagten –, dann teilen Sie mir dieses Urteil mit. Aber Sie müssen sich alle einig sein.»

«Nein, nein», murmelte die Obmännin.

«Sie sind sich in keinem der Anklagepunkte bei keinem der Angeklagten einig?»

Nun schüttelte die Obmännin den Kopf.

«Das ist also Ihr Standpunkt. Okay. Und eine weitere Beratungszeit wird Ihnen nicht helfen, zu einer Entscheidung in einem der Punkte zu gelangen?»

«Nein.»

Daraufhin erklärte der Richter das Verfahren für gescheitert. Der neunwöchige Prozess, der die Steuerzahler ungefähr zwei Millionen Australische Dollar gekostet hatte, war ergebnislos verlaufen. Seine Stimme klang dennoch ruhig und gemessen. «Ich entbinde hiermit die Geschworenen, denn so etwas kann vorkommen», sagte er. «Wichtig ist, dass Sie nicht das Gefühl haben, Sie hätten versagt.»

Die Verteidiger stellten den Ausgang des Verfahrens in einem hehren Licht dar. «Ein paar Ausländer wurden in australischen Gewässern gestellt, aber die Geschworenen konnten sich nicht einigen», sagte Trowell. Er hegte keinen Zweifel an der Schuld der Angeklagten. «Natürlich haben sie in australischen Gewässern gefischt», gestand er ein paar Wochen nach dem Ende des Verfahrens. «Sie haben es mir nicht gesagt – aber ich bitte Sie!» Nach Trowells Auffassung war das Nichtzustandekommen eines Schuldspruchs im Grunde jedoch eine Würdigung des australischen Rechtssystems. «Ausländern, die fürchteten, man werde sie gegen die Wand drücken, ist Gerechtigkeit widerfahren. Wir erschießen niemanden, nur weil er unser Grundstück betreten hat.»

Für die Behörden in Australien und in anderen Ländern war der gescheiterte Prozess jedoch eine schreckliche Blamage und ein massiver Rückschlag im Kampf gegen illegalen Fischfang. Es stand zu befürchten, dass Behörden fortan zögern würden, mutmaßliche Piraten zu verfolgen, wenn sich keine konkreten Beweise sicherstellen ließen. Die ohnehin schon hohen Hürden auf dem Weg zu einer rechtmäßigen Verurteilung waren noch höher geworden. Besonders niederdrückend war das Ergebnis für Mike O'Dea, der neun Wochen lang jeden Tag im Gericht gewesen war. Während des gesamten Verfahrens hatte er ein ungutes Gefühl gehabt. Er hatte nicht geglaubt, dass die Anklage den Prozess verlieren könnte, aber irgendwie hatte er geahnt, dass es zu keinem einstimmigen Beschluss kommen würde. Er fühlte sich wie gelähmt, als er über die Konsequenzen nachdachte – vor allem über die Notwendigkeit, ein weiteres Verfahren vorzubereiten, das die Staatsanwaltschaft seiner Meinung nach mit Sicherheit verlangen würde. Nachdem er den Gerichtssaal verlassen hatte, ging er nach Hause, trank ein paar Flaschen Bier und legte sich ins Bett.

Die Angeklagten hatten nicht das Gefühl, irgendetwas gewonnen zu haben. Der Richter erklärte, alle bis auf Roberto Guerrero müssten bis zum Beginn eines neuen Verfahrens in Australien bleiben. Dies war besonders schmerzlich, weil sich die Verteidiger sicher gewesen waren, dass die Geschworenen – mit einer Ausnahme – auf ihrer Seite gestanden hatten. «Ich spüre es in den Knochen, dass wir ganz nah an einem Freispruch waren», meinte Hofmann. Während der letzten Tage und Stunden des Verfahrens hatten er und die anderen Anwälte bemerkt, dass die meisten Geschworenen immer wieder direkt zu den Angeklagten blickten. Geschworene, die im Begriff stehen, jemanden zu verurteilen, tun dies selten; sie vermeiden tunlichst jeden Blickkontakt. Ungefähr eine Stunde nach dem Ende des Verfahrens wurde Hofmanns Gefühl zu annähernder Gewissheit: Vor dem Gerichtsgebäude traf er zufällig auf die Obmännin und eine weitere Geschworene, die auf einen Bus warteten. In Australien dürfen Geschworene selbst nach Abschluss eines Verfahrens nicht über ihre Beratungen sprechen, aber die Obmännin kam mit Tränen in den Augen auf Hofmann zu. Bevor er irgendetwas sagen konnte, beteuerte sie: «Es tut mir ja so leid.»

Antonio Vidal, der Eigentümer der *Viarsa*, nahm das Ergebnis mit gemischten Gefühlen auf. Zwar drohten weitere Verfahrenskosten, doch im Grunde war er der einzige Gewinner: Australien hatte alles versucht, um zu beweisen, dass sein Schiff illegal gefischt hatte – und war damit nicht durchgekommen. Wenige Stunden nachdem Healy das Verfahren für gescheitert erklärt hatte, sprach Laskaris erstmals mit einem Mann, von dem er glaubte, es sei Vidal. «Der Boss will Sie sprechen», sagte Pérez und reichte seinem Anwalt den Hörer eines öffentlichen Telefons im Flying Angels Club. Der Mann am anderen Ende der Leitung, der sich nicht mit Namen vorstellte, war offensichtlich mit den Komplexitäten des Verfahrens vertraut. Er gestand Laskaris, dass er sich über Pérez' Gemütsverfassung Sorgen mache. Vor allem aber ging es ihm darum, klarzustellen, dass er den Rechtsstreit fortsetzen wolle. «Wir müssen das durchziehen», erklärte der Mann. «Geld ist kein Thema.»

24. KAPITEL

Perth, Australien **5. September 2005**

Das Warten auf den neuen Prozess, der erst im September 2005 beginnen sollte, war für Antonio Pérez die reinste Qual. In den letzten Tagen des ersten Verfahrens hatte er bereits geglaubt, er werde freigesprochen – und selbst ein Schuldspruch wäre besser gewesen als ein gescheiterter Prozess. Im Falle eines Schuldspruchs wäre er zu einer hohen Geldstrafe von bis zu 550 000 Australischen Dollar verurteilt worden, die aber höchstwahrscheinlich Vidal übernommen hätte. Nun saß er für ein weiteres Jahr in Australien fest.

Dies erschien ihm äußerst unfair. Ein Delikt, für das als Höchststrafe eine Geldbuße verhängt wurde, sollte ihn länger als zwei Jahre von seiner Familie trennen und von der Arbeit abhalten. Seine Frau und die beiden Töchter, für die gerade das letzte Gymnasial-Jahr begann, besuchten ihn zweimal zwischen den Verfahren, aber Pérez wollte unbedingt nach Hause. Während sich die Monate hinzogen, erwog er, sich schuldig zu bekennen, nur um die Sache hinter sich zu bringen. Gegenüber Freunden gestand er, dass er sich sogar überlege, als blinder Passagier auf eines der Frachtschiffe zu gehen, die er täglich von der Pension aus sah, oder Vidal zu bitten, ein Schiff vor die Küste zu schicken, auf das er sich als blinder Passagier schmuggeln konnte.

Pérez wollte wieder Seehechte fangen. Er sagte, nichts von dem, was er während des Verfahrens gehört habe, hätte ihn davon überzeugen können, dass der Fisch geschützt werden müsse, und er bezweifle, dass eine weitere massive Befischung die Spezies gefährden würde. Seine Argumentation war jedoch alles andere als einleuchtend. «Es gibt männliche und weibliche Fische, und in der Regel fangen wir die männlichen», behauptete er eines Abends im Flying Angels Club. «Und wenn wir einmal einen weiblichen Fisch fangen, werfen wir die Eier zurück ins Meer.» Beide Aussagen sind absurd. Pérez kann gar nicht verhindern, dass er männliche und weibliche Seehechte in etwa gleicher Zahl fängt, und jegliche Eier, die zusammen mit den übrigen Fischabfällen aus der Fabrik ins Meer gespült werden, sind weder reif noch befruchtet. In einer weiteren unhaltbaren Äußerung erklärte Pérez, es sei ganz egal, ob mit dem Seehecht das Gleiche geschehe wie mit dem Kabeljau, weil eine andere Fischart an seine Stelle treten werde. Pérez hatte auch schon einen möglichen Nachfolger ausgemacht – den Antarktischen Seehecht, mit dem Patagonischen so eng verwandt, dass ihr Fleisch kaum zu unterscheiden sei.

Bereits im Januar 2002 war Pérez mit der *Arvisa-1*, einem von Vidals Schiffen, zur Suche nach Antarktischem Seehecht in die Prydz Bay gefahren, ein oft zugefrorenes Gewässer vor der Küste von Antarktika fast genau südlich von Heard Island. Bei jener Erkundungsfahrt näherten sich *Arvisa* und *Dorita*, ein weiteres Vidal-Schiff, bis auf sechzig Meilen der Antarktisküste und fingen eine beträchtliche Zahl von Antarktischen Seehechten. Damit hatte Pérez zwar eine vielversprechende neue Quelle aufgetan, doch die Schiffe bekamen Schwierigkeiten – sie wurden von einem australischen Forschungsschiff entdeckt. Vidal hatte einen Fehler begangen. Wie die *Viarsa* fuhren auch *Arvisa* und *Dorita* unter uruguayischer Flagge und fischten in einem Gebiet, das der Konvention zum Schutz des Meereslebens in der Antarktis unterliegt. Schiffe, die in Unterzeichnerstaaten der Konvention registriert sind – zu denen auch Uruguay zählt –, brauchen, um dort fischen zu dürfen, eine Lizenz, die keines der beiden Schiffe Vidals besaß.

Die Australier enterten die Schiffe zwar nicht, verfolgten jedoch die Spur der gefangenen Fische. Sie fanden heraus, dass ein Teil des Fangs der *Arvisa* in Moçambique gelöscht wurde, wohin ein uruguayischer Beamter geflogen war, um ein Dokument zu unterzeichnen, mit dem «bescheinigt» wurde, dass die Fische aus einem Fanggebiet außerhalb des Geltungsbereichs der Schutzkonvention stammten. Die australischen Fischereiinspektoren waren sich sicher, dass die Bescheinigung einen Betrugsfall darstellte, und alarmierten ihre Kollegen auf der ganzen Welt. Als am 30. Mai 2002 ein Container mit dreiunddreißig Tonnen des *Arvisa*-Fangs in Boston eintraf, wurde dieser vom amerikanischen Zoll beschlagnahmt.

Die amerikanische Regierung stellte die Konfiszierung als wichtigen Schritt in Richtung der Eindämmung illegaler Seehechtimporte dar.* In einer Hinsicht war die Beschlagnahme sicherlich bemerkenswert: Die Vereinigten Staaten hatten Beamte einer anderen Regierung konkret der Lüge bezichtigt. Doch dass die Beschlagnahmung einer solch ungewöhnlichen Maßnahme bedurfte, unterstreicht die Schwierigkeiten im Kampf gegen die Schmuggler.

Der kalifornische Fischhändler Lawrence Lasarow, der den Fang gekauft hatte, musste die Hälfte der 320 218 Dollar, die die Regierung beim Verkauf der Lieferung erlöste, als Buße bezahlen – aber er hatte behauptet, er wisse nicht, dass der Fisch illegal gefangen worden sei, und wurde daher nicht strafrechtlich verfolgt. Unbehelligt blieben auch Vidal, Antonio Pérez sowie Ricardo Cabrera, der bei jener Expedition als Kapitän der *Dorita* mit von der Partie war, und alle anderen Besatzungsmitglieder der beiden Fangschiffe. Ein Teil des Fangs war zwar konfisziert worden, doch der Großteil wurde in Kenia umgeladen, nach Singapur und Hongkong verschifft und schließlich in China und Japan verkauft.

* Die Ähnlichkeit des Antarktischen und des Patagonischen Seehechts lässt sich auch daran erkennen, dass die amerikanische Regierung in einer Pressenotiz fälschlicherweise erklärte, bei dem konfiszierten Fang handele es sich um Patagonischen Seehecht.

Die Geschichte der *Arvisa* als Seehechtfangschiff veranschaulicht im Übrigen sehr deutlich, wie schwer die Piraten zu fassen sind. Es handelte sich um dasselbe Schiff, das einst *Merced* hieß und mit dem Vidal in den Seehechtfang eingestiegen war. Im Jahr 1999, unter dem Namen *Camouco*, wurde es von den französischen Behörden wegen illegalen Seehechtfangs vor Kerguélen aufgebracht, dem Fanggebiet direkt nördlich von Heard Island, in dem Vidal als Partner eines französischen Unternehmens einst legal operiert hatte. Zwar wurden die Offiziere an Bord für schuldig befunden und zu Geldstrafen verurteilt, doch das unter panamaischer Flagge fahrende Schiff wurde an Vidal zurückgegeben. Daraufhin wurde es in *Arvisa* umbenannt – wie «*Viarsa*» ein Anagramm aus «Vidal Amadores S.A.» – und fuhr unter uruguayischer Flagge. Nachdem die Australier es in der Prydz Bay entdeckt hatten, wurde es erneut umgetauft, in *Eternal*, und in den Niederländischen Antillen registriert.

Am 3. Juli 2003 war es erneut wegen Seehechtraubs in französischen Gewässern aufgebracht worden. Antonio Pérez, der auf jener Fahrt – seiner sechsten an Bord der *Arvisa* – die Position des Fischmeisters innehatte, war zu einer Geldstrafe von hunderttausend Dollar verurteilt worden. Das Schiff wurde konfisziert, aber nichts hatte Pérez davon abgehalten, weiterhin auf anderen Seehechtfängern anzuheuern.

Während seines Aufenthalts in Australien entwickelte Pérez einen speziellen Plan für die Zeit nach seiner Entlassung. Er wollte mit einem von Vidals Schiffen erneut in die Prydz Bay oder in andere antarktische Gewässer aufbrechen. Seit seiner Erkundungsfahrt glaubte er, dort befänden sich genügend Antarktische Seehechte für den Rest seines Lebens. Er wusste, dass ihre Habitate über einen Großteil des Jahres zugefroren oder von Eisbarrieren versperrt waren und dass die Fangsaison kurz sein würde. Aber dank des steigenden Preises für Seehecht – inzwischen wurde er in den Vereinigten Staaten im Einzelhandel regulär für mehr als zwanzig Dollar pro Pfund verkauft – glaubte Pérez, in Zukunft weniger Zeit auf See verbringen zu müssen und trotzdem ähnlich viel Geld verdienen zu können wie bisher.

Aus einem objektiveren Blickwinkel drängt sich einem jedoch der Schluss auf, dass Pérez und seine Branche mit dem Rücken zur Wand zu stehen scheinen, wenn sie derart ins Extrem – und buchstäblich ans Ende der Welt – gehen. Und falls der Antarktische Seehecht wegen der Unzugänglichkeit seiner Habitate oder der Begrenztheit seiner Population kein adäquater Ersatz für seinen patagonischen Verwandten sein sollte, steht die Industrie vielleicht unmittelbar vor dem Aus. Doch diese Möglichkeit will Pérez nicht zur Kenntnis nehmen. Vermutlich ist er so sehr darauf fixiert, Fische zu fangen, bevor ein anderer es tut, dass er gar nicht in solchen Kategorien denken kann.

Als das zweite Verfahren begann, hatte Australien neunzig Millionen Australische Dollar für die Verbesserung der Fischereiüberwachung um Heard Island bewilligt. Dies bedeutete, dass die Gewässer häufiger patrouilliert werden und bewaffnete Enterkommandos an Bord der Überwachungsschiffe sein sollten. Pérez erklärte jedoch, dies werde seine Pläne nicht beeinträchtigen, denn er habe sich eine risikofreie Methode ausgedacht, um in der Prydz Bay und in anderen geschützten Gewässern Antarktische Seehechte zu fangen. Seine Strategie gründete sich auf den Umstand, dass die Befolgung der Bestimmungen der Schutzkonvention im Grunde freiwillig ist; verbindlich sind sie nur für Schiffe, die unter den Flaggen von Ländern fahren, die das Antarktisschutzprotokoll unterzeichnet haben.

«Wir besorgen uns einfach die Flagge eines Landes, das nicht zu den Unterzeichnern gehört – eines Landes wie Panama oder Kolumbien», meinte Pérez. «Dann haben wir keinerlei Probleme.»

Am 9. September 2005, kurz nach Wiederaufnahme des Verfahrens, warnte Mark Trowell die Geschworenen: «Ziehen Sie keine voreiligen Schlüsse. Das tun wir jeden Tag, nicht wahr? Wir hören die Hälfte einer Geschichte und denken uns den Rest. Nun, in einem Strafverfahren geht das nicht. Es ist zu riskant, und zu viel steht auf dem Spiel.»

Es waren nicht dieselben Geschworenen, die das Verfahren ein Jahr zuvor festgefahren hatten. Im ersten Prozess hatte sich die Verteidigung darum bemüht, dass unter den Geschworenen möglichst viele Frauen waren; bei diesem zweiten Anlauf überwogen die Männer. Etliche Geschworene bezeichneten sich als Studenten, doch es war unwahrscheinlich, dass sie gerade irgendwelche Seminare besuchten, denn dafür würden sie während des voraussichtlich achtwöchigen Verfahrens keine Zeit haben. Die Verteidiger hofften, dass die jungen Männer nicht völlig identifiziert waren mit Schule, Arbeitsleben oder gar der Gesellschaft als Ganzem und dass sie insofern nicht unwillkürlich dazu neigten, den Aussagen von Vollzugsbeamten blind zu vertrauen.

«Vielleicht haben Sie Verständnis für die australischen Fischereiinspektoren wegen der Tätigkeit, die sie in unserem Dienste ausüben», erklärte Trowell ihnen, «aber Fischereiinspektoren haben nicht immer Recht.»

Wie im ersten Verfahren kreisten die wichtigsten Fragen darum, was in den Stunden unmittelbar vor Beginn der Verfolgung geschehen war. Als Stephen Duffy in den Zeugenstand trat, zwang Trowell ihn zuzugeben, dass jenes Logbuch, das von den für die Radarortung zuständigen jungen Soldaten geführt wurde, nichts darüber aussagte, dass am Abend des 6. August und in der Nacht vor Beginn der Jagd Radarsignale empfangen worden seien. Der erste Eintrag in dem Logbuch, das auch als «Kladde» bezeichnet wurde, erfolgte am Morgen des 7. August um 6.57 Uhr. Duffy bestätigte diesen Eintrag, betonte jedoch, dass viele Abschnitte des Logbuchs aus Gründen der nationalen Sicherheit zensiert worden seien.

«Es steht nichts über den 5. oder 6. August in dem Buch?», fragte Trowell.

«Nein.»

«Ihr Dokument, eine Kladde, die von verschiedenen Personen an Bord der *Southern Supporter* geführt wurde, enthält also überhaupt nichts darüber, was vor 6.57 Uhr am 7. August 2003 geschah?»

«So ist es.»

«Also müssen sich die Geschworenen auf das verlassen, was Sie und andere behaupten?»

«Ja.»

Trowell vermutete, das Logbuch enthalte Positionsmeldungen, die von amerikanischen Militärsatelliten stammten, und sei zensiert worden, damit die Anwälte nicht in einem öffentlichen Prozess Fragen über die Fähigkeiten des US-Geheimdienstes stellten. Immer wenn die Befragung in diese Richtung abzudriften drohte, stand ein australischer Justizbeamter auf, der hinter dem Staatsanwalt saß und den Trowell wiederholt als «das Gespenst» titulierte, und erhob Einspruch. Trowell sah darin zwar einen Nachteil für die Angeklagten, er witterte aber auch eine Chance. «Ich weiß genau, was ich den Geschworenen in meinem Schlussplädoyer erzählen werde», erklärte er in einer Kaffeepause, nachdem er Duffy zu dem Logbuch befragt hatte. «Ich werde ihnen sagen, die Regierung wolle nicht, dass die Geschworenen das einzige echte Beweisstück zu sehen bekommen, weil sie ihnen nicht *traut*.»

Als Phillip Laskaris, der zweite Verteidiger, Duffy befragte, schoss er sich auf die Funkbaken ein, die angeblich kurz nach Beginn der Verfolgung entdeckt worden waren. Und er wies darauf hin, dass O'Dea die Unwahrheit gesagt habe, als er Cabrera mitteilte, er könne «bestätigen», dass sich Fanggerät im Wasser befinde und keine anderen Fangschiffe in der Nähe lägen. Da niemand auf der *Southern Supporter* irgendwelche Baken gesehen habe und vermutlich drei Fangschiffe in der Gegend waren, wollte Laskaris wissen, wieso Duffy den guten O'Dea zu dieser Aussage veranlasst habe.

Duffy war empört darüber, dass der Spieß nun umgedreht und der Anschein erweckt wurde, er und O'Dea hätten unrecht gehandelt. Duffy bemühte sich redlich, die unerschütterliche Ruhe eines Soldaten zu wahren, doch war er mit seiner Geduld fast am Ende.

«Ich war nicht für Mr. O'Dea verantwortlich», hielt er Laskaris entgegen.

Der Anwalt ließ nicht locker. «Sie waren der Einsatzleiter. Sie haben doch die Gruppe befehligt, oder etwa nicht?»

«Ich denke, wenn wir alle perfekt wären, säßen wir nicht hier, Mr. Laskaris.»

Duffy bereute diese Worte, noch während er sie äußerte. Sie mochten zwar nicht der Anklage schaden, doch er fürchtete, sich eine Blöße gegeben zu haben und in die Falle gegangen zu sein, indem er in unangebrachter Weise persönliche Gefühle zeigte. Auch beim Abendessen ging ihm die Sache nicht aus dem Kopf. «Ich hätte fast die Kontrolle verloren», gestand er bei einem Glas Rotwein. «Wir wussten *genau*, wo die *Viarsa* in der Nacht lag, bevor wir sie tatsächlich sahen – wir überprüften stündlich ihre Position.» Je mehr er darüber nachdachte, desto wütender wurde er. Abermals hatte es den Anschein, als werde die Wahrheit durch juristisches Taktieren verdreht.

Und während sich Wahr und Falsch zu einem konfusen Wirrwarr verknoteten, kam es Duffy so vor, als hätten alle den Blick auf die größeren Fragen verloren – nämlich auf die unerwünschten Folgen dessen, dass die Menschen in der nördlichen Hemisphäre Gefallen an einem Tier gefunden hatten, das aus fernen Gegenden stammte, die Piratenfischer gern aufsuchten, selbst wenn sie damit einige der letzten noch nicht ausgebeuteten Fischgründe der Welt zerstörten. Nun konnte und wollte Duffy seine Gefühle nicht länger unterdrücken und wetterte über Laskaris. «Ich weiß nicht, wie er das mit sich ausmacht», meinte er schließlich. Weil er wusste, dass der Anwalt ein paar Monate zuvor geheiratet hatte, sagte er: «Er hat jetzt Frau und Kinder. Macht er sich über die Umwelt und die Zukunft keine Gedanken?» Wie um zu beweisen, dass er nicht die Fassung verloren hatte, erklärte er: «Es ist ganz einfach: Wildern ist eine Straftat. Wenn man Fische aus einem privaten Teich stiehlt, ist es ein Verbrechen. Wenn man sie dem Land Australien raubt, ist es ein Vergehen gegen die Nation. Und diese Kerle sind Ganoven!»

Duffy hatte zwar das Gefühl, mit seiner Darstellung kein angemessenes Gehör gefunden zu haben, doch er glaubte nach wie vor, dass die Fischer verurteilt werden würden. Besser hätte er sich gefühlt, wenn er gewusst hätte, was einen Tag zuvor in den Vereinigten Staaten geschehen war. Ein Bundesgericht in Miami hatte Manuel Antonio Vidal Pego, den Eigner der *Viarsa,* wegen des Imports von «Seehecht in widerrechtlichem Besitz», Etikettenfälschung und Behinderung der Justiz unter Anklage gestellt. Es war zwar keineswegs klar, ob Spanien Vidal ausliefern würde, doch sah er sich nun mit ganz neuen, persönlichen Fragen konfrontiert: Falls er vor einem Gericht in Miami landete, musste er wegen Behinderung der Justiz mit bis zu zwanzig Jahren und wegen der anderen Anklagepunkte mit jeweils bis zu fünf Jahren Gefängnisstrafe rechnen.

Mike O'Dea trat nach Duffy in den Zeugenstand. Die Länge des Prozesses hatte dem Fischereiinspektor einiges abverlangt, und er fürchtete bereits, dass auch dieses Verfahren in einem Fiasko enden könnte. «Etwas ganz anderes wäre es gewesen, wenn die Kerle kurz nach der Verfolgung davongekommen wären, aber inzwischen hat diese Sache mein Leben geprägt», erklärte er vor dem Gerichtssaal. «Und sie hat mir die Begeisterung für meine Arbeit geraubt.» Wie Duffy ärgerte auch er sich besonders darüber, dass er sein eigenes Verhalten rechtfertigen musste. «Die Anwälte können alles zerpflücken, was wir gesagt und getan haben, und die Angeklagten brauchen einfach nur dazusitzen. Es ist absurd, dass diese Ganoven so schwer zu verknacken sind, besonders wenn man weiß, dass noch so viele andere unterwegs sind.»

Der Staatsanwalt in diesem zweiten Verfahren, Geoffrey Scholz, war ein mürrischer Mann, dem Dinge wie Smalltalk und Lächeln völlig fremd zu sein schienen – aber er vertrat die Anklage weitaus klarer und überzeugender als Hilton Dembo ein Jahr zuvor. Als Ricardo Cabrera, der einzige Angeklagte, der in den Zeugenstand trat, seine Sicht der Ereignisse darlegte, konnte der Staatsanwalt jedoch in keinem wesentlichen Punkt nachweisen, dass die Aussagen des Kapitäns nicht der Wahrheit entsprachen.

Scholz wusste, dass der Ausgang des Verfahrens wesentlich davon abhing, was ganz am Anfang geschehen war – besonders von der Frage, wo genau die *Viarsa* in den Stunden unmittelbar vor Beginn der Verfolgung gelegen hatte. «Mr. Cabrera sagt, sein Schiff habe sich überhaupt nur fünfzig Minuten in der Gegend um Heard Island aufgehalten», erklärte Scholz den Geschworenen in seinem Schlussplädoyer. «In dieser Hinsicht weicht Mr. Cabreras Aussage vollkommen von der Mr. Duffys ab. Natürlich können nicht beide Recht haben.» Scholz meinte, die Entscheidung darüber, wer Recht habe, sei offensichtlich. Unter Verweis auf Duffys langjährige Erfahrung als Marineoffizier erklärte er: «Die Indizien offenbaren frei von jedem begründeten Zweifel, dass sich das Schiff am Sechsten und Siebten in der Zone aufhielt. Gewiss, es wurde nicht mit einer ausgelegten Langleine gesehen, aber alle Indizien führen zwangsläufig zu dem Schluss, dass das Schiff mit Fangaktivitäten befasst war – und wir fordern Sie auf, jeden der Angeklagten für schuldig zu befinden.»

Mark Trowell appellierte natürlich an die Geschworenen, die gegenteilige Schlussfolgerung zu ziehen. Und wie angekündigt gab er ihnen zu verstehen, dass der Staat ihnen wichtige Beweise vorenthalten habe. «Man verlangt von Ihnen, dass Sie allerhand treu und brav glauben. Eine Menge Informationen wurden, um mit Mr. Duffys Worten zu sprechen, aus Gründen der nationalen Sicherheit ‹zensiert›. Die Anklage, die den australischen Staat vertritt, gibt Ihnen im Grunde zu verstehen: ‹Wir vertrauen auf Sie, Recht zu sprechen, aber wir vertrauen Ihnen keine detaillierten Informationen darüber an, wie wir die Angeklagten gefasst haben.› Das ist eine ziemlich arrogante Haltung, finden Sie nicht? Im Grunde heißt dies: ‹Wir betrauen Sie mit einer der schwierigsten Aufgaben, die es für einen Bürger zu bewältigen gibt – nämlich über die Schuld oder Unschuld anderer Menschen zu befinden –, aber einige der Beweise, die Sie zur Bewältigung dieser Aufgabe brauchen, werden wir Ihnen nicht anvertrauen.› Das klingt fast so wie: ‹Kümmern Sie sich nicht um die Fakten, akzeptieren Sie einfach, was wir sagen.›»

Am Mittwoch, den 2. November 2005, acht Wochen nach dem Beginn des zweiten Verfahrens, fasste die Richterin Valerie French, die eifrig zu verhindern versucht hatte, dass Laskaris und Trowell mit ihren endlosen Einsprüchen das Verfahren an sich rissen, noch einmal die Beweislage zusammen und instruierte die Geschworenen hinsichtlich der Urteilsfindung. «Falls Sie begründete Zweifel hegen, dass die Anklage die Schuld einer der hier angeklagten Personen bewiesen hat, dann bleibt Ihnen nichts anderes, als diese Person für nicht schuldig zu erklären. Ich kann Ihnen natürlich nicht sagen, was ein ‹begründeter Zweifel› ist, denn das liegt allein in Ihrem Ermessen. Aber ich kann Ihnen sagen, dass der Grundsatz ‹ohne jeden begründeten Zweifel› als höchster Grundsatz in unserem Rechtssystem gilt.»

Daraufhin verließen die Geschworenen den Gerichtssaal und zogen sich in ein Hotel zurück, in dem sie bis zum Abschluss ihrer Beratungen abgeschirmt wurden. Sie berieten sich am Mittwoch bis zum Abend und am Donnerstag von neun bis zwanzig Uhr, ohne die Richterin auch nur einmal um zusätzliche Information oder Weisung zu bitten. Am Freitagvormittag wurde indes klar, dass die Geschworenen keine großen Fortschritte erzielten – der Obmann schickte der Richterin eine Notiz: «Wir bitten um Unterweisung, da wir zu keinem einstimmigen Urteil gelangen.» Die Richterin ließ die Geschworenen in den Gerichtssaal kommen und ermutigte sie, in ihren Bemühungen nicht nachzulassen, erhielt aber an jenem Nachmittag eine weitere ernüchternde Mitteilung. Abermals im

Gerichtssaal fragte sie um fünfzehn Uhr den Obmann: «Ich nehme an, Sie konnten in *keinem* der Anklagepunkte zu einem einstimmigen Urteil kommen?»

«Ja.»

Sie ermahnte die Geschworenen, sich weiterhin zu bemühen. «Ich weiß, wie belastend das ist, aber ich muss Sie bitten, Ihre Beratungen fortzusetzen.» Zwei Stunden später rief Richterin French die Anwälte in den Gerichtssaal und teilte ihnen mit, es sei wohl an der Zeit, die Sache aufzugeben. «Wenn ich keinen Hinweis bekomme, dass Fortschritte erzielt wurden, schlage ich vor, die Geschworenen zu entlassen.» Doch in dem Moment trat der Obmann ein und meldete, die Beratungen seien «deutlich vorangekommen» und die Geschworenen wollten sie fortsetzen.

Als Trowell und Laskaris in Trowells nahe gelegene Kanzlei gingen, wo Laskaris' Frau Antonia auf sie wartete, waren sie überzeugt, sie würden den Prozess verlieren. Es war Freitagnachmittag und die Geschworenen dürften kaum Wert darauf legen, das Wochenende in Isolation zu verbringen, fürchtete Laskaris, und da wäre es kein Wunder, wenn die Geschworenen unter dem steigenden Druck zu einem Schuldspruch fänden. Die Anwälte unterhielten sich über die Schriftsätze, die sie vor der Verurteilung ihrer Mandanten vorbereiten mussten, und flüchteten sich in andere Gesprächsthemen, bis um 19.30 Uhr eine Vertreterin des Gerichts anrief. «Sie sind zu einem einstimmigen Urteil gekommen», erklärte sie. Auf dem Weg zum Gerichtsgebäude sagte Trowell zu Antonia: «Wenn sie Blickkontakt mit uns oder den Angeklagten aufnehmen, gibt es Freisprüche. Wenn nicht, stecken wir in der Scheiße.»

Als die Geschworenen kurz darauf in den Gerichtssaal marschierten, schauten sie nicht direkt zu den Anwälten beziehungsweise den Angeklagten, aber sie wirkten erleichtert und unbeschwert, und über das Gesicht des Obmanns schien ein Lächeln zu huschen. Das hielt Laskaris für ein gutes Zeichen. Nachdem die Geschworenen an ihre Plätze getreten waren, stand der Obmann ganz im Mittelpunkt der Aufmerksamkeit, denn er sollte die Urteile verkünden – zunächst in den Anklagepunkten gegen Cabrera.

Der Gerichtsleiter fragte ihn: «Sind sich die Geschworenen in ihrem Urteil einig?»

«Jawohl», erwiderte der Sprecher.

«Wie lautet Ihr Urteil: Ist der Angeklagte Ricardo Mario Ribot Cabrera im ersten Anklagepunkt – der vorsätzliche Einsatz eines ausländischen Schiffs zum kommerziellen Fischfang in der australischen Fischereizone – schuldig oder nicht schuldig?»

Der Obmann – einer der jungen Männer, die sich als Studenten ausgegeben hatten – schien die Aufmerksamkeit förmlich zu genießen und zögerte, bevor er antwortete. Und während auch die übrigen Geschworenen immer noch standen, verkündete er schließlich die Entscheidung, auf die alle gewartet hatten: «Nicht schuldig.» Cabrera sank gegen die Stuhllehne zurück, holte tief Luft und lachte über das ganze Gesicht. Ein paar Sekunden später, als er sich der Bedeutung des Urteils voll bewusst wurde, stieß er beide Hände in die Luft und zischte leise, aber nachdrücklich: «*Yes. Yes. Yes.*»

Anschließend wurden die übrigen Urteile verkündet. Alle lauteten gleich. Alle Angeklagten wurden in sämtlichen Anklagepunkten für nicht schuldig befunden. José González Pérez, dem das möglicherweise belastende Tagebuch gehörte, und Francisco Fernández Oliveiria, einer der anderen Offiziere der *Viarsa,* waren den Tränen nahe. Als die Richterin verkündete: «Ich ordne an, dass für jeden der Angeklagten Freisprüche protokolliert werden. Sie sind frei und können gehen», da heulten die beiden hemmungslos.

Antonio Pérez beherrschte seine Gefühle. Nur ganz kurz zeigte er ein erleichtertes Lächeln, das wie immer einem Grinsen glich – doch ansonsten äußerte er, auch als er die anderen Fischer und die Anwälte umarmte, nicht die geringste Empfindung. Er wollte so schnell wie möglich zwei Menschen in Spanien von der Neuigkeit unterrichten. Nachdem die Geschworenen hinausgeleitet worden waren, ging er in den nur halb beleuchteten Korridor vor dem Gerichtssaal und rief als Erstes seine Frau an, um ihr die freudige Mitteilung zu machen. Dann rief er Vidal an, der zwar nicht abnahm, aber sofort zurückrief. Als Pérez anschließend mit den anderen Freigesprochenen und ihren Anwälten in einen Lift stieg, sagte er: «Der Boss ist sehr zufrieden.»

Es hatte fast den ganzen Tag über geregnet, doch nun traten die Fischer und ihre Verteidiger in einen angenehm kühlen Frühlingsabend hinaus. Sie gingen in die Bar des King's Hotel, wo die Anwälte Champagner bestellten. Pérez war beschwingt und redete über seine Pläne. «Heute Abend trinken wir!», sagte er. «Und morgen gehen Ricardo und ich fischen – im Swan River», jenem gewundenen Strom, der von Perth nach Fremantle fließt. Und er freute sich darauf, nach Ribeira zurückzukehren und ein paar Monate bei seiner Familie zu verbringen. «Ich werde ein wenig ausspannen, aber nach Weihnachten gehe ich fischen – Seehecht natürlich!»

WAS SEITDEM GESCHAH ...

Die Bemühungen der amerikanischen Behörden, den Eigner der *Viarsa* strafrechtlich zu verfolgen, sahen nicht sehr viel versprechend aus, zumindest anfangs. Die Ermittler hatten zwar einen Berg von Beweisen zusammengetragen, die belegten, dass Vidal große Mengen Schwarzen Seehecht in die Vereinigten Staaten geschmuggelt hatte, doch es war nicht damit zu rechnen, dass Spanien ihn auslieferte; und die Vollstreckungsbehörden gingen davon aus, dass sich Vidal auch nicht selbst einem Anklageverfahren stellte, das ihm möglicherweise zwanzig Jahre Haft einbrachte.

Sie täuschten sich jedoch. Da Interpol einen internationalen Haftbefehl gegen Vidal ausgestellt hatte, konnte der Schiffseigner nicht aus Spanien ausreisen, ohne eine Verhaftung zu riskieren. Und so beauftragte er schließlich einen prominenten amerikanischen Strafverteidiger, mit der Anklagevertretung zu verhandeln, um eine mildere Strafe zu erwirken, falls sich der Angeklagte für schuldig erklärte. Am 13. November 2006 gab Vidal vor einem Bundesgericht in Miami ein entsprechendes Schuldeingeständnis ab. Der Deal mit dem Gericht sah vor, dass er ohne Gefängnisstrafe davonkam, doch Vidal musste versprechen, sich in den kommenden vier Jahren ganz aus dem Seehechtgeschäft herauszuhalten. Und er willigte ein, den Ermittlungsbehörden alles über die Seehechtpiraterie zu sagen, was er wusste. Die nächsten zwei Tage beantwortete er Hunderte von Fragen, darunter auch etliche, die die australischen Behörden eingereicht hatten. Dabei verriet Vidal auch, dass er ein neues Land gefunden hatte, in dem er seine Schiffe registrieren konnte – Nordkorea –, und dass inzwischen zwei seiner Seehechtfangschiffe unter der Flagge jenes «Schurkenstaates» fuhren.

In den folgenden Monaten war unklar, wie sich Vidals Schuldeingeständnis auswirken würde. Es ließ sich nicht beweisen, dass er sein Versprechen, aus dem Seehechtgeschäft auszusteigen, in irgendeiner Weise brach. Andererseits ließ sich auch nicht nachweisen, dass er es einhielt. Den Behörden war klar, dass die von Vidal gegründeten Unternehmen auch weiterhin operieren konnten, indem er seinen Vater oder einen anderen Verwandten als Eigentümer einsetzte, sich nicht in erkennbarer Weise selbst an deren Geschäftsführung beteiligte und dafür sorgte, dass die neuen Eigentümer nicht strafrechtlich belangt wurden. Die internationalen Strafverfolgungsbehörden, die über Vidals Aussagen während der zweitägigen Befragung in Miami unterrichtet wurden, hatten allen Grund, skeptisch zu sein, nicht zuletzt aufgrund dessen, was er über die *Viarsa* erklärte: er behauptete beharrlich, dieses Schiff habe keinen einzigen Seehecht in australischen Gewässern gefangen, bevor es bei Heard Island gesichtet worden war.

Forum für Verantwortung

Josef H. Reichholf
Ende der Artenvielfalt?
Gefährdung und Vernichtung von Biodiversität
Herausgegeben von Klaus Wiegandt

Band 17665

Immer stärker greift der Mensch in die Natur ein und hinterlässt seinen »ökologischen Fußabdruck«. Megastädte entstehen, Böden werden durch Umweltgifte belastet, die Welt wird zunehmend technisiert. Bedeuten diese Entwicklungen das Ende der Artenvielfalt?

Der bekannte Evolutionsbiologe Reichholf zeigt, dass die Lage nicht ganz so hoffnungslos ist: Die Bedingungen, die Zukunft besser zu gestalten und die Möglichkeiten, die Fehler der jüngsten Vergangenheit zu vermeiden, waren noch nie so gut wie heute.

Fischer Taschenbuch Verlag

fi 17665 / 1

Christoph Ransmayr

Damen & Herren unter Wasser

Eine Bildergeschichte nach 7 Farbtafeln
von Manfred Wakolbinger

86 Seiten. Gebunden

Ist es das Paradies, was uns erwartet? Ist es die Hölle? Sieben »Damen & Herren unter Wasser« erleben beides: des einen Erlösung ist des anderen Inferno.

In der neuesten seiner »Spielformen des Erzählens«, die seit 1997 bei S. Fischer in loser Folge und gleicher Ausstattung erscheinen, stellt Christoph Ransmayr die »Bildergeschichte« in eine Reihe, in der er bereits Festrede, Tirade oder Verhör als Varianten einer ebenso vergnüglichen wie vielschichtigen Prosa vorgeführt hat. Diesmal erzählt er zu den Unterwasserfotografien von Manfred Wakolbinger die Geschichten von sieben, allein durch ihre Wasserscheu verbundenen Damen und Herren, die sich eines Tages in Meerestiere verwandelt in der Tiefsee wiederfinden.

»Für Momente glücklich,
wer dem Gespräch der Wasserwesen lauschen und
in diese ›Spielform des Erzählens‹ abtauchen darf.«
Die Zeit

S. Fischer

fi 1-062937 / 1

Kirsten Khaschei

Strand in Sicht!

Der ultimative Guide für den perfekten Familienurlaub

Band 17559

Woher kommen die Wellen? Warum schmeckt das Meer salzig? Und warum wandern manche Dünen von Ort zu Ort? Diese und zahlreiche andere Fragen beantwortet die Reisejournalistin Kirsten Khaschei in ihrem Buch: Neben den schönsten Strandspielen für jedes Alter enthält es kuriose Anekdoten und sagenhafte Strandgeschichten zum Vor- und Nachlesen. An Schlechtwettertagen sorgen originelle Bastel- und Spielideen und ein umfassendes Strandlexikon für Unterhaltung. Nützliche Checklisten, wichtige Erste-Hilfe-Maßnahmen, leckere Picknickrezepte sowie ein kleiner Reisesprachführer runden das Buch ab und machen jeden Familienstrandurlaub garantiert zum vollen Erfolg!

Fischer Taschenbuch Verlag

fi 17559 / 1